# 실무자를 위한 Vissim Manual

# PROLOGUE
## 머 리 말

《실무자를 위한 Vissim Manual》은 설치부터 네트워크 구축, 시뮬레이션 실행, 평가, 녹화 등 Vissim 전반에 걸친 내용들을 파악할 수 있도록 만들었습니다. 이 책을 통해서 Vissim을 처음 접하는 사람들도 네트워크 구축을 위한 기본적인 사항에 대해서 충분히 익힐 수 있도록 하기 위해 구성과 내용에 대해 많은 고민을 하였습니다. 이러한 고민들을 통해 만들어진 구성은 다음과 같습니다.

Chapter 01(Vissim 시작하기)에서는 프로그램에 대한 소개, 설치, 라이센스 관리, Window 구성 및 사용 방법에 대한 내용을 담고 있습니다. 이는 본격적인 Vissim 학습을 위한 기반 사항을 설명합니다. Chapter 02(Vissim 분석의 기초 : 네트워크 구축하기)에서는 시뮬레이션 분석을 위한 네트워크 구축 전반에 대한 내용을 담고 있습니다. Chapter 03(시뮬레이션)부터 Chapter 04(평가)까지는 시뮬레이션 실행을 위한 절차부터 평가 방법에 대한 내용을 담고 있으며, Chapter 05(시뮬레이션 녹화)에서는 시뮬레이션 장면의 캡처, 애니메이션과 동영상으로 녹화하는 방법에 대한 내용을 담고 있습니다.

Vissim에 처음 입문하시는 분들에게는 '1.1. Vissim의 이해'와 '부록 1. 네트워크 구축 및 시뮬레이션 과정 한눈에 보기'를 먼저 읽어보시기를 권해드립니다. 두 가지를 먼저 읽어보신다면, Vissim이 어떤 프로그램인지 이해한 후, 프로그램 이용을 위한 전반적인 절차를 살펴볼 수 있을 것입니다.

몇 해 전 Vissim을 처음 입문할 때 어려움을 겪었던 기억이 납니다. 프로그램 자체도 한글 지원이 되지 않아 사용이 어려웠는데, 처음 열어봤던 매뉴얼이 모두 영어로 되어있어 잘 읽히지 않을뿐더러 이해하기도 어려웠습니다. 이때부터 종종 Vissim은 왜 영어, 독일어, 프랑스어, 중국어, 일본어 등 다양한 나라의 언어로 매뉴얼이 배포되어 있는데 한국어 매뉴얼은 없을까 하는 생각과 함께 한국어 매뉴얼에 대한 갈증을 느끼곤 했습니다. 그러던 중 좋은 기회로 한국어 매뉴얼을 제작할 수 있게 되었습니다.

몇 해 전의 저와 같이 한글 매뉴얼이 없어 헤매는 사람들이 여전히 많을 것이라 생각됩니다. 이 책은 이렇게 어려움을 겪는 실무자들을 위해 만들어졌습니다. 하지만 실무자들 외에도 교통을 공부하며 Vissim을 다루기 시작하는 학생들도 이 책을 통해 프로그램의 기본적인 틀을 이해하고 다루는 방법을 배우고 나면, 빠르게 실력을 업그레이드할 수 있을 것입니다.

오늘날 이런 책을 쓸 수 있도록 교통에 대한 무한한 가르침을 주시고, Vissim과 같은 프로그램을 다루고 연구할 수 있도록 좋은 환경을 제공해 주신 김응철 교수님께 감사드립니다. 첫 번역이자 첫 저서라 미흡한 점이 많아 책이 나오기까지 예상보다 긴 시간이 걸렸습니다. 긴 시간이었음에도 불구하고 제작·편집·출판 등 모든 분야에서 도움을 주시고 끝까지 이끌어 주신 양재호 박사님께 감사드립니다. 또한, 한국어 매뉴얼을 제작 및 출판할 수 있도록 허가해 준 PTV 사와 PTV의 한국 파트너사로서 내용을 전달해 주시고 매뉴얼 제작에 의견을 제시 해주신 델마인터내셔날 김현준 대표님께도 감사드립니다. 언제나 믿고 응원 해주는 우리 가족들에게도 감사한 마음을 전합니다. 이분들의 지원이 없었다면 이 책은 시작되지 못했을 것입니다.

끝으로 Vissim을 다루는 실무자분들 그리고 학생분들에게 응원의 말을 전합니다.

저자 기 한 솔

이 책에 대한 의견이 있거나, 오탈자 등과 같은 오류를 발견하신다면, 우측 QR코드에 탑재된 이메일 주소로 연락 주시기 바랍니다.

# CONTENTS
## 목 차

**Chapter 01**
**Vissim 시작하기**

1.1. Vissim의 이해 ··············································································· 2
   1.1.1. Vissim이란 ············································································ 2
   1.1.2. Vissim의 활용 ······································································· 3

1.2. Vissim 설치 및 시작 ······································································ 5
   1.2.1. 프로그램 구동 최소/권장 사양 ············································· 5
   1.2.2. 프로그램 설치 방법 ······························································ 6
   1.2.3. 프로그램 시작하기 ······························································ 14
   1.2.4. 예제 파일 실행하기 ···························································· 16

1.3. 라이센스 관리 ················································································ 18
   1.3.1. 기본사항 ·············································································· 18
   1.3.2. License Management Window 사용하기 ······························· 21
   1.3.3. 라이센스 서버(License Server) 사용하기 ···························· 23
   1.3.4. 라이센스 활성화 하기 ························································· 32
   1.3.5. 라이센스 비활성화 하기 ····················································· 33
   1.3.6. 라이센스 업데이트 하기 ····················································· 34
   1.3.7. 라이센스 대여하기 ······························································ 35
   1.3.8. 라이센스 정보 확인하기 ····················································· 36

1.4. Vissim Window의 구성 및 사용 방법 ············································ 37
   1.4.1. Vissim Window의 구성 ························································ 37
   1.4.2. 메뉴 바(Menu bar) ······························································· 38
   1.4.3. 도구모음(Toolbar) ································································ 39
   1.4.4. 네트워크 객체 사이드바(Network object sidebar) ················ 42
   1.4.5. 레벨 도구모음(Levels toolbar) ············································· 44
   1.4.6. 배경 도구모음(Background toolbar) ···································· 44
   1.4.7. 퀵뷰(Quick view) ································································· 45
   1.4.8. 스마트 맵(Smart map) ·························································· 46
   1.4.9. 네트워크 편집기(Network editor) ········································ 47
   1.4.10. 목록(List)과 연결 목록(Coupled list) ································· 49
   1.4.11. 단축키(Hotkey) ·································································· 53

### 1.5. 사용자 기본 설정 ·············································· 54
    1.5.1. 사용자 언어 선택 ·············································· 54
    1.5.2. 메뉴, 도구모음, 단축키, 대화상자 위치 재설정 ·············· 54
    1.5.3. 마우스 설정 변경 ·············································· 54

## Chapter 02
## Vissim 분석의 기초 : 네트워크 구축하기

### 2.1. 개요 ·············································· 56
    2.1.1. 간단한 예시 ·············································· 56
    2.1.2. 네트워크 데이터 구성 ·············································· 58
    2.1.3. 네트워크 객체 구성 ·············································· 59

### 2.2. 배경 이미지(Background Image) 구축 ·············· 61
    2.2.1. 라이브 맵(Live map) ·············································· 61
    2.2.2. 배경 이미지(Background Image) ·············································· 62

### 2.3. 도로 네트워크(Road network) 구축 ·············· 64
    2.3.1. 차량/보행자 링크(Link) 구축 ·············································· 64
    2.3.2. 차량/보행자 링크(Link) 속성 설정 ·············································· 66
    2.3.3. 링크(Link) 편집 ·············································· 73
    2.3.4. 커넥터(Connector) 구축 ·············································· 74
    2.3.5. 링크(Link) 및 커넥터(Connector)의 점 편집 ·············· 75
    2.3.6. 노면표시(Pavement Marking) 삽입 ·············································· 77

### 2.4. 차량 통행 구축 ·············································· 82
    2.4.1. 차량 구성(Vehicle Composition) 설정 ·············· 82
    2.4.2. 차량 삽입(Vehicle Input) ·············································· 83
    2.4.3. 차량 경로(Vehicle Route) 설정 ·············································· 84
    2.4.4. 희망 속도(Desired Speed) 설정 ·············································· 88

### 2.5. 단거리 대중교통 구축 ·············································· 91
    2.5.1. 대중교통 정류장(PT stops) 구축 ·············································· 91
    2.5.2. 대중교통 정류장(PT stops) 속성 설정 ·············· 92
    2.5.3. 대중교통 플랫폼 엣지(Platform Edge)와
           정류장 베이(Stop Bay) 구축 ·············································· 93
    2.5.4. 대중교통 노선(PT Line) 구축 ·············································· 94
    2.5.5. 대중교통 노선(PT Line) 속성 설정 ·············································· 95

## 2.6. 비신호교차로 구축 · 97

2.6.1. 우선순위 규칙(Priority Rules) 설정 · 97
2.6.2. 상충구간(Conflict Areas) 설정 · 98
2.6.3. 정지표지(Stop Signs) 삽입 · 100

## 2.7. 신호교차로 구축 · 101

2.7.1. 신호 프로그램(Signal Program) 생성 · 101
2.7.2. 신호기(Signal Head) 삽입 · 104

## 2.8. 주차장 모델링 · 105

2.8.1. 주차장 모델링 개요 · 105
2.8.2. 주차장 삽입 · 106
2.8.3. 주차장 속성 정의 · 108
2.8.4. 주차장 그룹(Parking lot groups) 정의 · 111
2.8.5. 주차 경로 지정 · 113

## 2.9. 보행자 통행 구축 · 116

2.9.1. 보행자 유형(Pedestrian types) 설정 · 116
2.9.2. 보행자 구성(Pedestrian composition) 설정 · 119
2.9.3. 보행자용 링크(Link) 모델링 · 121
2.9.4. 보행자용 요소 모델링 1 – 보행자 구역(Pedestrian Area) · 128
2.9.5. 보행자용 요소 모델링 2 – 장애물(Obstacles) · 133
2.9.6. 보행자용 요소 모델링 3 – 램프(Ramps) & 계단(Stairs) · 135
2.9.7. 보행자 삽입(Pedestrian Input) · 147
2.9.8. 보행자 경로(Pedestrian Route) 설정 · 148
2.9.9. 보행자의 대중교통(PT) 이용 설정 · 150
2.9.10. 섹션(Section) 삽입 · 152

# Chapter 03

## 시뮬레이션

## 3.1. 시뮬레이션 실행 · 156

3.1.1. 시뮬레이션 파라미터(Simulation parameters) 정의 · 156
3.1.2. 시뮬레이션 실행 및 정지 · 158
3.1.3. 시뮬레이션 실행 데이터 표시 · 159
3.1.4. 네트워크 상 차량(Vehicle in Network) 목록 표시 · 160
3.1.5. 네트워크 상 보행자(Pedestrian in Network) 목록 표시 · 161

## 3.2. 메시지 및 오류 처리 · 162

## Chapter 04 평가

- 4.1. 평가 수행 개요 ··················································································· 164
- 4.2. 평가 결과 확인 ··················································································· 168
- 4.3. 주요 평가 항목 관련 결과 얻기 ···························································· 169
    - 4.3.1. Vehicle Travel Time Result ···················································· 169
    - 4.3.2. Node Result ············································································ 173
    - 4.3.3. Data Collection Result ···························································· 177
- 4.4. 차트 작성 ·························································································· 180
    - 4.4.1. 차트 작성 개요 ········································································ 180
    - 4.4.2. 차트 작성 방법 ········································································ 181
    - 4.4.3. 차트 도구모음 ········································································· 186

## Chapter 05 시뮬레이션 녹화

- 5.1. 비디오 파일(AVI file)로 녹화하기 ······················································· 188
    - 5.1.1. 카메라 위치(Camera position) 저장 ······································· 188
    - 5.1.2. 스토리보드(Storyboads)와 키프레임(Keyframes) 정의 ·········· 191
    - 5.1.3. 스토리보드 구성 미리보기 ······················································· 194
    - 5.1.4. 비디오 파일 녹화 시작하기 ······················································ 195
- 5.2. 애니메이션 파일(ANI file)로 녹화하기 ················································ 196
    - 5.2.1. 애니메이션 녹화하기 ······························································· 196
    - 5.2.2. 애니메이션 실행하기 ······························································· 198
- 5.3. 스크린샷 캡처 및 이미지 내보내기 ······················································ 199

부록 1. 네트워크 구축 및 시뮬레이션 과정 한눈에 보기 ···································· 202

부록 2. 이전 버전 대비 주요 변경 사항 ······························································ 203

참고문헌 ··························································································································· 212

찾아보기 ··························································································································· 213

실 무 자 를 위 한 Vissim Manual

Chapter 01

# Vissim 시작하기

# Chapter 01 Vissim 시작하기

## 1.1. Vissim의 이해

### 1.1.1. Vissim이란

PTV Vissim은 복합수단(multimodal)의 교통운영을 모델링하기 위한 미시적 시뮬레이션 프로그램(microscopic simulation program)으로 시각적 교통 소프트웨어(vision traffic suite software)이다. Vissim은 모든 세부사항들을 현실적이고 정확하게 파악할 수 있도록, 다양한 교통 시나리오를 테스트할 수 있는 최적의 조건을 제공한다. 전 세계적으로 공공부문, 컨설팅 회사 및 대학에서 사용되고 있으며, 기본적으로 차량의 시뮬레이션 외에도, Wiedemann 모형에 기반한 보행자 시뮬레이션을 수행할 수 있다.

Vissim은 교통류모형(traffic flow model)과 광신호제어(light signal control)를 기반으로 하며, 교통류모형은 차량추종모형(car-following model)과 차로변경모형(lane changing model)을 기반으로 한다. 광신호제어는 신호제어유형에 따라 시간 단계(time step)를 정의할 수 있다, 교통류모형과 광신호제어의 상호관계는 다음과 같다.

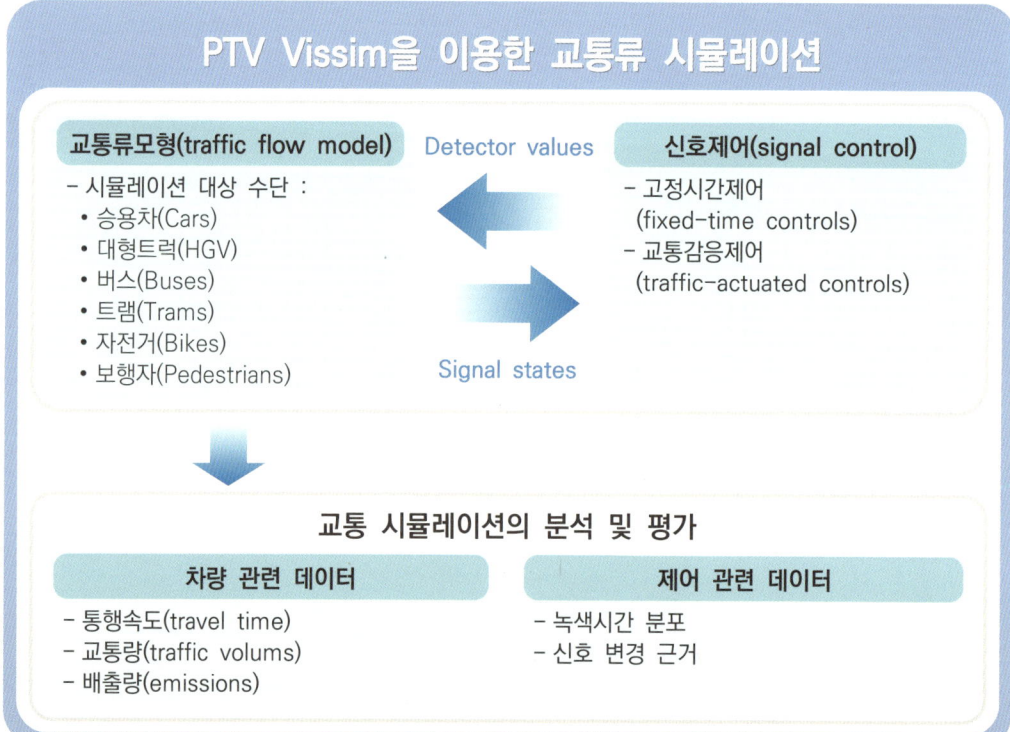

## 1.1.2. Vissim의 활용

자료 : PTV AG. (2020). PTV Vissim - First Steps Tutorial, 7-8.

Vissim은 도시부 및 지방부 교통 모델링을 위한 미시적이고 시간 단계 지향적인(time step oriented) 행동기반(behavior-based) 시뮬레이션 프로그램이다. 개인교통(Private Transportation: PrT) 외에도 철도 및 도로 기반 대중교통(Public Transportation: PuT)을 모델링할 수 있다. 차로분배(lane distribution), 차량구성(vehicle composition), 신호제어(signal control) 등의 다양한 제약조건 하에서 교통흐름을 시뮬레이션한다. Vissim은 신호 제어 및 네트워크의 권장 경로와 같은 시스템 간의 상호 작용을 테스트하고 분석할 수 있으며, 보행자 흐름과 지역 공공 및 민간 교통 간의 상호 작용을 시뮬레이션하거나 건물과 경기장 전체의 대피 계획을 수립하는 등 다양한 문제에 대응하기 위해 사용할 수 있다. 다음은 적용 가능한 몇 가지 사례들이다.

### ▶ 분기점 기하구조 비교

- 다양한 분기점(junction) 기하구조 모델링
- 여러 노드(node) 변형에 대한 교통 시뮬레이션
- 다양한 수단(자동차, 자전거, 보행자 등) 간의 상호 의존성(interdependency) 설명
- 서비스수준(Level of Service: LOS), 지체(delay) 또는 대기행렬길이(queue length)에 대한 다양한 계획 변형 분석
- 교통흐름의 도식적(graphical) 표현

## ▶ 교통개발계획

- 도시개발계획(urban development plans)의 영향 모델링 및 분석
- 건설 현장 설정 및 조정 시 활용
- 건물 내·외부의 보행자 시뮬레이션
- 주차장 물색(parking search), 주차 공간 크기(the size of parking lots) 그리고 이들이 주차 행동(parking behavior)에 미치는 영향 시뮬레이션

## ▶ 용량분석

- 교차로 시스템의 교통흐름을 현실적으로 모델링
- 교통 혼잡, 교차로 내부에서 교차하는 교통 및 불규칙한 녹색시간으로 인한 영향 묘사

## ▶ 교통 통제 시스템

- 미시적 수준으로 교통 조사 및 시각화
- 수많은 교통 매개변수에 대한 시뮬레이션 분석(예: 속도, 대기행렬 길이, 주행시간, 지체 등)
- 통행 속도를 높이기 위한 대책 강구

## ▶ 신호 시스템 운영 및 시간 조정 연구

- 신호교차로에 대한 통행 수요 시나리오 시뮬레이션
- 복잡한 알고리즘에도 효율적인 데이터 입력으로 교통감응제어(traffic-actuated controls) 분석
- 시행 전 도로 안전 정비를 위한 건설·신호계획 수립 및 시뮬레이션
- 다양한 테스트 기능을 통한 신호 제어 영향 확인

## ▶ 대중교통 시뮬레이션

- 버스, 트램, 지하철, 경전철 등의 운행을 위한 모든 세부사항 모델링
- 내장된 업계 표준 신호를 사용한 수단별 운영 개선 사항 분석
- 여러 접근 방식에 대한 시뮬레이션 및 비교
- 대중교통 전용차로 및 정류장 위치에 대한 다양한 코스 제시

## 1.2. Vissim 설치 및 시작

### 1.2.1. 프로그램 구동 최소/권장 사양

프로그램 구동에 필요한 최소 사양 및 권장 사양은 다음과 같다.

| 구 분 | | | 최소 사양 | 권장 사양 |
|---|---|---|---|---|
| 하드웨어 | 프로세서 | | SSE 4.2를 지원하는 프로세서<br>• Intel Core i5<br>• Intel Core i7<br>• AMD FX | 최신 멀티 코어 프로세서<br>• Intel Core i7-9700K<br>• Intel Core i9-9900K<br>• Intel Core i9-10900K Intel Xeon W-2245<br>• Intel Xeon W-2245<br>• AMD Ryzen 9 3900X<br>  or better |
| | 메모리 | | • 4 GB | • 16-32 GB or more |
| | 모니터 | | • 1280x800 pixels<br>• 1366x768 pixels | • Full HD (1920x1080 pixels) or higher |
| | 디스크 공간 | 소프트웨어 | • 압축 설치를 위한 제품당 2GB의 여유 디스크 공간 | • 전체 설치를 위한 제품당 5GB의 여유 디스크 공간 |
| | | 프로젝트 데이터 | • 프로젝트 데이터 처리를 위한 충분한 스토리지 용량<br>• SSD가 이상적임 | |
| | 그래픽카드 | | • 3D Graphics의 경우 OpenGL® 3.0 또는 DirectX 11 | |
| | USB / 네트워크 | | • 라이센스 컨테이너가 USB 동글(dongle) 유형인 경우, 작동을 위해 USB 포트(Full USB port) 필요<br>• 네트워크 라이센스를 제공하는 경우, 로컬 네트워크나 인터넷의 라이센스 서버에 접속 필요 | |
| 소프트웨어 | | | • Microsoft Windows 8.1, 최신 서비스팩<br>  (단, Microsoft Windows 8.1 RT 제외)<br>• Microsoft Windows 10, 최신 출시<br>• Microsoft Windows 2012 Server R2, 최신 서비스팩<br>• Microsoft Windows 2016 Server, 최신 서비스팩<br>• Microsoft Windows 2019 Server, 최신 출시 | |

## 1.2.2. 프로그램 설치 방법

프로그램 설치를 위한 프로세스는 다음과 같다.

① 프로그램 설치를 위해 먼저 PTV GROUP 홈페이지에서 셋업(Setup) 파일을 내려받는다.
PTV GROUP 홈페이지(ptvgroup.com) 〉 Products 〉 PTV Vissim 〉 Downloads

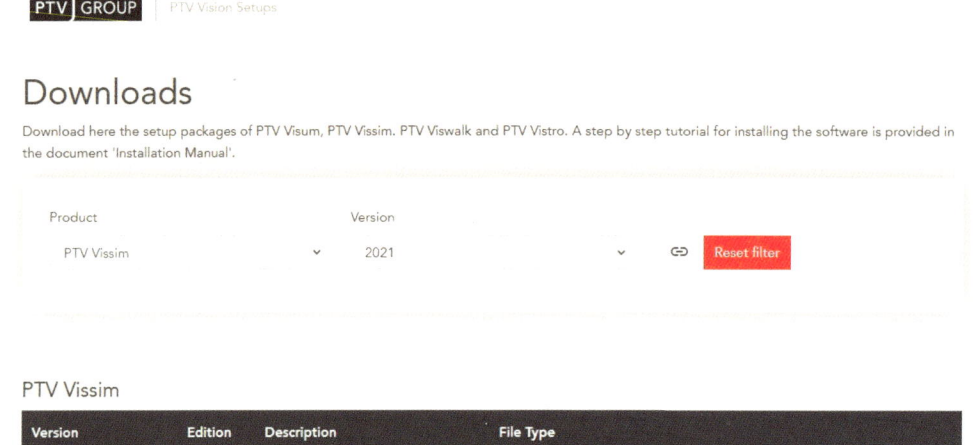

② 설치를 시작하기 전, 다른 응용 프로그램이 모두 닫혔는지 확인한다.
③ [SETUP*version.exe] 파일을 실행한 후 지원받고자 하는 언어를 선택한다. 지원언어는 독일어, 영어, 프랑스어가 있다. 선택을 하였다면, [OK]를 눌러 다음 단계로 넘어간다.

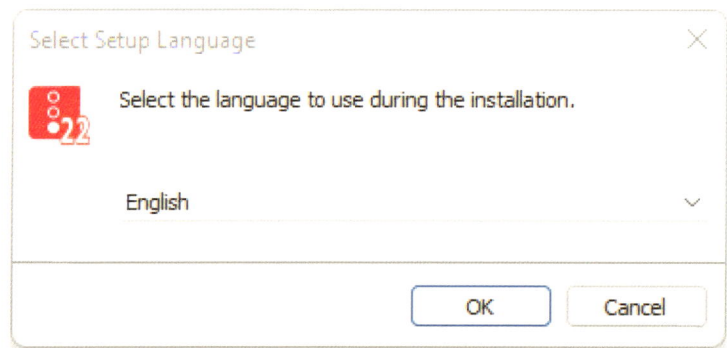

④ 라이센스 조건에 대해 동의한다는 의미인 [I accept the agreement]를 선택한 후 [Next]를 눌러 다음 단계로 넘어간다.

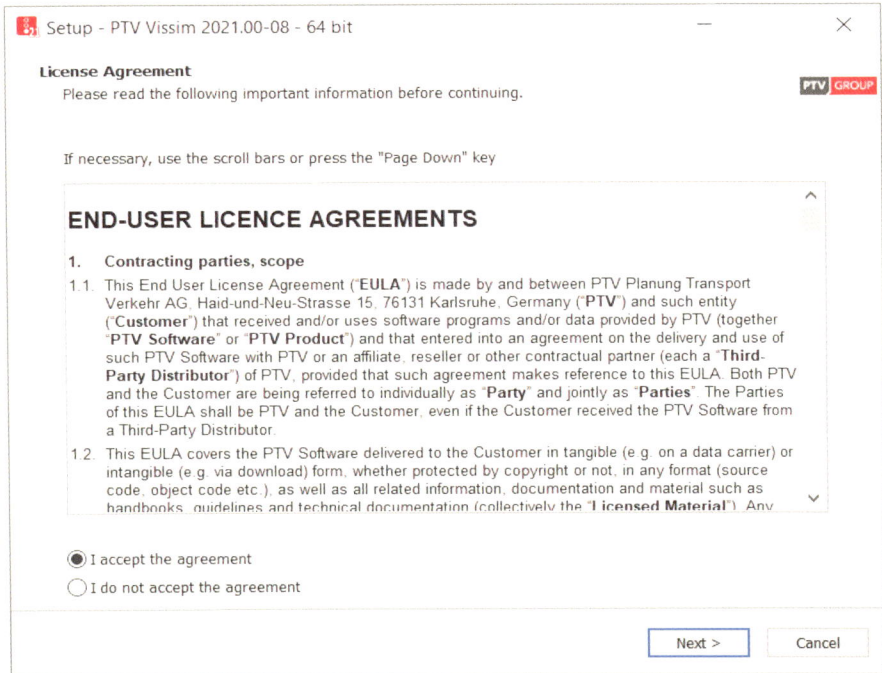

⑤ 정보보안정책에 대해 읽어보았다는 의미인 [I have read the data privacy policy]를 선택한 후 [Next]를 눌러 다음 단계로 넘어간다.

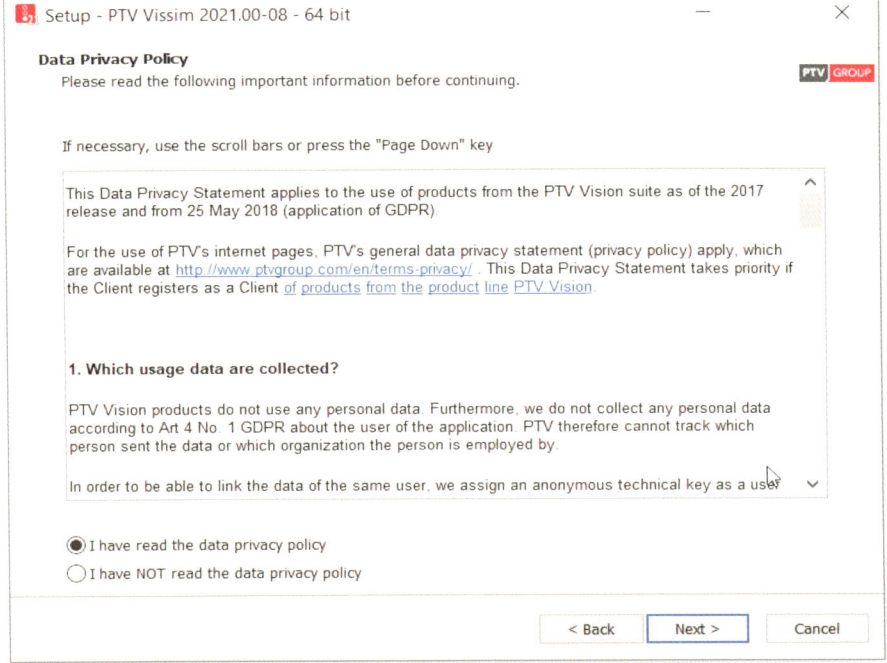

⑥ [Browse...]를 눌러 저장 위치를 선택한 후, [Next]를 눌러 다음 단계로 넘어간다.

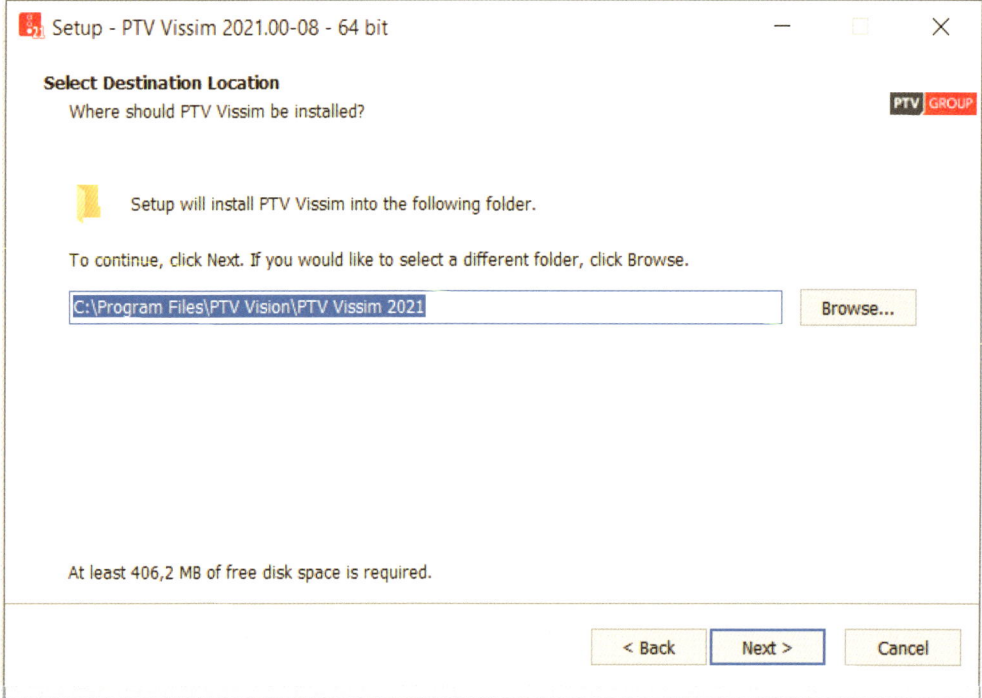

⑦ 설치할 구성요소를 선택한 후, [Next]를 눌러 다음 단계로 넘어간다.

chapter 01 Vissim 시작하기

### 🏵 TIP

프로그램 설치 매뉴얼에서는 전체 설치를 권장하고 있으나, 본 매뉴얼에서는 디스크 공간을 위해 다음과 같이 지원받고자 하는 언어에 대한 선택 설치를 권장한다.

**예시 ▶**

- ☑ PTV VISSIM  ← 기본파일 (필수 설치)
- ◼ VISVAP  ← 차량 작동 프로그램용 그래픽 편집기
  - ☑ English  (지원받고자 하는 언어에 대한 선택 설치)
- ◼ VAP  ← 차량 작동 프로그램
  - ☑ English  (지원받고자 하는 언어에 대한 선택 설치)
- ☑ V3DM  ← Vissim 3D 모델러 (필수 설치)
- ☑ IFC Converter  ← *.ifc 파일을 *.inpx로 변환하는 도구
- ◼ Documentation  ← 문서
  - ☑ English  (지원받고자 하는 언어에 대한 선택 설치)

⑧ 시작 메뉴 폴더를 선택한 후, [Next]를 눌러 다음 단계로 넘어간다.

⑨ 네트워크 파일과 프로그램 연결, 바탕화면에 바로가기 생성 등 추가 사항을 선택한 후, [Next]를 눌러 다음 단계로 넘어간다.

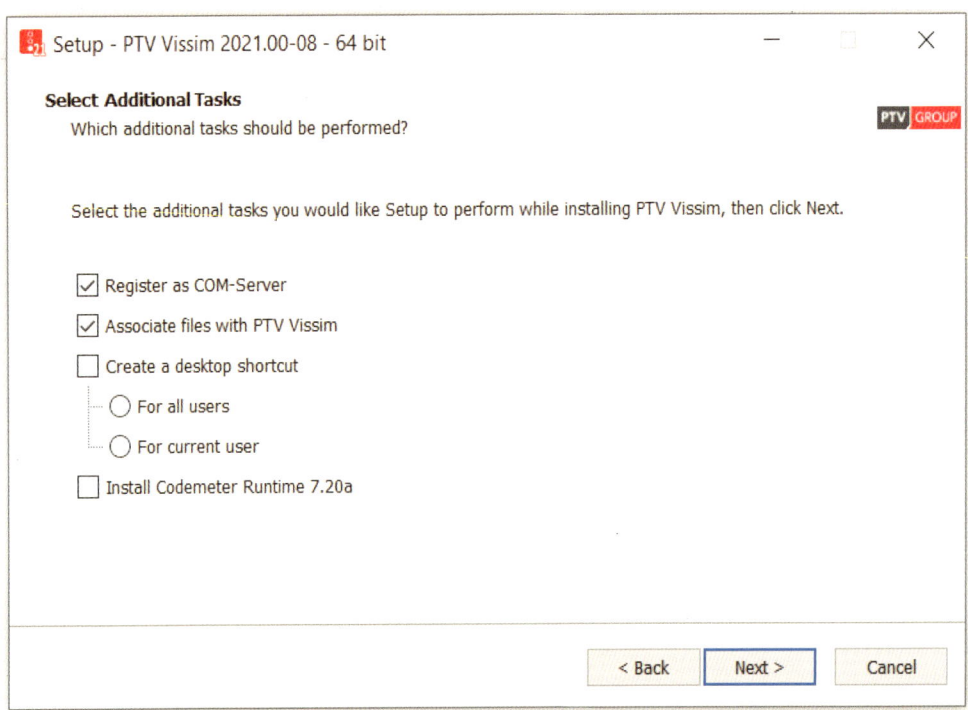

| Register as COM server | 이 옵션 선택시, 스크립트를 통해 자동화를 위해 Vissim 등록 |
|---|---|
| Associate files with PTV Vissim | 이 옵션 선택시, Windows 탐색기에서 더블클릭하여 열 수 있도록 네트워크 파일(*.inpx)과 Vissim 프로그램을 연결 |
| Create a desktop shortcut | 이 옵션 선택시, 바탕 화면에 바로 가기가 생성 |
| Install Codemeter Runtime (*version) | 이 옵션 선택시, Codemeter Runtime 설치 |

⑩ 요약된 설치 옵션 내용을 확인한 후, [Install]을 눌러 설치를 시작한다.

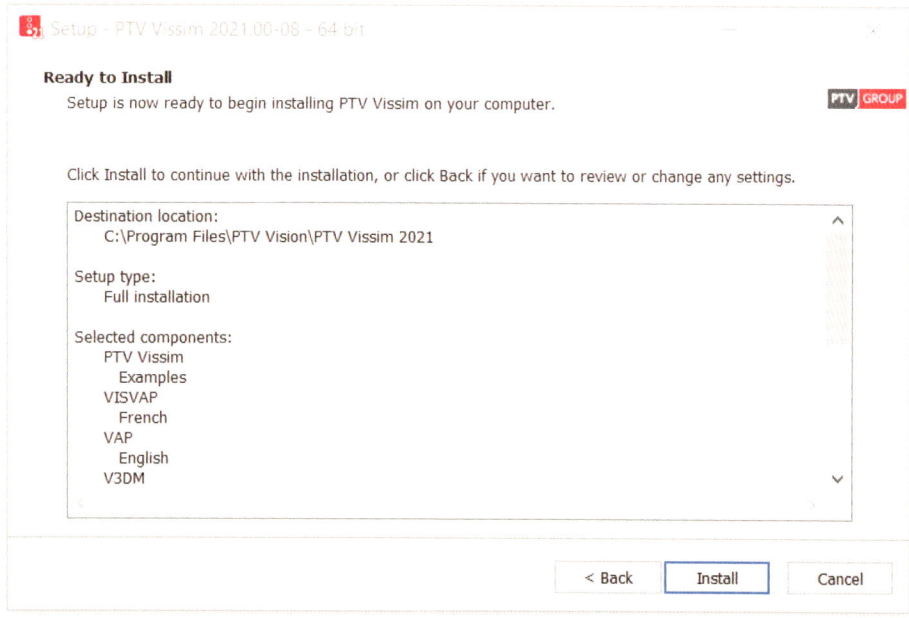

⑪ 진행률 표시줄과 함께 설치 프로세스를 확인할 수 있다.

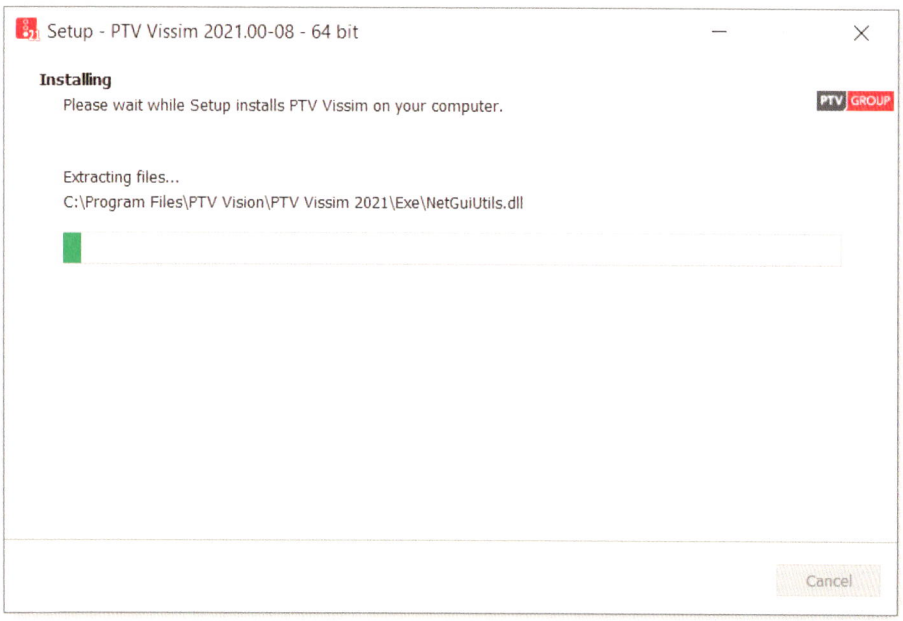

📝 **Note**

- NET 4.7.2를 설치해야 하는 경우 이 과정에서 임시 명령창이 표시됨
- Vissim 라이센스에 추가 기능 모듈 'Dynamic Assignment'가 포함된 경우 Visum Converter가 설치 및 등록됨

⑫ Visum Converter 등록 완료 메시지가 뜨면, [OK]를 눌러 확인한다.

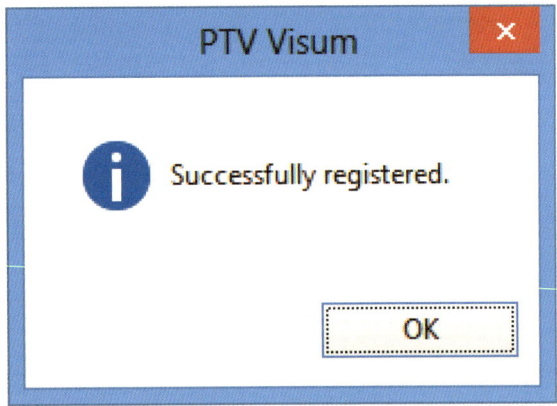

⑬ License Management Window가 열린다. 이 Window에는 해당 버전에 대해 보유한 모든 라이센스가 표시된다. 이러한 라이센스는 USB 동글(dongle) 형태 또는 네트워크 라이센스 서버를 통해 제공되는 라이센스일 수 있다.

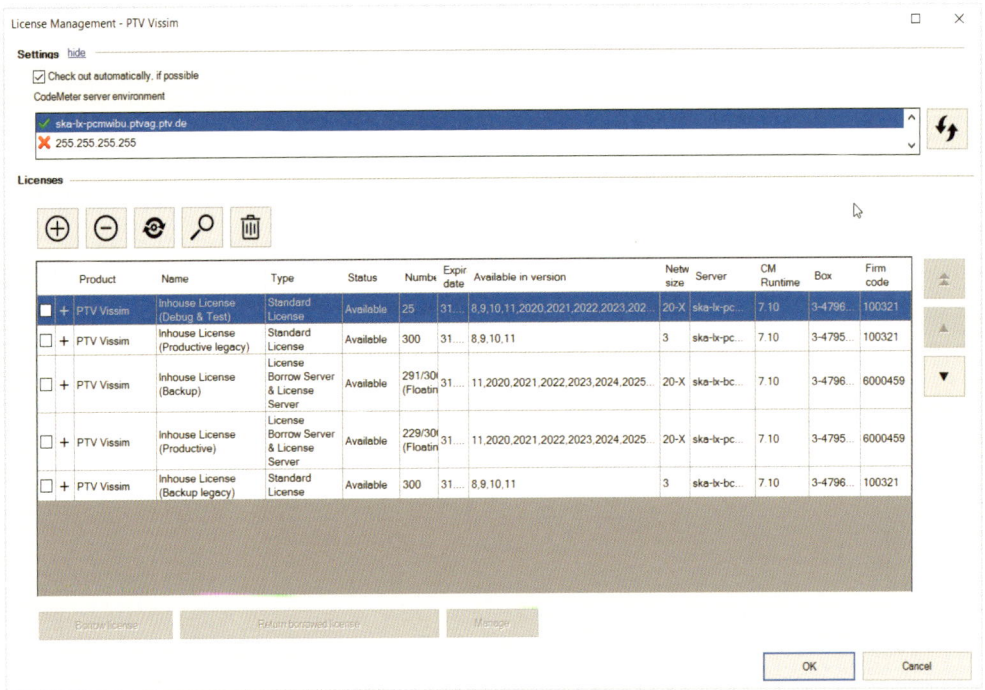

⑭ 표시된 라이센스 중 사용하고자 하는 라이센스를 선택한 후, [OK]를 눌러 라이센스 선택을 마무리한다.

⑮ 설치 프로세스가 완료되면 다음과 같은 Window가 표시되며, 원하는 항목을 선택한 후 [Finish]를 눌러 설치를 완료한다.

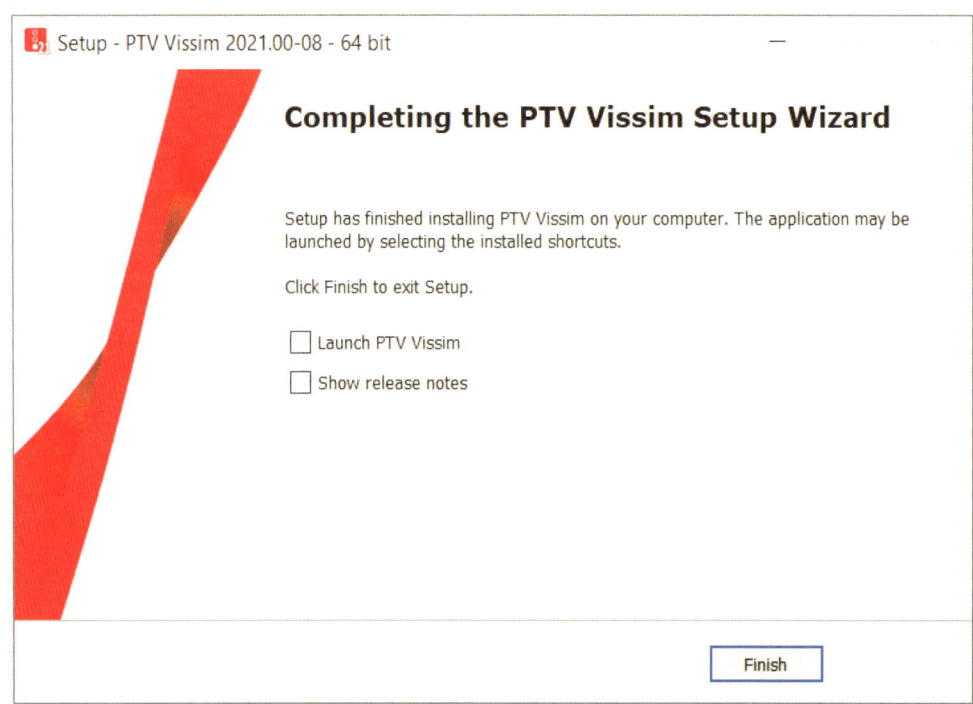

| Launch PTV Vissim | 이 옵션 선택시, Vissim을 바로 시행함 |
|---|---|
| Show release notes | 이 옵션 선택시, 현재 버전의 새 기능에 대한 PDF 문서가 열림 |

⑯ 설치가 완료되었다면, 재부팅 후 이용을 권장한다.

## 1.2.3. 프로그램 시작하기

프로그램 시작 방법은 다음과 같으며, 프로그램 버전 및 설치시 지정한 설치 위치에 따라 약간의 차이가 있을 수 있다.

▶ **시작 메뉴에서 열기**

- Window [시작(■)] 메뉴 〉 [PTV Vision*version] 〉 [PTV Vissim*version]

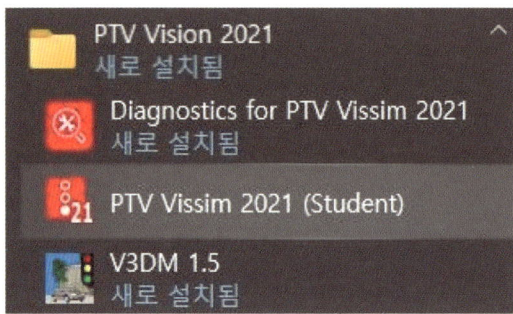

▶ **검색하여 열기**

- Window [검색(🔍)] 〉 'VISSIM' 입력 〉 [PTV Vissim*version]

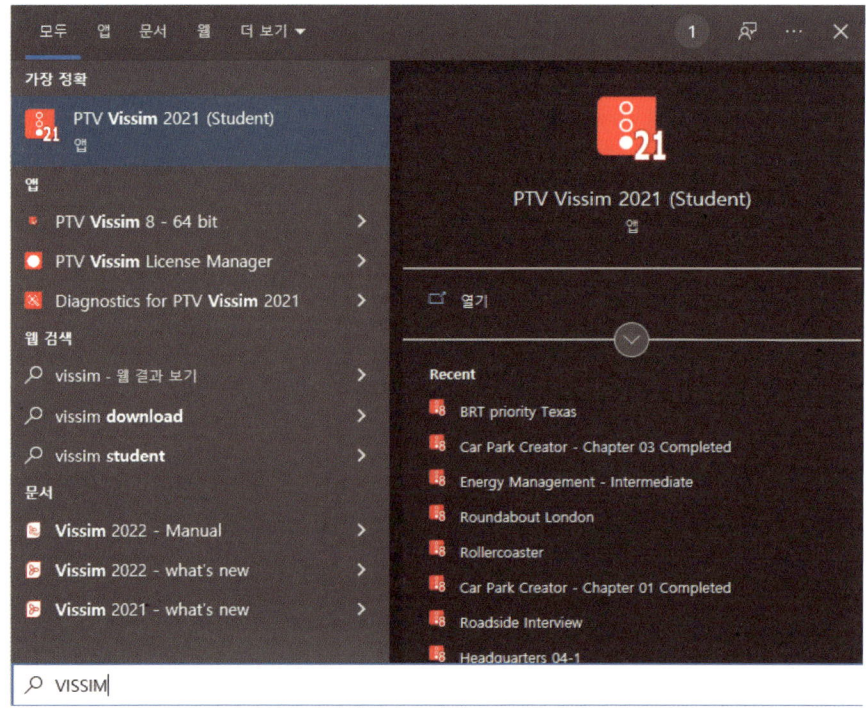

## 파일 탐색기에서 열기

- [파일 탐색기] 〉 [로컬 디스크 (C:)] 〉 [PTV Vision] 〉 [PTV Vissim*version] 〉 [Exe] 〉 [VISSIM*version.exe]

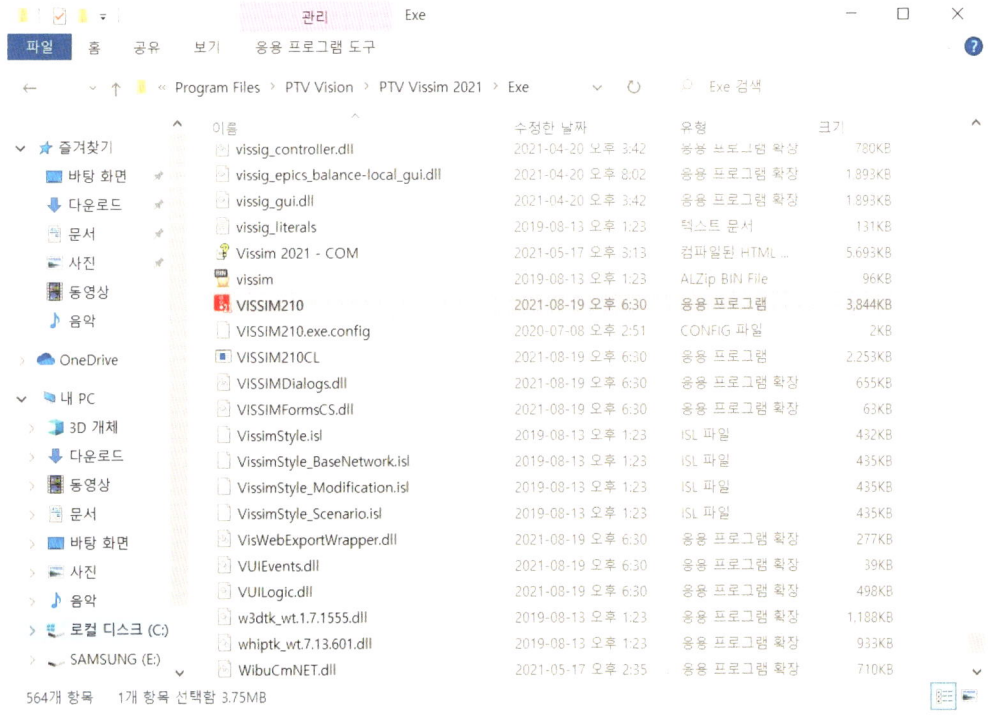

## 1.2.4. 예제 파일 실행하기

Vissim은 예제로서 데모(demo) 파일과 트레이닝(training) 파일을 제공한다. 해당 파일이 위치한 폴더의 접속 방법은 다음과 같으며, 프로그램 버전 및 설치 위치에 따라 약간의 차이가 있을 수 있다.

▶ 파일 탐색기에서 열기

- [파일 탐색기] 〉 [로컬 디스크 (C:)] 〉 [사용자(or Users)] 〉 [공용(or Public)] 〉 [공용문서 (or Public Documents)] 〉 [PTV Vision] 〉 [PTV Vissim*version] 〉 [Examples Demo] or [Examples Training]

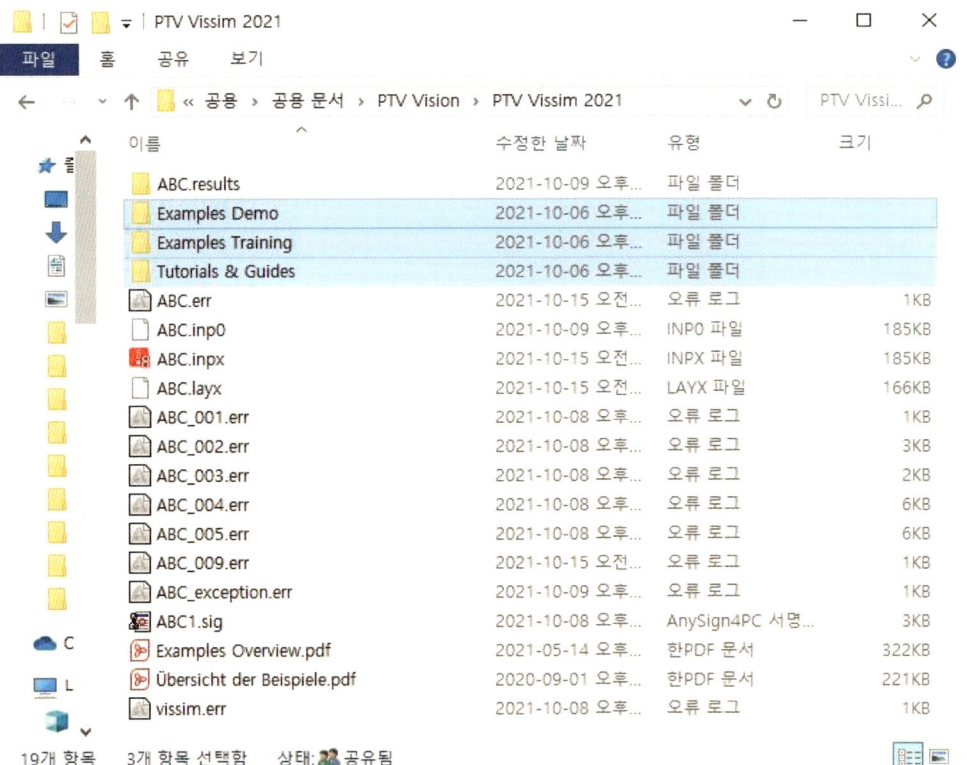

## 프로그램에서 열기

- [Help] 메뉴 〉 [Examples] 〉 [Open Demo Directory] or [Open Training Directory]

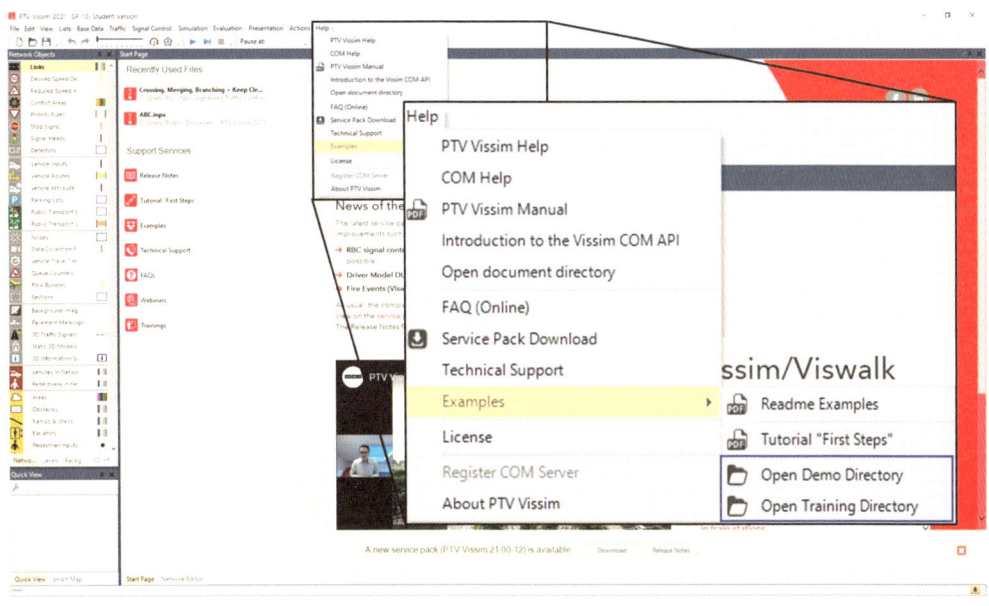

## 1.3. 라이센스 관리

### 1.3.1. 기본사항

라이센스에는 제품 사용을 규제하는 데이터가 포함되어 있다. 유지 관리 계약이 있는 경우 현재 버전, 서비스 팩 및 업데이트 등의 이점을 누릴 수 있다. PTV Vision 제품의 라이센스는 라이센스 컨테이너(license container)에 저장되며, 라이센스의 범위 및 라이센스 컨테이너 위치에 따라 단일 사용자 라이센스(single-user license) 또는 네트워크 라이센스(network license)로 사용할 수 있다. 만일, 라이센스 없이 제품을 사용할 경우 제품이 데모 버전(demo version)으로 작동하며 제한 사항이 적용된다. 데모 버전을 보유할 경우, 재설치 필요 없이 라이센스 키를 사용하여 상용 버전(commercial version)으로 업그레이드할 수 있다. 다음은 라이센스 컨테이너, 단일 사용자 라이센스 및 네트워크 라이센스, 데모 버전에 대한 기본사항이다.

▶ **라이센스 컨테이너**

- 라이센스 컨테이너는 'USB 동글(dongle)' 유형과 '소프트 컨테이너(soft container)' 유형으로 구성되어 있다. 'USB 동글' 유형은 특수 라이센스 메모리가 저장되어 있는 USB 메모리 형태이며, '소프트 컨테이너'의 경우 'USB 동글'과 달리 하드웨어가 아니라 시스템에 영구적으로 존재하는 보호된 파일 형태이다.
- 각 라이센스 컨테이너에는 여러 개의 라이센스가 포함될 수 있으며, 여러 라이센스 컨테이너가 한 대의 컴퓨터에 동시에 존재할 수 있다. 각각의 라이센스는 컨테이너 유형 중 하나에 대해 정의되며, 이 유형의 컨테이너에서만 활성화 할 수 있다. 예를 들어, USB 동글에 대해 발급된 라이센스는 소프트 컨테이너에서 사용할 수 없다.
- 라이센스 컨테이너에 액세스하고 라이센스를 사용하려면 'CodeMeter Runtime Kit 소프트웨어'가 필요하다. 이 소프트웨어는 기본적으로 제품 설치 시 선택 설치 가능하다. (1.2.2. 프로그램 설치 방법 참고)
- 시스템 운영체제 또는 하드웨어 구성을 변경할 경우, 제품 오용 방지를 위한 조치로 소프트 컨테이너가 작동을 중지할 수 있다. 소프트 컨테이너를 사용하여 시스템을 재구성하려면 먼저 해당 컨테이너에 포함된 라이센스를 반환한 다음 프로세스가 끝날 때 해당 라이센스를 다시 활성화하는 것이 좋다.
- 다음 표는 라이센스 컨테이너의 유형별 속성에 대한 내용이다.

| 속 성 | USB 동글 | 소프트 컨테이너 |
|---|---|---|
| 릴리즈(release)와 호환 가능 | 모든 버전에서 가능 | 다음과 같은 버전에서 가능<br>- PTV Visum 18<br>- PTV Vissim 11<br>- PTV Vistro 7 |
| 단일 사용자(single-user) 라이센스 사용 가능 | O | O |
| 네트워크 라이센스 사용 가능 | O | O |
| 하나의 컨테이너에 여러 라이센스 포함 가능 | O | O |
| 라이센스 재호스팅 가능<br>(다른 컴퓨터에서 재활성화 및 재설치 가능) | O | O |
| 라이센스 컨테이너 전체 이동 가능 | O | X |
| 버추얼 머신(virtual machine)에서 사용 가능 | O | X |
| 영구 인터넷(permanent internet) 연결 필요 | X | X |
| 분실 시 잠금 및 교체 가능 | O | O |

> **Note**
> - 라이센스 관리에 대한 설명은 웹 페이지의 독립 실행형 온라인 도움말에서도 확인이 가능하다.(https://cgi.ptvgroup.com/vision-help/LicenseMgt_ENG/)
> - 앞서 설명한 바와 같이 여러 라이센스가 하나의 컨테이너에 포함될 수 있으나, 제품 측면에서 완전히 동일한 두 개의 라이센스는 하나의 컨테이너에서 활성화되지 않을 수 있다. 특히 여러 차례 활성화할 수 있는 라이센스를 사용하는 경우 이와 같은 사항을 주의해야 한다. 동일한 라이센스 컨테이너에서 두 차례 활성화를 시도하면 오류 메시지가 나타난다.
> - 라이센스 보호를 위해 버추얼 머신(virtual machine)에 소프트 컨테이너를 설치하거나 대여할 수 없다. 이는 VMware ESX 또는 Microsoft Hyper-V와 같은 로컬 시스템과 MS Azure 또는 Amazon AWS와 같은 클라우드 환경 모두에 적용된다. (e.g. 병렬 데스크탑(Parallel Desktop))

### ▶ 단일 사용자 라이센스 또는 네트워크 라이센스 사용

- 단일 사용자 라이센스는 한 컴퓨터에서 한 사용자가 사용하도록 설계된 라이센스이다. 제품 및 라이센스가 동일한 컴퓨터에 설치되며, 이 경우에는 License Server에 영구적으로 연결할 필요가 없고, 인터넷 연결 없이도 사용이 가능하다. 단일 사용자 라이센스를 사용하는 경우 원격 데스크톱(remote desktop) 연결을 통해서도 여러 사용자가 동시에 액세스할 수 없다.
- 네트워크 라이센스는 로컬 네트워크에서 여러 사용자가 제품을 유연하게 사용할 수 있도록 지원한다. 네트워크에서 License Server 역할을 하는 시스템에 라이센스가 설치된다. 네트워크 라이센스의 유일한 제한은 동시 사용자 수로 각각 최대 동시 사용자 수가 지정되어 있다. 네트워크 라이센스를 사용하려면 제품이 설치된 시스템이 License Server에 영구적으로 연결되어 있어야 한다. 해당 라이센스는 원격 데스크톱 연결을 포함한 서버 운영 체제 사용을 지원한다.

### ▶ 데모 버전 사용 시 제한 사항

- 데모 버전 사용 시 제한되는 사항은 다음과 같다.
    - 첫 시작은 설치 파일 생성일 이후 180일 이내에 이루어져야 함
    - 저장 및 인쇄 기능을 사용할 수 없음
    - COM 인터페이스를 사용할 수 없음
    - 목록(List)의 값을 복사할 수 없음
    - 평가(Evaluation)를 생성할 수 없음
    - *.avi 파일을 저장할 수 없음
    - 시뮬레이션 시간이 1,800초로 제한됨
    - 드라이빙 시뮬레이터 인터페이스를 사용할 수 없음
    - 배기가스(emission) 계산 DLL 인터페이스를 사용할 수 없음
    - BIM 가져오기 및 3dsMAX 내보내기를 사용할 수 없음

## 1.3.2. License Management Window 사용하기

License Management Window를 이용하여 라이선스 활성화, 업데이트 등 라이선스의 전반적인 관리를 할 수 있다. 해당 Window는 프로그램 내에서 [Help] 메뉴 〉 [License] 〉 [License] Window 우측 하단의 [Manage licenses]를 통해 열 수 있다.

2021년 이전 버전의 경우, License Management Window를 이용하여 라이선스 활성화, 비활성화, 업데이트 등을 할 수 없다. 이전 버전에서 이러한 작업을 수행하려면 'Web Depot' 또는 'PTV License Manager'를 사용해야 한다.

License Management Window의 구성과 해당 항목들에 대한 설명은 다음과 같다.

| 구 분 | 설 명 |
|---|---|
| Settings | • ☑ Check out automatically, if possible : 이 옵션 선택시, 하나 이상의 유효한 라이센스를 찾을 경우 프로그램이 자동으로 시작됨<br>• ☐ Check out automatically, if possible : 이 옵션 미선택시, 프로그램을 시작할 때 항상 License Management Window가 열리고 라이센스를 선택해야 함. 만일, 라이센스가 하나만 존재할 경우 옵션에 관계없이 프로그램이 자동으로 시작됨 |
| CodeMeter server environment | • Update( ) : 네트워크에서 CodeMeter 서버가 설치된 컴퓨터를 검색하여 목록을 업데이트 |
| Licenses | • Use license : 프로그램을 시작하기 위해 사용하고자 하는 라이센스를 선택. 목록의 순서에 따라 라이센스가 사용되는 순서가 결정됨<br>• Product : 라이센스가 유효한 PTV Vision 제품. 좌측의 + 버튼을 눌러 추가 기능 확인 가능<br>• Name : 라이센스 이름<br>• Type : 라이센스 유형(ex. 상용 라이센스, 대여한 라이센스)<br>• Status : 라이센스 상태<br>• Number : 라이센스를 사용 가능한 사용자 수<br>• Expiration date : 라이센스 만료 날짜<br>• Available in version : 라이센스로 사용할 수 있는 제품 버전<br>• Network size : 라이센스의 네트워크 크기<br>• Server : 라이센스 서버<br>• CM Runtime : 설치된 CodeMeter runtime의 버전<br>• Box : 라이센스 컨테이너의 일련 번호. USB 동글의 경우 1~3, 소프트 컨테이너는 130, 클라우드 컨테이너는 140으로 시작 |
| 이 외의 사항 | • Activate license(⊕) : 라이센스 활성화<br>• Deactivate selected license(⊖) : 선택한 라이센스 비활성화<br>• Update( ) : 라이센스 업데이트<br>• Finding licenses( ) : 새 라이센스 검색<br>• Deleate( ) : 선택한 라이센스 삭제<br>• Top( ) : 선택한 라이센스를 목록의 가장 위로 이동<br>• Bottom( ) : 선택한 라이센스를 목록의 가장 아래로 이동<br>• Up( ) : 선택한 라이센스를 목록의 한 행 위로 이동<br>• Down( ) : 선택한 라이센스를 목록의 한 행 아래로 이동<br>• Start : 선택한 라이센스로 프로그램 열기 |

## 1.3.3. 라이선스 서버(License Server) 사용하기

우리는 라이선스 서버에 있는 라이선스를 사용할 수 있으며, 워크스테이션(workstation) 컴퓨터와 네트워크 서버를 라이선스 서버로서 사용할 수 있다. License Management Window의 CodeMeter server environment에는 컴퓨터에서 라이선스를 검색하는 모든 라이선스 서버가 목록의 형태로 표시된다. 해당 Window에서는 라이선스 서버 목록을 편집할 수 없으며, 편집을 위해서는 별도의 프로그램인 CodeMeter Control Center를 사용해야 한다.

라이선스 서버에서 네트워크 라이선스를 활성화하기 위해서는 PTV Vissim과 독립적으로 작동하는 PTV License Manager(Server)를 사용해야 한다. PTV License Manager(Server)를 설치하는 동안, CodeMeter Runtime environment도 라이선스 서버에서 작동하도록 설치 및 설정된다.

라이선스 서버 목록 변경을 위한 CodeMeter Control Center 사용 방법과 라이선스 활성화를 위한 PTV License Manager(Server) 설치 방법은 다음과 같다.

▶ **라이선스 서버 목록 변경하기(추가하기)**

① Window [시작(■)] 메뉴 〉 [CodeMeter] 〉 [CodeMeter Control Center]를 클릭하여 CodeMeter Control Center를 연다.
② 우측 하단의 [WebAdmin] 버튼을 클릭한다.

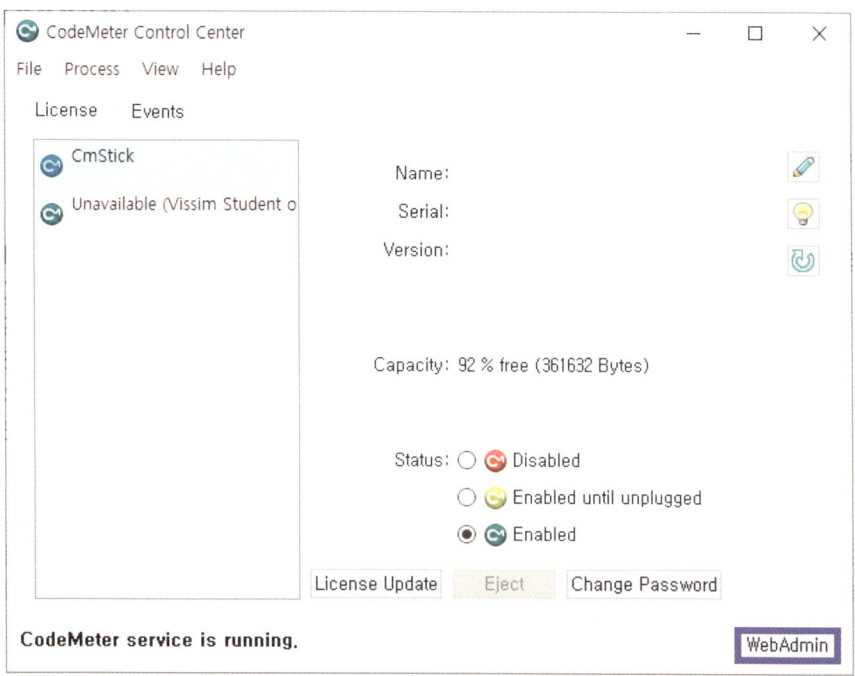

③ [Configuration] 탭에 들어가서 [add new Server]를 클릭한다.

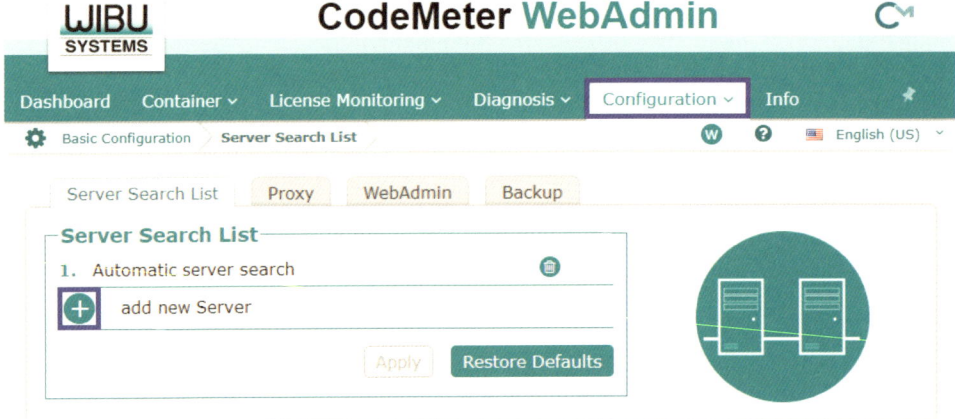

④ 원하는 라이센스 서버의 시스템 이름 또는 IP 주소를 입력한 후, [Add] 버튼을 클릭한다.

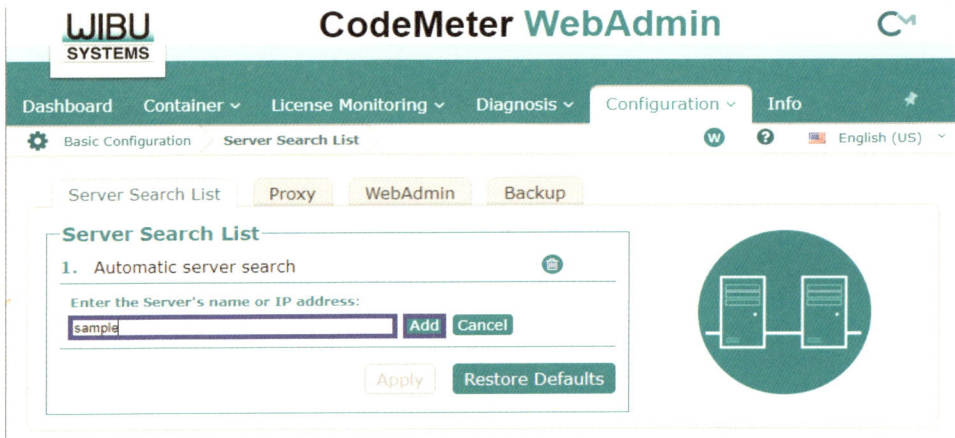

⑤ [Apply] 버튼을 클릭한다. 라이센스 서버가 목록에 추가되고, License Management Window의 Codemeter Server Environment 섹션에 표시된다.

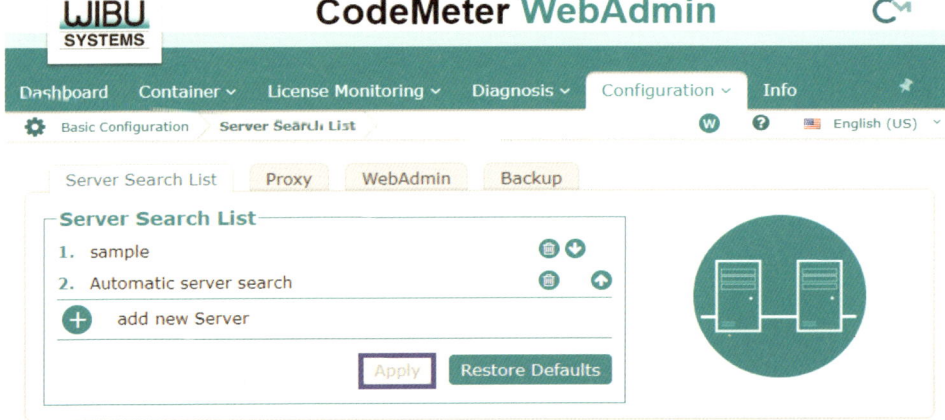

chapter **01** Vissim 시작하기

### ▶ License Manager(Server) 설치하기

① 프로그램 설치를 위해 먼저 PTV GROUP 홈페이지에서 셋업(Setup) 파일을 내려받는다.
PTV GROUP 홈페이지(ptvgroup.com) 〉 Products 〉 PTV Vissim 〉 Downloads

② 셋업 파일[LicenseManagerServer.exe]을 실행한 후, 지원받고자 하는 언어를 선택하고 [OK]를 눌러 다음 단계로 넘어간다.

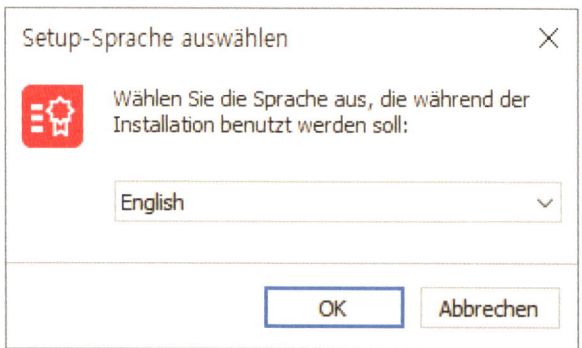

③ License Manager와 CodeMeter Runtime*version을 모두 선택한 후, [Next]를 눌러 다음 단계로 넘어간다.

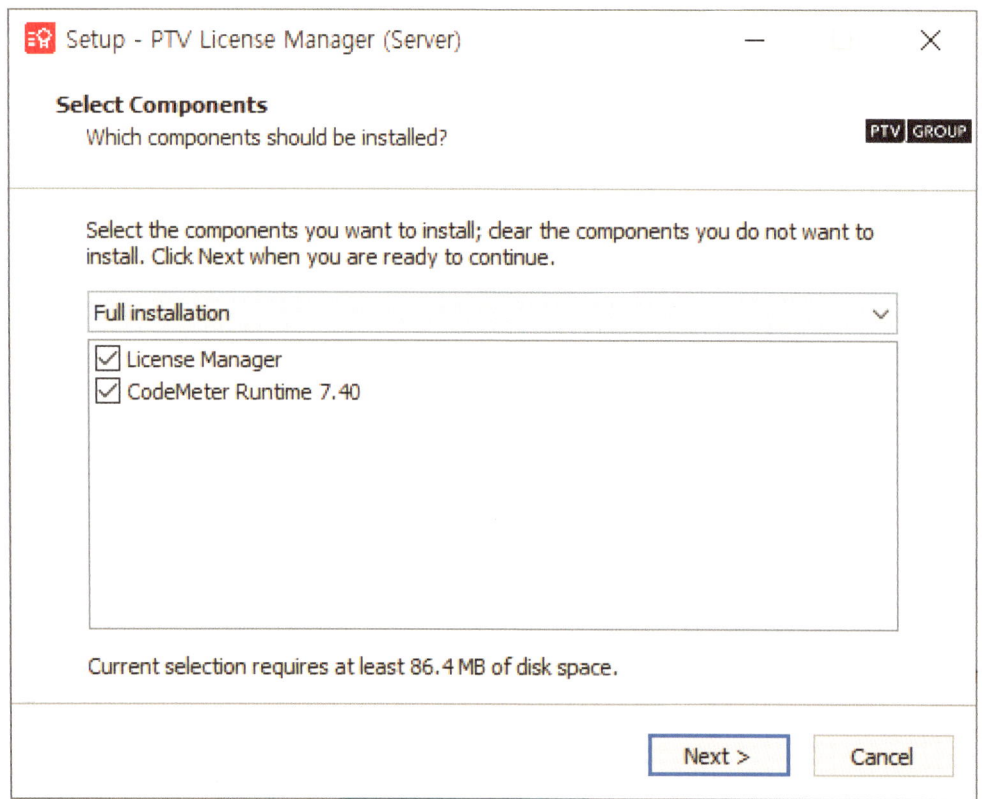

④ [Browse...]를 눌러 저장위치를 선택한 후, [Next]를 눌러 다음 단계로 넘어간다.

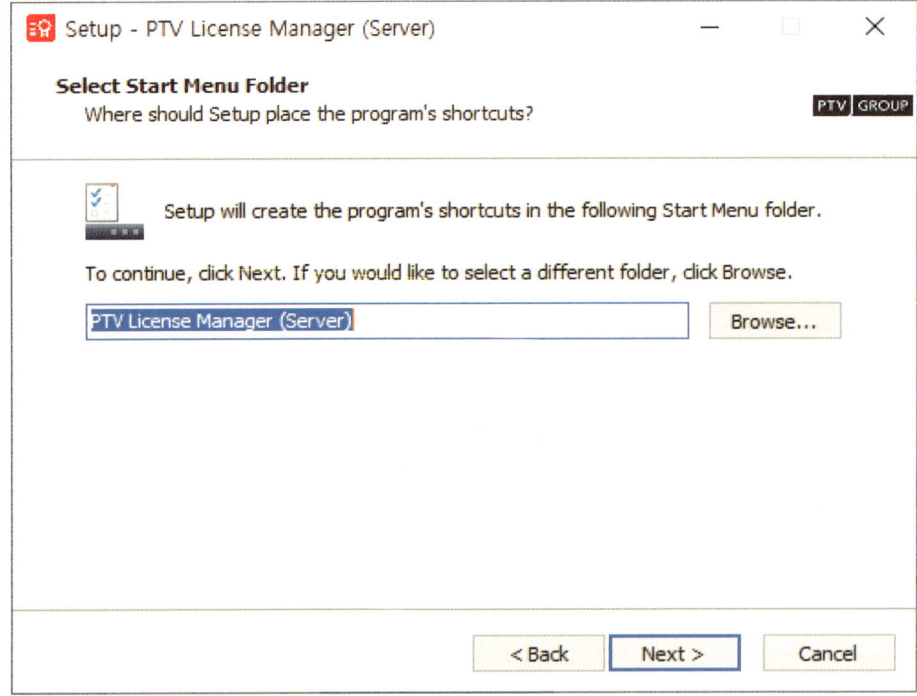

⑤ 이 컴퓨터를 CodeMeter 서버로 사용한다는 의미인 [Use this computer as CodeMeter server]를 선택한 후 [Next]를 눌러 다음 단계로 넘어간다.

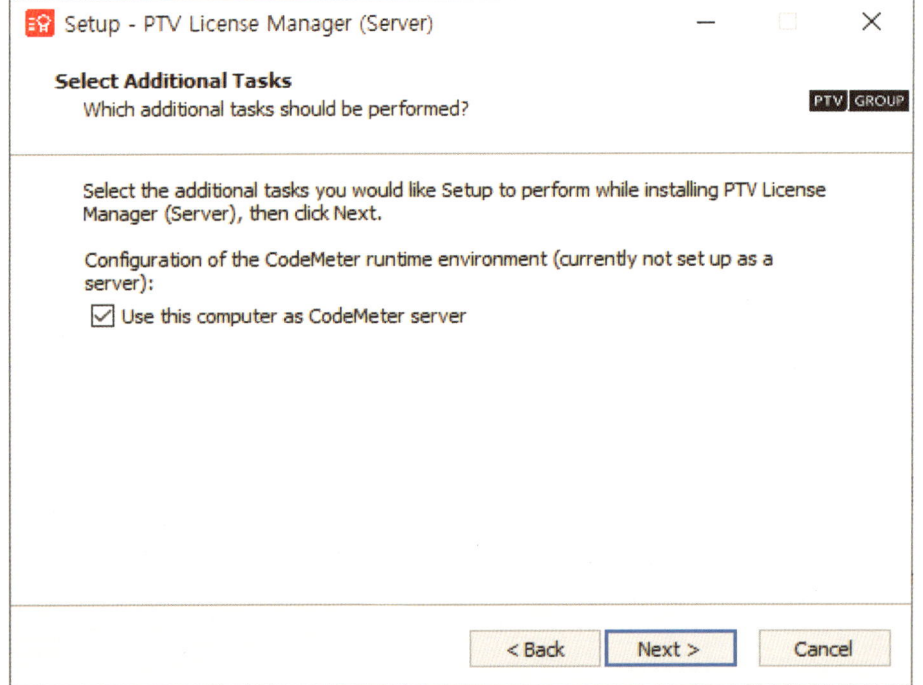

⑥ 요약된 설치 옵션 내용 확인한 후, [Install]을 눌러 설치를 시작한다.

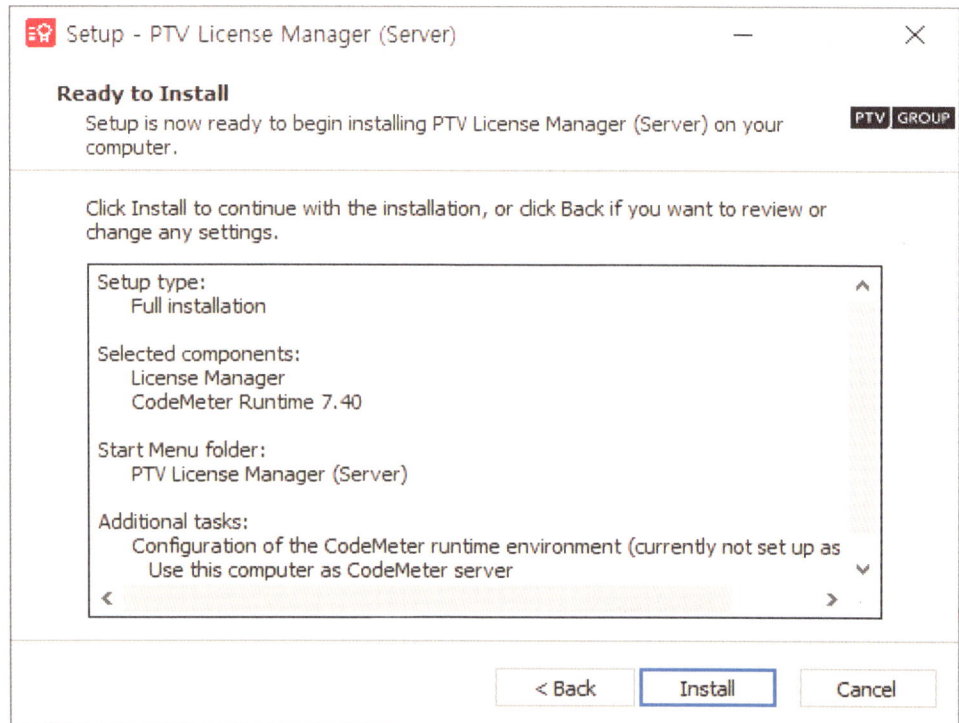

⑦ 진행률 표시줄과 함께 설치 프로세스를 확인할 수 있다.

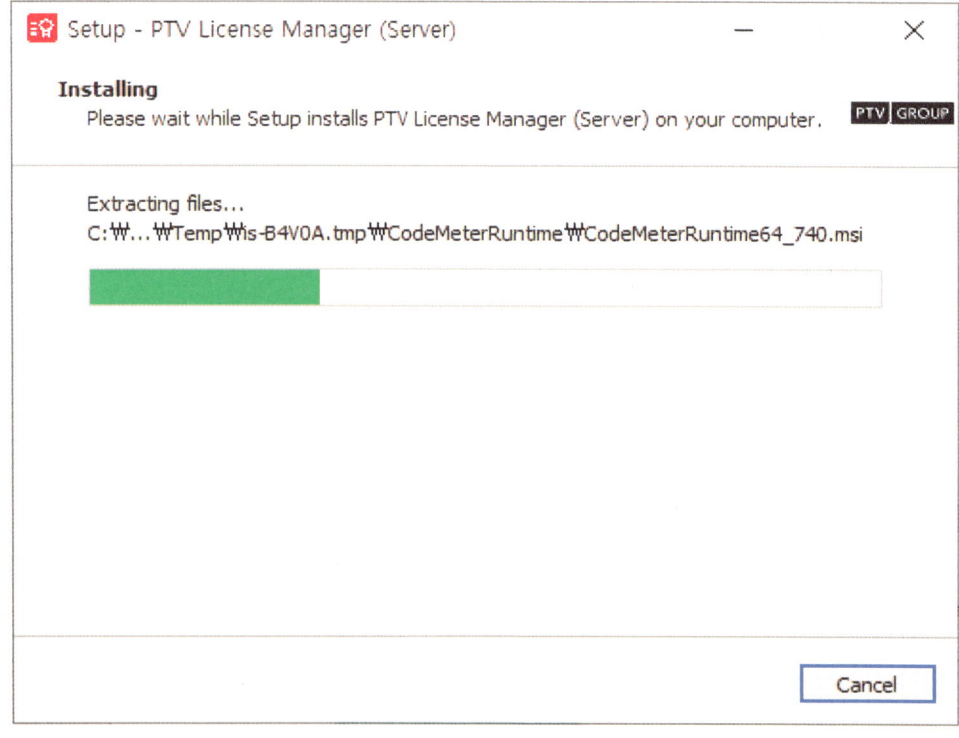

⑧ License Manager(Server)의 설치가 끝나면 CodeMeter Runtime Kit Setup Window가 실행된다. [Next]를 눌러 다음 단계로 넘어간다.

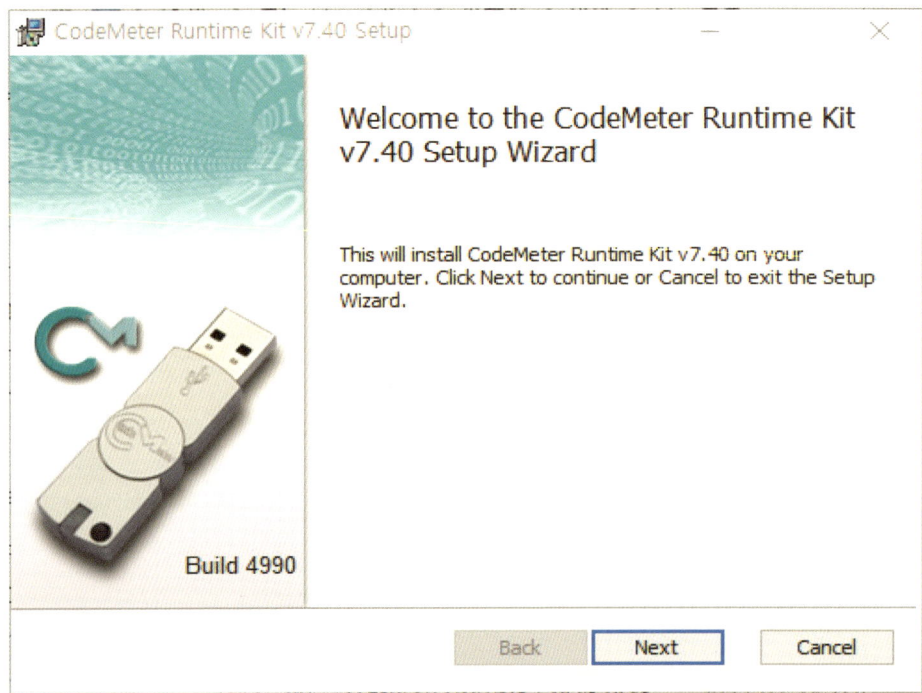

⑨ 사용자 라이센스 약관에 대해 동의한다는 의미인 [I accept the terms in the License Agreement]를 선택한 후, [Next]를 눌러 다음 단계로 넘어간다.

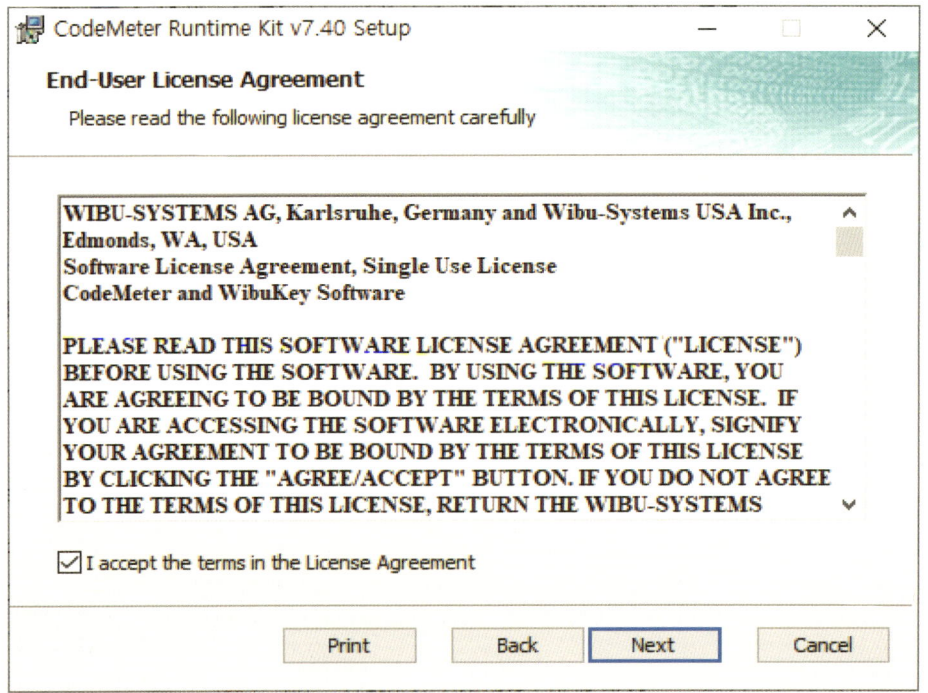

⑩ 사용자 이름(User name) 및 조직(Organization)을 입력한 후, 하단의 설치 범위를 선택하고 [Next]를 눌러 다음 단계로 넘어간다.

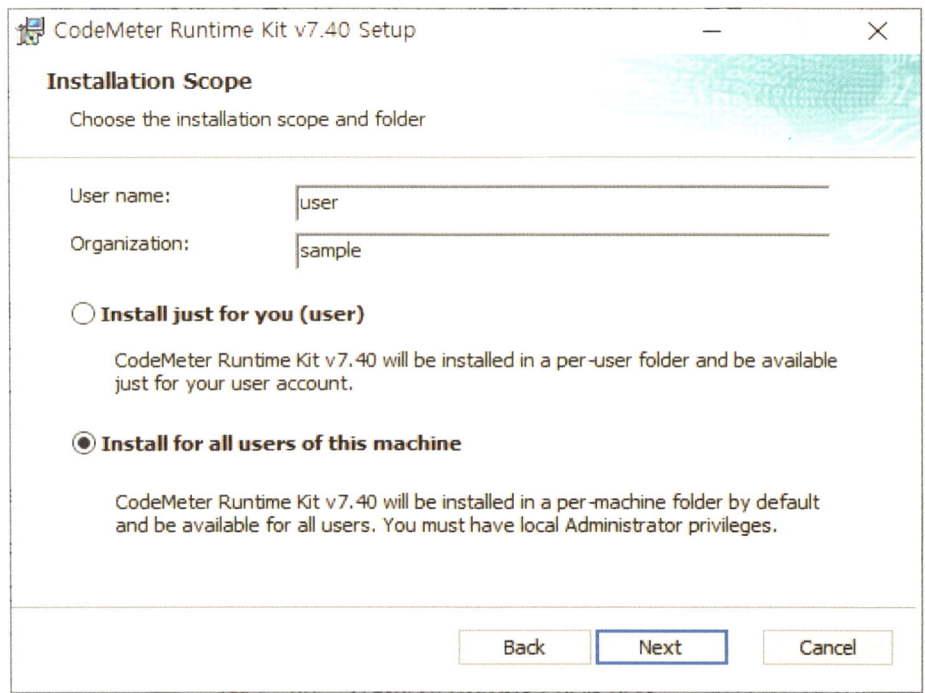

⑪ Network Server 왼쪽의 아이콘을 클릭한 후, [Will be installed on local hard drive](로컬 하드 드라이브에 설치)를 선택하고, [Next]를 눌러 다음 단계로 넘어간다.

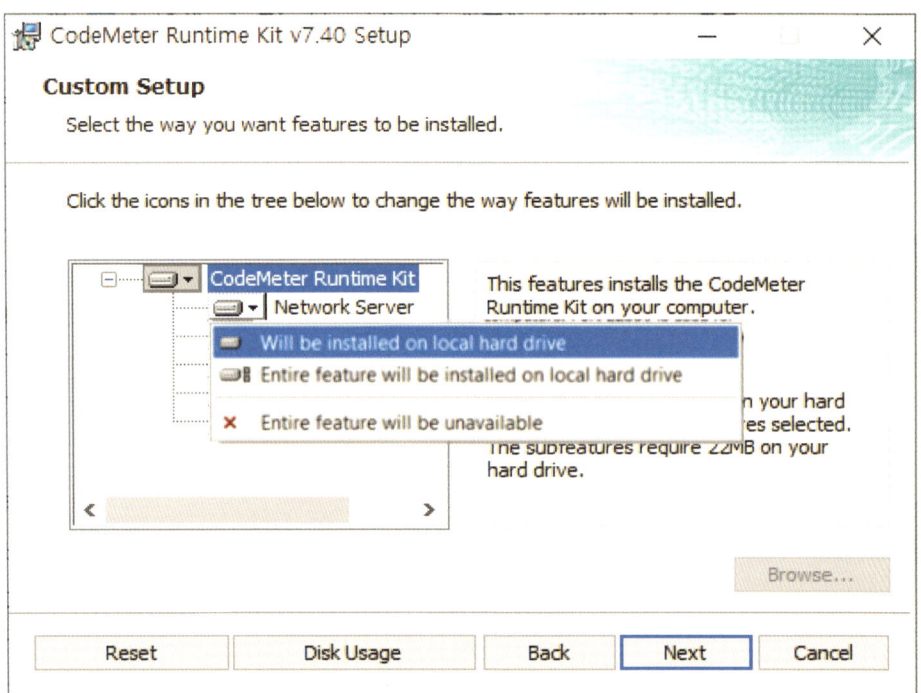

⑫ [Install] 버튼을 클릭한다.

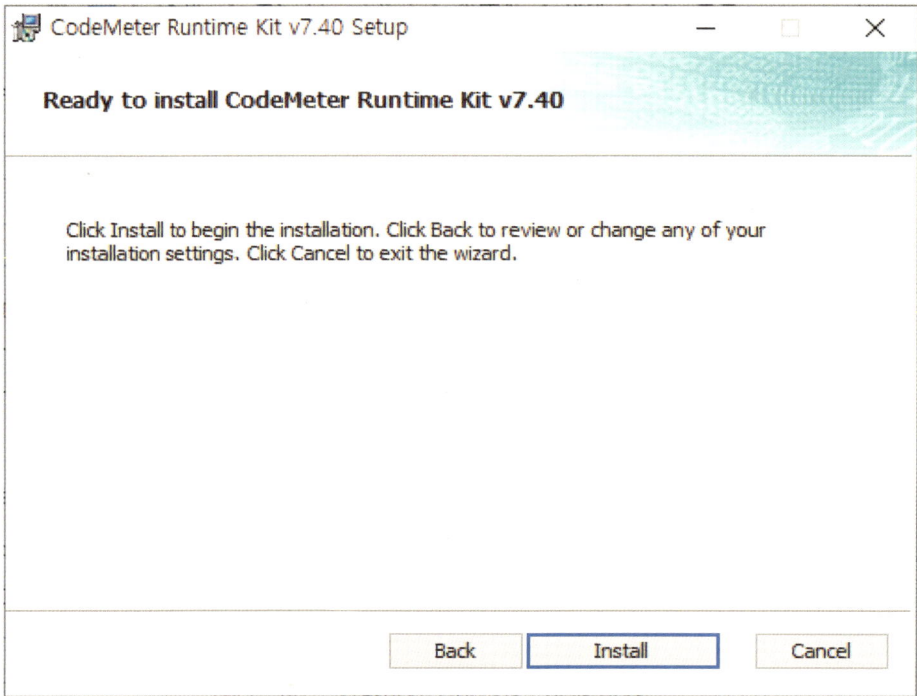

⑬ 진행률 표시줄과 함께 설치 프로세스를 확인할 수 있다.

⑭ [Finish] 버튼을 눌러 CodeMeter Runtime Kit 설치를 마무리한다.

⑮ 이어서 PTV License Manager(Server) Setup Window에서도 [Finish] 버튼을 눌러 설치를 마무리한다.

## 1.3.4. 라이센스 활성화 하기

라이센스를 사용하기 위해서는 라이센스 활성화 과정을 거쳐야 한다. License Mangement Window와 라이센스 서버를 이용한 활성화 방법은 다음과 같다.

▶ **License Mangement Window 이용**

① [Help] 메뉴의 [License]를 선택하여 License Window를 실행한다.
② License Window 우측 하단의 [Manage licenses]를 클릭하여 License Mangement Window를 실행한다.
③ E-mail로 받은 라이센스 키를 클립보드에 복사한다.
④ Activate license(⊕) 버튼을 클릭하여 License activation Window를 실행하면, 해당 Window에 클립보드로 복사된 라이센스 키가 표시된다.
⑤ [Next] 버튼을 클릭한다.
⑥ 옵션 중 [On this computer]를 선택한다.
⑦ 필요 시 라이센스 키를 저장할 라이센스 컨테이너를 선택한다.
⑧ [Next] 버튼을 클릭하여, 라이센스 활성화를 마무리한다.

▶ **라이센스 서버 이용**

① Windows 시작 메뉴에서 PTV License Manager(Server)를 연다.
② E-mail로 받은 라이센스 키를 클립보드에 복사한다.
③ Activate license(⊕) 버튼을 클릭하여 License activation Window를 실행하면, 해당 Window에 클립보드로 복사된 라이센스 키가 표시된다.
④ [Next] 버튼을 클릭한다.
⑤ 옵션 중 [On this computer]를 선택한다.
⑥ 필요 시 라이센스 키를 저장할 라이센스 컨테이너를 선택한다.
⑦ [Next] 버튼을 클릭하여, 라이센스 활성화를 마무리한다.

## 1.3.5. 라이센스 비활성화 하기

활성화 된 라이센스를 다른 컴퓨터에서 재활성화시키기 위해 현재 사용중인 컴퓨터에서 비활성화할 수 있다. License Mangement Window와 라이센스 서버를 이용한 비활성화 방법은 다음과 같다.

### ▶ License Mangement Window 이용

① [Help] 메뉴의 [License]를 선택하여 License Window를 실행한다.
② License Window 우측 하단의 [Manage licenses]를 클릭하여 License Mangement Window를 실행한다.
③ 목록에서 비활성화할 라이센스를 선택한다. 라이센스 컨테이너의 일련번호가 'Box' 열에 표시된다.
④ Deactivate selected license(⊖) 버튼을 클릭한다.
⑤ [Yes]를 클릭하고 보안 프롬프트(security prompt)를 확인한다.
⑥ Deactivate licenses Window에서 [Close] 버튼을 눌러 해당 Window를 닫는다.
⑦ 라이센스가 비활성화되고 Licenses Management Window 상의 사용 가능한 라이센스 목록에서 제거된다.

### ▶ 라이센스 서버 이용

① Windows 시작 메뉴에서 PTV License Manager(Server)를 연다.
② 목록에서 비활성화할 라이센스를 선택한다.
③ Deactivate selected license(⊖) 버튼을 클릭한다.
④ [Yes]를 클릭하고 보안 프롬프트(security prompt)를 확인한다.
⑤ Deactivate licenses Window에서 [Close] 버튼을 눌러 해당 Window를 닫는다.
⑥ 라이센스가 비활성화되고 라이센스 목록에서 제거된다.

## 1.3.6. 라이센스 업데이트 하기

컴퓨터에 설치된 라이센스 업데이트 방법은 두 가지가 있으며, 프로그램 시작 시 표시되는 알림을 통한 업데이트와 License Management Window를 통한 업데이트가 있다. 프로그램 시작 시 업데이트가 필요하다면 자동으로 알림이 표시된다. 이는 현재 사용 중인 라이센스에 관해서만 표시되는 알림으로, 사용 중이지 않은 라이센스에 관해서는 업데이트가 가능한 경우에도 알림이 표시되지 않는다. License Management Window를 통해 업데이트를 진행한다면 사용 중인 라이센스는 물론 사용 중이지 않은 라이센스에 관해서도 업데이트를 실행할 수 있다.

▶ **프로그램 내 알림을 통한 업데이트**

① 프로그램을 시작한다. 우측 하단에 사용 중인 라이센스에 대한 업데이트가 있다는 알림과 라이센스에 대해 업데이트를 사용할 수 있다는 버튼(An update is available for your license, )이 표시된다.
② 알림 또는 버튼( )을 클릭하여, [Update license]와 [Skip]이 포함된 Window를 실행한다.
③ [Update license]를 클릭하여 라이센스 업데이트를 시작한다.
④ 라이센스 업데이트 진행률을 보여주는 Window가 실행된다.
⑤ 업데이트가 완료되면, [Close] 버튼을 클릭한다.
⑥ 프로그램을 다시 실행한다.

▶ **License Management Window를 통한 업데이트**

① [Help] 메뉴의 [License]를 선택하여 License Window를 실행한다.
② License Window 우측 하단의 [Manage licenses]를 클릭하여 License Mangement Window를 실행한다.
③ 업데이트 할 라이센스를 선택하거나 업데이트 가능한 라이센스가 있는지 확인한다.
④ 라이센스 업데이트 버튼( )을 클릭하여 라이센스 업데이트를 시작한다.
⑤ 업데이트 가능한 라이센스가 있는 경우, 업데이트 진행률을 보여주는 Window가 실행된다.
⑥ 업데이트가 완료되면, [Close] 버튼을 클릭한다.

## 1.3.7. 라이선스 대여하기

Vissim 프로그램 사용을 위해 다음과 같이 라이선스를 대여해야 하는 경우가 있다.

> ex. 대학에 소속된 학생 신분으로서 프로그램 사용을 위해 대학의 아카데믹 라이선스 (academic license)의 서브 라이선스(sublicense)를 사용할 수 있다. 아카데믹 라이선스를 빌리려면 해당 대학 라이선스 서버에 액세스해야 한다. PTV Vissim 을 이용하는 동안 라이선스 서버에 연결할 필요가 없지만 PTV가 프로그램 사용에 대한 데이터를 수집하기 때문에 영구적인 인터넷 연결이 필요하다.

이와 같은 경우에는 License Management Window를 이용한 라이선스 대여가 필요하다. 만일 대여 기간 내 반납이 필요하다면, 동일한 Window에서 반납이 가능하다.

### ▶ 라이선스 대여

① [Help] 메뉴의 [License]를 선택하여 License Window를 실행한다.
② License Window 우측 하단의 [Manage licenses]를 클릭하여 License Mangement Window를 실행한다.
③ 'Standard & borrowing license'와 'Academic license' 중 해당하는 항목을 선택한다.
④ [Borrow license] 버튼을 클릭한다. 라이선스 관리자가 대여 시 활성화 키 사용을 의무화한 경우, 해당 활성화 키를 입력하는 Window가 시행된다. 그렇지 않은 경우 License borrowing options Window가 바로 열린다.
⑤ 컴퓨터에 대여할지, USB 동글에 대여할지 선택한다.
⑥ 필요 시, 대여 기간을 단축한다.
⑦ [OK]를 눌러 확인한다. 라이선스가 목록에 추가되며, 'Type' 열에 대여된 항목이 표시된다.
⑧ 라이선스 목록의 'Use license' 열에서 새 라이선스를 활성화한다.
⑨ License Mangement Window를 닫고 프로그램을 다시 실행한다.

> **Note**
> - 아카데믹 라이선스의 경우 대여 기간은 최대 180일로 제한된다.
> - 만일 라이선스 관리자가 활성화 키의 대여 기간을 더 짧게 설정한 경우에는 제한된 대여 기간이 단축될 수 있다.
> - 기간 내에 라이선스를 반납하고자 할 경우에는 License Mangement Window의 목록에서 반납할 라이선스를 선택하고 [Return borrowed license] 버튼을 클릭하여 반납할 수 있다.

## 1.3.8. 라이센스 정보 확인하기

프로그램 사용 중, License Window를 통해 현재 사용 중인 라이센스 정보를 확인할 수 있다. License Window는 [Help] 메뉴의 [License]를 선택하여 열 수 있으며, 해당 Window를 통해 확인할 수 있는 라이센스 정보는 다음과 같다.

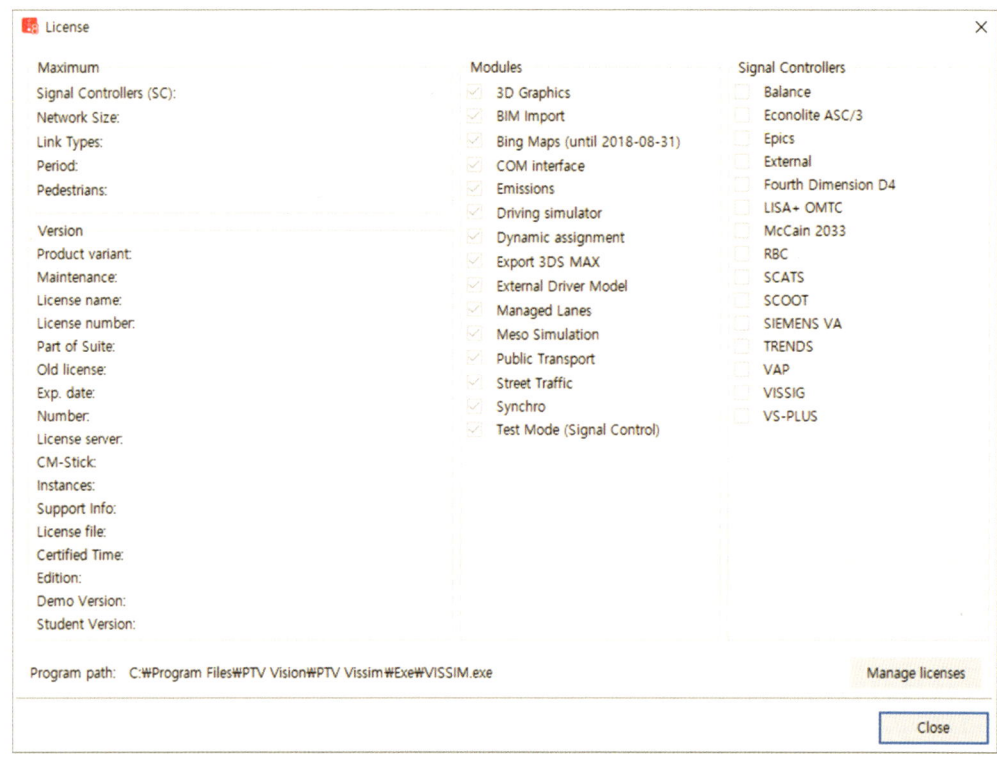

| 구 분 | 설 명 |
|---|---|
| Maximum | • Signal Controllers(SC): 최대 신호 제어기 수<br>• Network Size: 최대 네트워크 범위(km×km)<br>• Link behavior types: 최대 링크 동작 유형 수<br>• Period: 최대 시뮬레이션 시간(sec)<br>• Pedestrians: 최대 보행자 수 |
| Module | • 라이센스에 부여된 모듈과 설치된 추가 기능 모듈 표시 |
| Signal Controllers | • 지원되는 신호 제어기 목록 |
| Version | • 설치된 프로그램 버전(데모버전 또는 학생 버전 여부) 정보 및 라이센스 번호, 이름, 만료일, 서버, 컨테이너 등에 관한 정보 표시 |
| Program path | • 프로그램이 설치된 위치 |
| Management licenses | • License Management Window 열기 |

## 1.4. Vissim Window의 구성 및 사용 방법

### 1.4.1. Vissim Window의 구성

Vissim의 Window는 크게 12가지로 구성되어 있으며, 자세한 사항은 다음과 같다.

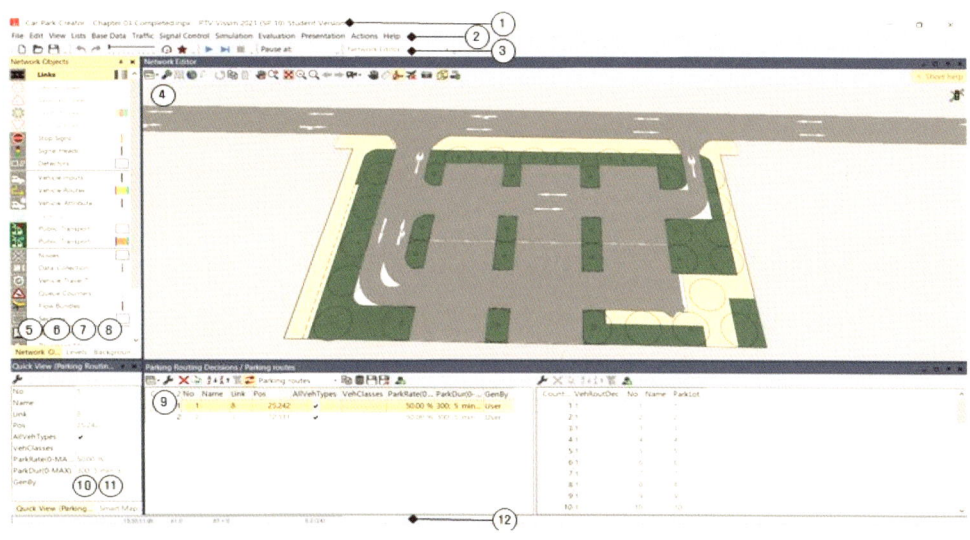

| 구 성 | 설 명 |
|---|---|
| ① 제목표시줄(Title bar) | 파일명 및 프로그램 버전 정보가 표시됨 |
| ② 메뉴 바(Menu bar) | 각각의 메뉴를 통해 프로그램 기능을 불러옴 |
| ③ 도구모음(Toolbars) | 각각의 바로가기키(hotkey)를 통해 프로그램 기능을 불러올 수 있으며, 도구모음(toolbar)의 구성은 변경 가능함 |
| ④ 네트워크 편집기 (Network editors) | 현재 열려있는 네트워크(network)를 표시해주는 네트워크를 편집하는 메인 창 |
| ⑤ 네트워크 객체 사이드바 (Network object sidebar) | 네트워크 객체(network object)에 대한 삽입 모드, 네트워크 상 가시(visibility) 여부, 움직임 및 수정 잠금, 레이블 표시 및 숨기기를 설정 |
| ⑥ 레벨 도구모음 (Levels toolbar) | 레벨(level)에 대한 가시 여부, 편집 옵션 선택, 레벨별 차량 및 보행자 가시(visibility) 여부 설정 |
| ⑦ 배경 도구모음 (Background toolbar) | 배경(background) 가시 여부 선택 |
| ⑧ 프로젝트 익스플로러 (Project explorer) | 프로젝트, 기본 네트워크(base networks), 시나리오 및 시나리오 관리의 수정사항 표시 |
| ⑨ 목록(Lists) | 네트워크 객체의 특성과 같은 서로 다른 데이터를 표시하고 편집 (여러 개의 목록을 열고 화면에서 정렬할 수 있음) |
| ⑩ 퀵뷰(Quick view) | 현재 선택된 네트워크 객체의 속성값을 표시 |
| ⑪ 스마트 맵 (Smart map) | 네트워크의 작은 축척 개요를 표시하며, 특정 네트워크 섹션에 빠르게 접근할 수 있도록 함 |
| ⑫ 상태 바(Status bar) | 네트워크 편집기(Network Editor)에서 커서의 위치를 표시하며, 시뮬레이션 실행 중 현재 시뮬레이션을 초 단위로 표시함 |

## 1.4.2. 메뉴 바(Menu bar)

Vissim의 메뉴 바는 다음과 같이 12개의 주요 메뉴(main menu)로 구성되어 있다.

File  Edit  View  Lists  Base Data  Traffic  Signal Control  Simulation  Evaluation  Presentation  Actions  Help

| 메 뉴 | 설 명 |
|---|---|
| File | Vissim에서 사용되는 네트워크 파일(*.inpx) 및 레이아웃 파일(*.layx) 등을 불러오거나 저장할 때, 그리고 Vissim을 종료할 때 사용한다. 또한 현재 작업 중인 디렉토리(directory)가 위치한 Windows 탐색기를 열거나, 최근에 열었던 네트워크 파일 중 하나를 열 때에도 사용한다. |
| Edit | 가장 마지막으로 실행한 작업에 대하여 되돌리기(undo) 및 재실행(redo)하거나, 네트워크 및 네트워크 객체를 회전 및 이동시킬 때 사용한다. |
| View | 화면을 구성하는 Window 등을 나타낼 때 사용하며, 상태 바(status bar)에 표시되는 시간형식을 변경하거나, 시뮬레이션 속도를 극대화하는 퀵 모드(quick mode) 시행시 사용한다. 네트워크에 있는 객체들을 숨겨 간단한 형식으로 표현하는 단순 네트워크 디스플레이(simple network display) 기능 작동 시에도 사용한다. |
| Lists | 기본 데이터(base data), 네트워크 객체(network object), 결과 데이터(result data)가 포함된 목록을 열 때 사용한다. |
| Base Data | 차종, 보행자 유형 등과 같은 기본적인 네트워크 세팅 시 사용한다. |
| Traffic | 차량 및 보행자 구성을 정의하거나, 보행자의 OD 관계를 기반으로 수요를 정의할 때, 동적할당(dynamic assignment)과 관련된 요소들을 정의할 때 사용한다. |
| Signal Control | 신호제어(signal control)를 위한 데이터를 편집할 때 사용한다. |
| Simulation | 시뮬레이션 시간 및 스피드와 같은 파라미터(parameters)들을 수정하거나, 시뮬레이션을 시작, 일시정지, 정지할 때 사용한다. |
| Evaluation | 시뮬레이션을 통해 얻고자 하는 평가 데이터들을 설정하고, 해당 결과를 확인할 때 사용한다. |
| Presentation | 시뮬레이션 영상 녹화 및 애니메이션 실행시 사용한다. |
| Actions | 스크립트(script) 파일을 관리하고, 시뮬레이션 중에 스크립트 파일을 실행할 시간을 정의할 때 사용한다. |
| Help | 도움말(help), 매뉴얼(manual), 현재 Vissim 설치 정보, 서비스 및 기술지원(technical support) 같은 Vissim에 관한 정보와 문서에 접근할 때 사용한다. |

## 1.4.3. 도구모음(Toolbar)

Vissim의 도구모음은 총 7개 항목(File, Edit, Simulation, Run control, Animation, Test, View)으로 구성되어 있다. File, Edit, Simulation, Run control, View 도구모음의 경우 기본 레이아웃으로써 프로그램 시행시에 기본적으로 보이도록 설정되어 있는 반면, Animation, Test 도구모음의 경우 필요시 추가적으로 표시하여 사용할 수 있다. 도구모음의 항목별 세부사항은 다음과 같다.

### ▶ File 도구모음

| | 기 능 | 설 명 |
|---|---|---|
| | 새로운 네트워크 생성(New) | 새로운 네트워크를 만들 때 사용함 |
| | 열기(Open) | 저장된 네트워크 파일을 열 때 사용함 |
| | 저장(Save) | 작업중인 네트워크 파일을 저장할 때 사용함 |

### ▶ Edit 도구모음

| | 기 능 | 설 명 |
|---|---|---|
| | 되돌리기(Undo) | 가장 마지막으로 실행한 작업을 되돌릴 때 사용함 |
| | 재실행(Redo) | 되돌렸던 작업을 재실행할 때 사용함 |
| | 시간간격(Time Interval) | 시뮬레이션 화면이 업데이트 되는 시간간격을 조절할 때 사용함 |
| | 퀵 모드(Quick Mode) | 퀵 모드 실행/실행취소를 위한 토글키(Toggle Key)<br>* 퀵 모드란 : 시뮬레이션 속도를 극대화하는 기능으로 이 기능 활성화 시 차량, 보행자 등의 모든 동적 네트워크 객체가 네트워크 편집기 상에 표시되지 않음 |
| | 단순 네트워크 디스플레이(Simple Network Display) | 단순 네트워크 디스플레이 실행/실행취소를 위한 토글키(Toggle Key)<br>* 단순 네트워크 디스플레이란 : 이 기능 활성화 시, 링크, 신호기 등 일부 네트워크 객체를 제외한 나머지 객체들이 네트워크 편집기 상에서 숨겨진다. 활성화 시에도 숨겨지지 않는 네트워크 객체는 다음과 같음<br>- 링크(Links)                     - 배경(Backgrounds)<br>- 구역(Areas)                     - 장애물(Obstacles)<br>- 신호기(Signal Heads)           - 3D 신호기(3D Traffic Signals)<br>- 엘리베이터(Elevators)          - 램프 & 계단(Ramps & Stairs)<br>- 정적 3D 모델(Static 3D Models)<br>- 네트워크 내 차량/보행자(Vehicles/Pedestrians In Network) |

## ▶ Simulation 도구모음

| 기 능 | | 설 명 |
|---|---|---|
| ▶ | 시뮬레이션 연속 실행 (Simulation continuous) | 시뮬레이션을 연속 모드로 실행하거나, 단일 단계 실행 (Simulation single step) 모드에서 연속 시뮬레이션 모드로 전환할 때 사용함 |
| ▶❘ | 시뮬레이션 단일 단계 실행 (Simulation single step) | 시뮬레이션을 단일 단계 모드로 실행하거나, 연속 모드에서 단일 단계 모드로 전환할 때 사용함 |
| ■ | 시뮬레이션 정지 (Stop simulation) | 실행 중인 시뮬레이션을 정지함 |

## ▶ Run control 도구모음

| 기 능 | | 설 명 |
|---|---|---|
| Pause at: | 시뮬레이션 일시정지 (Simulation Pause at) | 입력한 시간에 시뮬레이션을 일시정지함 |

## ▶ Animation 도구모음

| 기 능 | | 설 명 |
|---|---|---|
| ◀ | 애니메이션 연속 역실행 (Animation continuous reverse) | 애니메이션 실행을 중지하고 역방향으로 애니메이션을 실행함 |
| ❘◀ | 애니메이션 단일 단계 역실행 (Animation single step reverse) | 애니메이션 실행을 중지하고, 현재 시뮬레이션의 1sec 이전의 단계를 표시함 |
| ▶ | 애니메이션 연속 실행 (Animation continuous) | 애니메이션을 연속 모드로 실행하거나, 단일 단계 모드에서 연속 실행 모드로 전환할 때 사용함 |
| ▶❘ | 애니메이션 단일 단계 실행 (Animation single step) | 애니메이션을 단일 단계 모드로 실행하거나, 연속 모드에서 단일 단계 실행 모드로 전환할 때 사용함 |
| ■ | 애니메이션 정지 (Stop animation) | 애니메이션 실행을 정지함 |

## ▶ Test 도구모음

| 기 능 | | 설 명 |
|---|---|---|
| ▶ | 테스트 연속 실행 (Test run continuous) | 테스트를 연속 모드로 실행하거나, 단일 단계 모드에서 연속 모드로 전환할 때 사용함 |
| ▶❘ | 테스트 단일 단계 실행 (Test run single step) | 테스트를 단일 단계 모드로 실행하거나, 연속 모드에서 단일 단계 모드로 전환할 때 사용함 |
| ■ | 테스트 정지 (Stop test run) | 테스트 실행을 정지함 |

## ▶ View

| 기 능 | 설 명 |
|---|---|
| Network Editor / Start Page | 여러 개의 창이 실행되어 있는 경우, 창을 전환할 때 사용함 |

## ▶ 도구모음(Toolbar) 수정하기

기본적으로 배치되어 있는 도구모음을 다음과 같은 방법으로 변경하여 사용할 수 있다.

| 구 분 | | 설 명 |
|---|---|---|
| | 위치 변경하기 | 도구모음의 왼쪽 가장자리를 클릭하여 마우스 버튼을 누른 상태로 원하는 위치로 끌어 놓는다 |
| | 표시 및 숨기기 | 도구모음의 옆 또는 아래에 있는 빈 영역을 우클릭하여 바로가기 메뉴를 연다. 바로가기 메뉴에서 원하는 옵션을 선택하여 표시하거나 숨긴다. |
| | 도구모음 잠그기 | 도구모음의 옆 또는 아래에 있는 빈 영역을 우클릭하여 바로가기 메뉴를 연다. 바로가기 메뉴에서 [Lock the Toolbars]를 선택하여 도구모음을 잠근다. |

### ※ TIP

단축키를 이용하면 도구모음이나 메뉴에서 기능을 하나하나 찾지 않고도 원하는 기능을 빠르게 불러올 수 있어, 작업시 유용하다. ('1.4.11. 단축키(Hotkey)' 참고)

## 1.4.4. 네트워크 객체 사이드바(Network object sidebar)

네트워크 객체 사이드바는 다음 그림과 같이 네트워크 객체 유형 목록으로 구성되어 있으며, 이 곳에 위치한 버튼과 바로가기 메뉴를 통해 네트워크 객체의 표시, 선택 및 편집 기능에 엑세스할 수 있다.

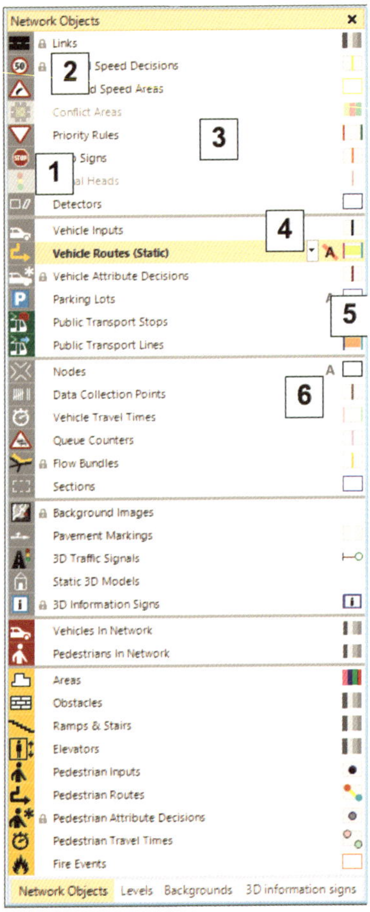

| 구 분 | 설 명 | |
|---|---|---|
| ① 가시성 조절 버튼 | 버튼을 활성화 혹은 비활성화하여 네트워크 편집기 상의 객체 표시 여부를 변경함 | |
| | • 가시성 On ( ) | 객체 표시 |
| | • 가시성 Off ( ) | 객체 숨김 |
| ② 잠금 모드 활성화 버튼 | 버튼을 활성화 혹은 비활성화하여 네트워크 편집기 상의 객체 수정 가능 여부를 변경함 | |
| | • 잠금 모드 On ( ) | 객체 수정 불가 |
| | • 잠금 모드 Off ( ) | 객체 수정 가능 |
| ③ 삽입 모드 활성화 버튼 | 버튼을 활성화 할 경우, 해당 행이 주황색으로 강조표시되며, 활성화 된 객체에 대해서만 삽입 가능함 | |
| | • 삽입 모드 On | Links |
| | • 삽입 모드 Off | Links |
| ④ 객체 유형 변경 버튼 | 네트워크 객체 중 선택 가능한 다양한 유형이 있는 객체의 경우, 마우스를 올리면 목록 열기 버튼이 활성화 되고( ), 해당 버튼을 눌러 원하는 유형을 선택하여 삽입할 수 있음 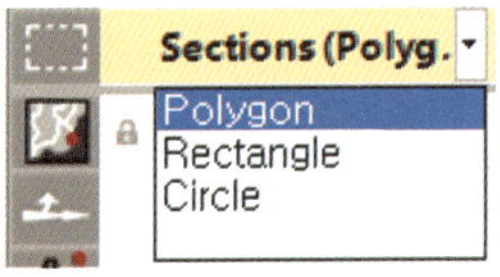 | |
| ⑤ 그래픽 파라미터 편집 버튼 | 네트워크 편집기 상 객체의 표현 방식(색상, 스타일 등) 수정 가능 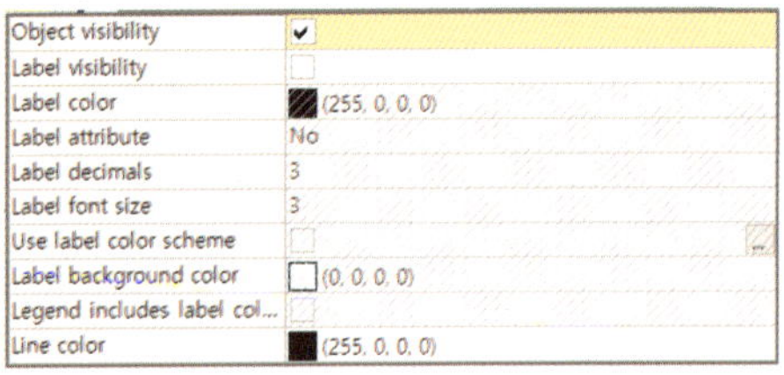 | |
| ⑥ 라벨 버튼 | 버튼을 활성화 혹은 비활성화하여 객체 레이블을 표시하거나 숨길 수 있음 | |
| | • 라벨 버튼 On ( ) | 객체 레이블 표시 |
| | • 라벨 버튼 Off ( ) | 객체 레이블 숨김 |

네트워크 객체 사이드바 상에서 우클릭을 하면, 바로가기 메뉴를 열 수 있으며, 바로가기 메뉴에는 다음과 같은 기능들이 있다.

| 기 능 | 설 명 |
| --- | --- |
| Show List | 네트워크 객체 유형 목록을 열 때 사용하며, 이미 열려있을 경우 해당 목록을 가장 앞에 표시함 |
| Open new list | 네트워크 객체 유형 목록이 이미 열려있는 상태에서 새 목록을 열 때 사용함 |
| Create Chart | 차트 작성창을 열 때 사용함 |
| Creating a user-defined attribute | 사용자 정의 특성창을 열 때 사용함 |
| Edit graphic parameters | 네트워크 객체 유형의 그래픽 파라미터 목록을 표시함 |
| Make All Types Visible | 네트워크 편집기에 모든 네트워크 객체를 표시함 |
| Make No Types Visible | 네트워크 편집기에 모든 네트워크 객체를 숨김 |
| Make All Types Selectable | 모든 객체 유형의 잠금 모드를 활성화 함 |
| Make No Types Selectable | 모든 객체 유형의 잠금 모드를 비활성화 함 |
| Selectability Column | 네트워크 객체 사이드바 상의 잠금 모드 활성화 버튼을 표시 또는 숨김 |
| Label Column | 네트워크 객체 사이드바 상의 라벨 버튼을 표시 또는 숨김 |
| Graphic Parameters Column | 네트워크 객체 사이드바 상의 객체 파라미터 편집 버튼을 표시 또는 숨김 |
| All Object Types | 네트워크 객체 사이드바 상에 차량 및 보행자 시뮬레이션을 위한 모든 객체 유형을 표시함 |
| Vehicle Object Types Only | 네트워크 객체 사이드바 상에 차량 시뮬레이션을 위한 객체 유형만을 표시함 |
| Pedestrian Object Types Only | 네트워크 객체 사이드바 상에 보행자 시뮬레이션을 위한 객체 유형만을 표시함 |

## 1.4.5. 레벨 도구모음(Levels toolbar)

레벨 도구모음의 구성 및 기능은 다음과 같다.

| 구 분 | 설 명 | |
|---|---|---|
| ① 가시성 조절 버튼 | 버튼을 활성화 혹은 비활성화하여 해당 수준에 있는 객체 표시 여부를 변경함 | |
| | • 가시성 On ( ) | 배경 표시 |
| | • 가시성 Off ( ) | 배경 숨김 |
| ② 잠금 모드 활성화 버튼 | 버튼을 활성화 혹은 비활성화하여 해당 수준에 있는 객체 수정 가능 여부를 변경함 | |
| | • 잠금 모드 On ( ) | 해당 레벨의 객체 수정 불가 |
| | • 잠금 모드 Off ( ) | 해당 레벨의 객체 수정 가능 |
| ③ 차량 및 보행자 조절 버튼 | 버튼을 활성화 혹은 비활성화하여 차량 및 보행자의 표시 여부를 변경함 | |
| | • 잠금 모드 On ( ) | 해당 레벨의 차량 및 보행자 표시 |
| | • 잠금 모드 Off ( ) | 해당 레벨의 차량 및 보행자 숨김 |

## 1.4.6. 배경 도구모음(Background toolbar)

배경 도구모음의 구성 및 기능은 다음과 같다.

| 구 분 | 설 명 | |
|---|---|---|
| ① 가시성 조절 버튼 | 버튼을 활성화 혹은 비활성화하여 네트워크 편집기 상의 배경 표시 여부를 변경함 | |
| | • 가시성 On ( ) | 배경 표시 |
| | • 가시성 Off ( ) | 배경 숨김 |

## 1.4.7. 퀵뷰(Quick view)

퀵뷰는 현재 선택된 네트워크 객체의 속성값을 표시해주는 Window로, 이 Window에서도 객체의 속성값 수정이 가능하다. [View] 메뉴의 [Quick view]를 통해 퀵뷰 Window를 열 수 있다. 만일, 동일한 유형의 네트워크 객체를 여러 개 선택한 경우, 네트워크 객체 유형의 이름이 퀵뷰의 제목 표시줄(title bar)에 표시된다. 속성값이 다른 여러 네트워크 객체를 선택한 경우에는 속성값과 함께 기호 '*'가 표시된다. 또한, 다양한 유형의 네트워크 객체를 여러 개 선택한 경우, 속성 값이 표시되지 않고 퀵뷰의 제목 표시줄에 표시되지 않는다.

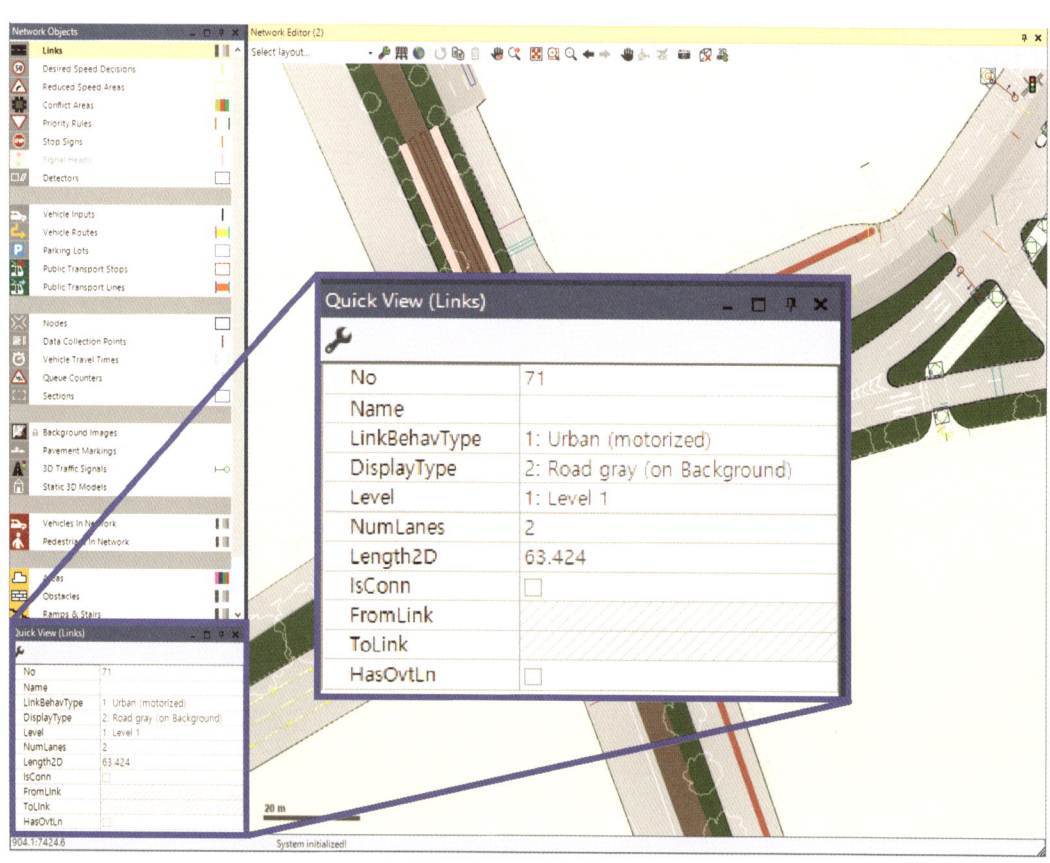

## 1.4.8. 스마트 맵(Smart map)

스마트 맵은 작은 스케일로 네트워크 개요를 표시해주는 Window다. [View] 메뉴의 [Smart Map]을 선택하여 스마트 맵 Window를 열 수 있다. 스마트 맵에 대한 자세한 설명은 다음과 같다.

스마트 맵에는 네트워크 편집기 상에서 현재 표시된 구역이 직사각형으로 표시된다. 네트워크 편집기의 확대/축소 배율이 너무 클 경우, 직사각형 대신 십자선(十)이 표시된다. 만일, 여러 네트워크 편집기가 열려있는 경우에는 여러 개의 직사각형을 통해 각각의 네트워크 편집기 상에 표시된 구역을 보여주며, 현재 열려있는 네트워크 편집기에 대해서는 굵은 선의 직사각형으로 표시된다.

스마트 맵은 네트워크 편집기에 연결되어 있다. 네트워크 편집기에서 수정한 내용은 스마트 맵에 영향을 미치며, 그 반대의 경우도 마찬가지다. 예를 들어 네트워크를 확대하거나 구역을 이동하면 직사각형 또는 십자선의 위치도 스마트 맵 상에서 이동한다. 스마트 맵에서 직사각형의 위치 또는 크기를 변경하여 현재 네트워크 편집기 상에 보이는 구역을 변경할 수 있다. 스마트 맵 Window에서 우클릭을 통해 바로가기 메뉴를 열 수 있으며, 이를 통해 전체 네트워크 보기(Display Entire Network), 줌 인(Zoom In), 줌 아웃(Zoom Out) 기능 등을 사용할 수 있다.

차량 및 보행자와 같은 동적 객체(dynamic object)는 스마트 맵에 표시되지 않는다. 네트워크 편집기에서 선택한 네트워크 객체는 스마트 맵에서 강조 표시되지 않는다.

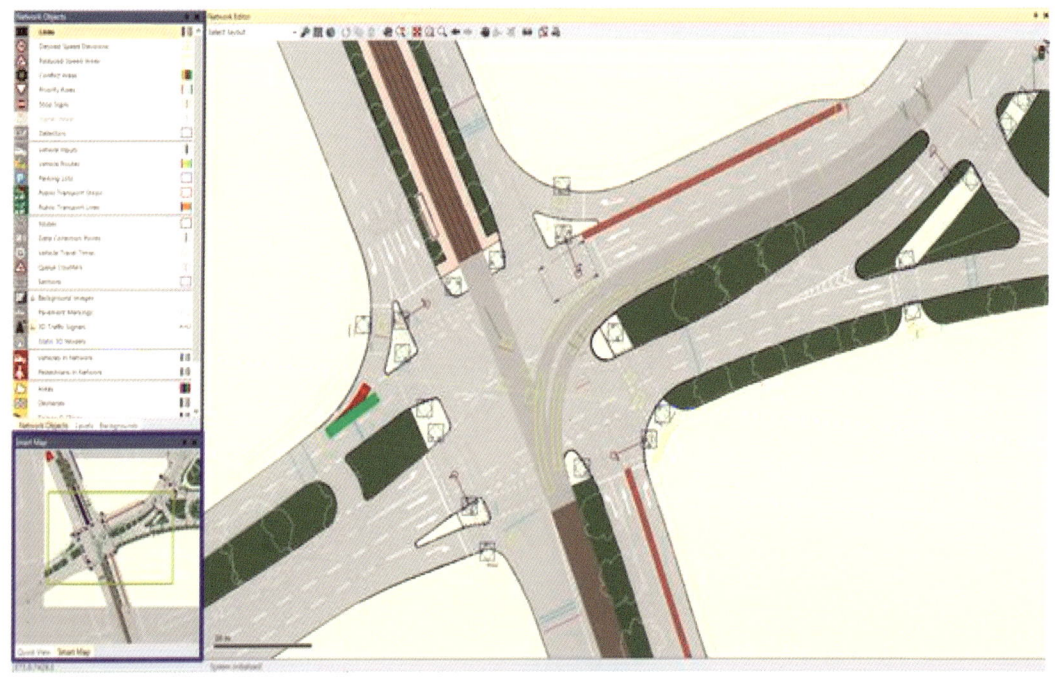

## 1.4.9. 네트워크 편집기(Network editor)

네트워크 편집기는 현재 열려있는 네트워크를 표시해주며, 네트워크를 편집하는 메인 창이다. Vissim 상에는 여러 개의 네트워크 편집기 Window를 띄울 수 있다. 메뉴 바의 [View]를 선택하여 해당 메뉴를 연 후, [Open New Network Editor]을 선택하여 새로운 Window를 열 수 있다.

여러 개의 네트워크 편집기를 이용할 경우, 각 네트워크 상에 다른 그래픽 파라미터를 사용하여 네트워크를 표시할 수 있다. 예를 들어, 네트워크 편집기(1)에서는 2D 모드를 이용하고, 네트워크 편집기(2)에서는 3D 모드를 이용할 수 있다.

네트워크 편집기의 디스플레이는 스마트 맵의 디스플레이와 연결된다.(1.4.8. 스마트 맵 참고). 네트워크 편집기에서 표시되는 구역을 변경하면 스마트 맵 상에 표시되는 직사각형 또는 십자선의 위치도 변경되며 그 반대도 마찬가지다.

### ▶ 네트워크 편집기 도구모음

- 네트워크 편집기 도구모음의 구성 및 기능은 다음과 같다.

| 구 분 | 설 명 |
|---|---|
| 네트워크 편집기 레이아웃 선택<br>(Network editor layout selection) | 네트워크 편집기 상의 레이아웃을 저장하거나, 저장된 레이아웃을 선택할 수 있음 |
| 기본 그래픽 파라미터 편집<br>(Edit basic graphic parameters) | 배경색, 백그라운드 맵 등 네트워크 편집기 상의 기본 그래픽 파라미터들을 편집할 수 있음 |
| 와이어프레임 on/off 토글키<br>(Toggle wireframe) | 2D 모드에서 와이어프레임 모드를 활성화하면 링크 및 커넥터의 중심선을 표시할 수 있음 |
| 백그라운드 맵 on/off 토글키<br>(Toggle back-ground maps) | 백그라운드 맵을 활성화하거나 비활성화 함 |
| 범례 on/off 토글키<br>(Toggle legend) | 범례를 표시하거나 숨김 |
| 선택 전환 토글키<br>(Toggle selection) | 클릭한 위치에서 네트워크 객체가 서로 겹치는 경우 다음 네트워크 객체를 선택함 |

| 구 분 | 설 명 |
|---|---|
| 선택 복사 (Copy selection) | 선택한 네트워크 객체를 클립보드에 복사함 |
| 클립보드에서 붙여넣기 (Paste from clip-board) | 클립보드에 복사된 네트워크 객체를 붙여넣음 |
| 동기화 : 자동 팬 on/off (Synchronization: Auto pan) | 여러 개의 네트워크 편집기가 열려있는 경우 사용. 이 버튼을 활성화한 후 네트워크 객체 중 하나를 선택하면, 선택한 네트워크 객체가 다른 네트워크 편집기 상의 중앙에 배치됨 |
| 동기화 : 자동 줌 on/off (Synchronization: Auto zoom) | 여러 개의 네트워크 편집기가 열려있는 경우 사용. 이 버튼을 활성화한 후 네트워크 객체 중 하나를 선택하면, 선택한 네트워크 객체가 다른 네트워크 편집기 상에 확대된 상태로 배치됨 |
| 전체 네트워크 표시 (Show entire network) | 네트워크 편집기 상에 전체 네트워크를 표시함 |
| 줌 인(Zoom in) | 줌 인 |
| 줌 아웃(Zoom out) | 줌 아웃 |
| 이전 보기(Previous view) | 네트워크 편집기 상에서 이동했을 경우, 이동 전의 위치를 표시해줌 |
| 다음 보기(Next window section) | 이전 보기를 이용하여 이동 전의 위치로 되돌아갔을 경우, 다음 위치를 표시해줌 |
| 카메라 위치 선택 (Camera position selection) | 3D 모드에서만 이용 가능한 기능으로 카메라 위치를 저장하거나, 저장된 카메라 위치를 선택할 수 있음 |
| 팬 (Pan) | 이 기능을 활성화한 후, 마우스나 방향키를 이용하면 네트워크 위치를 이동할 수 있음 |
| 거리 측정(Measuring distances) | 2D 모드에서만 이용 가능한 기능으로 거리를 측정할 수 있음 |
| 회전 모드 on/off (3D) (Rotate mode) | 3D 모드에서만 이용 가능한 기능으로, 네트워크 디스플레이 레벨을 수직 또는 수평으로 기울이거나 회전할 수 있음 |
| 항공 모드 on/off (3D) (Flight mode) | 3D 모드에서만 이용 가능한 기능으로, 항공모드로 네트워크에 표시되는 디스플레이를 변경할 수 있음 |
| 스크린샷 (Screenshot) | 네트워크 편집기의 스크린샷을 다음과 같은 확장자명을 가진 그래픽파일로 저장할 수 있음<br>*.png / *.jpg / *.tiff / *.bmp / *.gif |
| 2D/3D 모드 변경 | 2D 모드에서 3D 모드로 또는 3D 모드에서 2D 모드로 변경할 수 있음 |
| 3D 그래픽 파라미터 수정 (Edit 3D graphic parameters) | 3D 그래픽 파라미터 편집할 때 사용하며, 이는 3D 모드의 네트워크 객체에만 영향을 미침 |

> **TIP**
>
> 단축키를 이용하면 도구모음이나 메뉴에서 기능을 하나하나 찾지 않고도 원하는 기능을 빠르게 불러올 수 있어, 작업시 유용하다. ('1.4.11. 단축키(Hotkey)' 참고)

## 1.4.10. 목록(List)과 연결 목록(Coupled list)

목록 Window를 통해 네트워크 객체나 기본 데이터의 목록을 확인하고 편집할 수 있다. 목록은 각각의 셀로 구성되어 있으며 개별 셀 또는 다중 셀을 선택하여 복사, 붙여넣기, 지우기가 가능하다. 메뉴 바의 [Lists] 메뉴에서 원하는 목록을 선택하여 해당 Window를 열 수 있으며, 네트워크 객체 사이드바의 바로가기 메뉴의 [Show List]를 통해서도 열 수 있다.

### ▶ 목록 도구모음

목록 도구모음의 구성 및 기능은 다음과 같다.

| 구 분 | | 설 명 |
|---|---|---|
| Select layout... ▼ | 목록 레이아웃 선택<br>(List layout selection) | 목록 레이아웃을 저장하거나, 저장된 레이아웃을 목록에 적용함 |
| 🔧 | 속성 선택<br>(Attribute selection) | 목록에 원하는 속성에 대한 열을 추가하거나 삭제함 |

| 구 분 | | 설 명 |
|---|---|---|
| ![+] | 추가 (Add) | 목록에 새 객체를 만든 후, 해당 객체에 대해 추가된 행을 선택함 |
| ![edit] | 편집 (Edit) | 선택한 객체의 속성을 편집할 수 있는 창을 엶 |
| ![x] | 객체 삭제 (Delete object) | 목록에서 선택한 객체 삭제. 네트워크 객체인 경우 네트워크 편집기에서도 삭제됨 |
| ![dup] | 객체 복제 (Duplicate object) | 목록에서 객체를 복제. 네트워크 객체인 경우 네트워크 편집기에서도 복제됨 |
| ![az] | 오름차순 정렬 (Sort ascending) | 하나 이상의 열을 기준으로 오름차순 정렬 |
| ![za] | 내림차순 정렬 (Sort descending) | 하나 이상의 열을 기준으로 내림차순 정렬 |
| \<Single List\> | 연결 목록 (Coupled list) | 기본 상태에서는 〈Single List〉가 선택되어 있으며, 우측의 화살표 버튼(▼)을 누르면 나오는 연관된 다양한 목록들을 창의 우측에 띄울 수 있음<br><br>▼ 〈Single List〉 선택 시<br><br>▼ 그 밖의 다른 항목 선택시 |
| ![copy] | 복사 (Copy) | 탭으로 구분된 행의 내용을 클립보드에 복사 |
| ![db] | 데이터베이스로 저장 (Save to database) | 목록을 데이터베이스로 저장 |
| ![save] | 파일로 저장 (Save to file) | 목록을 *.att 확장자명을 가지는 속성파일로 저장 |
| ![autosave] | 시뮬레이션 후 자동 저장 (Autosave after simulation) | 이 버튼이 선택되어 있으면, 현재 띄워져 있는 네트워크 객체 유형의 목록을 시뮬레이션 후 *.att 확장자명을 가지는 속성 파일로 자동 저장함 |

▶ **연결 목록(Coupled list) 사용하기**

네트워크 객체 및 기본 데이터 유형들은 다른 네트워크 객체 또는 기본 데이터 유형과 관련되어 있다. Vissim은 편리한 편집 등의 원활한 이용을 위해 관련된 두 개의 목록의 창을 양 옆에 띄울 수 있으며, 띄워진 두 개의 목록은 서로 연결되어 있다. 왼쪽 목록에서 객체를 선택하면 선택한 객체를 참조하는 객체 속성만 오른쪽 목록에 자동으로 표시된다. 이러한 관계가 없을 경우 열 제목만 표시된다. 왼쪽 목록에서 여러 객체를 선택하면, 오른쪽 목록에는 선택된 객체를 참조하는 모든 객체들의 속성이 표시된다.

- 다음 그림과 같이 링크(Link) 목록을 띄운 상태에서 우측의 목록 열기 버튼(▼)을 누르면 연관된 다양한 객체 또는 데이터 유형들이 표시된다.

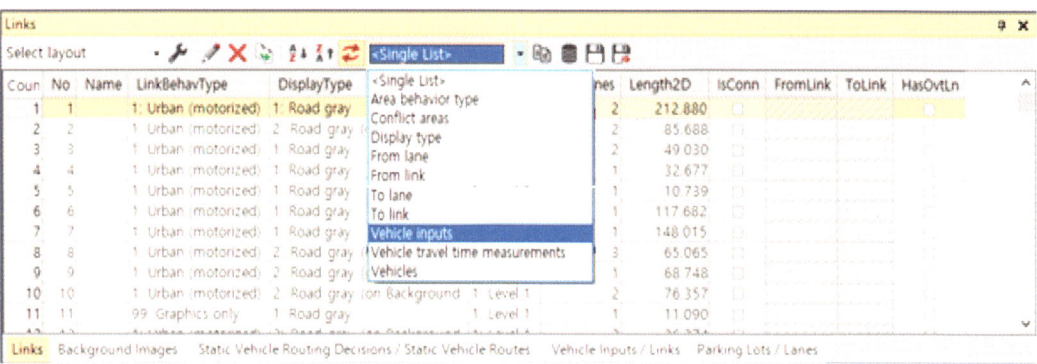

- 그 중 차량 삽입(Vehicle Input)을 선택하면, 다음과 같이 우측에 차량 삽입에 관한 창이 뜬다. 링크 목록 중 하나를 선택하면 해당 링크에 있는 차량 삽입에 대한 속성값을 확인할 수 있다.

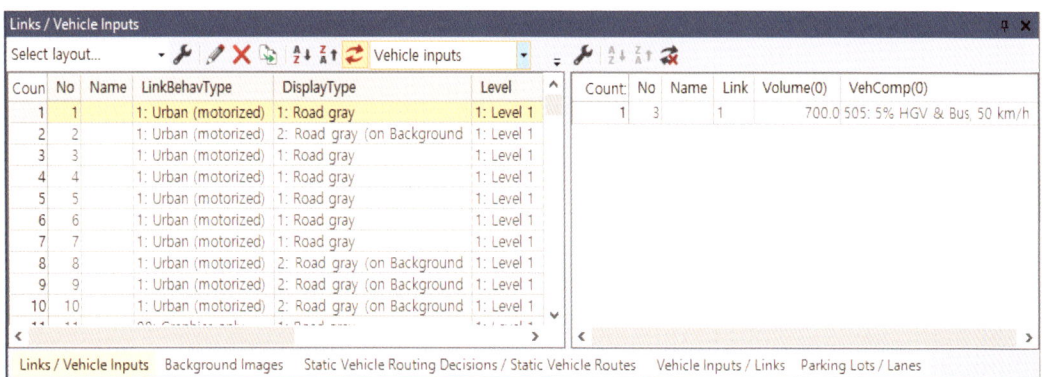

- 차량 삽입이 되어있지 않은 링크를 선택했을 경우, 다음과 같이 우측 창에는 열 제목만 표시된다.

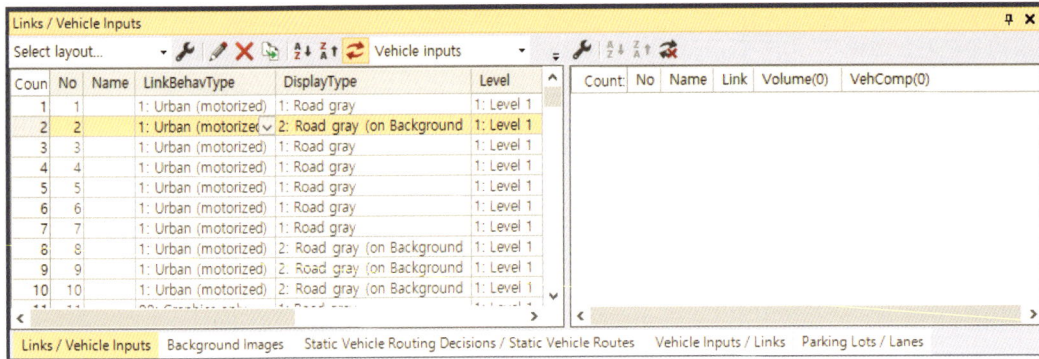

- 여러 개의 링크를 동시에 선택하면, 해당 링크들에 있는 차량 삽입에 대한 모든 속성값을 확인할 수 있다.

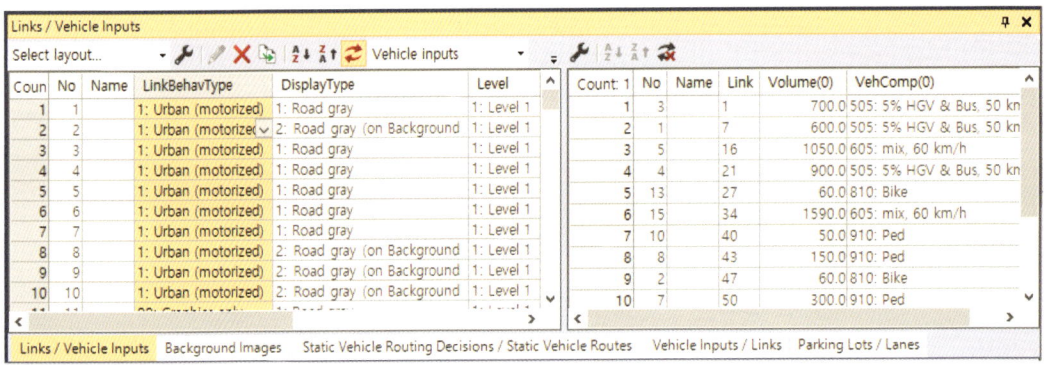

## 1.4.11. 단축키(Hotkey)

단축키를 이용하면 메뉴에서 기능을 하나씩 찾아서 선택하지 않고도 원하는 기능을 간단히 불러올 수 있어, 작업시 유용하게 사용된다. Vissim에서 사용할 수 있는 단축키는 다음과 같다.

| 단축키(Hotkey) | 기 능 | 단축키(Hotkey) | 기 능 |
| --- | --- | --- | --- |
| + | 시뮬레이션 속도 증가 | Ctrl + A | 와이어프레임 on/off |
| - | 시뮬레이션 속도 감소 | Ctrl + B | 배경 표시/숨기기 |
| * | 시뮬레이션 최대 속도 | Ctrl + C<br>Ctrl + Insert | 복사 |
| / | 마지막으로 설정한 시뮬레이션 속도로 변경 | Ctrl + D | 3D 모드 전환 |
| Home | 전체 네트워크 표시 | Ctrl + E | 차량 색상 전환 |
| PageUp | 확대 | Ctrl + M | 거리측정 |
| PageDown | 축소 | Ctrl + N | 단순 네트워크 디스플레이 (Simple network display) on/off |
| 방향키 | 원하는 방향으로 네트워크 이동 | | |
| A | (3D모드)왼방향 수평 이동 | Ctrl + O | 파일 열기 |
| D | (3D모드)오른방향 수평 이동 | Ctrl + Q | 퀵모드 활성화/비활성화 |
| | | Ctrl + R | 스플라인(Spline) 재설정 |
| E | (3D모드)현재 좌표 기준 수직 아래로 이동 | Ctrl + S | 네트워크 파일 저장 |
| F | (3D모드)z축 기준 수직 아래로 이동 | Ctrl + T | 3D 모드에서 회전모드/항공모드 전환 |
| I | (3D모드)x축 기준으로 반시계방향 회전 | Ctrl + U | 상태표시줄의 시뮬레이션 시간형식 전환 |
| J | (3D모드)z축 기준으로 시계방향회전 | Ctrl + V<br>Shift + Insert | 붙여넣기 |
| K | (3D모드)x축 기준으로 시계방향 회전 | Ctrl + Y | 재실행(Redo) |
| | | Ctrl + Z | 되돌리기(Undo) |
| L | (3D모드)z축 기준으로 반시계방향 회전 | Ctrl + Tab | 열려있는 목록과 네트워크 편집기 전환 |
| Q | (3D모드)현재 좌표 기준 수직 위로 이동 | F5 | 시뮬레이션 실행 |
| | | F6 | 연속 모드/단일 단계 실행 모드 전환 |
| R | (3D모드)z축 기준 수직 위로 이동 | Esc | 시뮬레이션 정지 |
| | | Enter | 네트워크 객체 속성 열기 |
| S | (3D모드)축소 | SpaceBar | 단일 단계 실행 모드에서 다음단계 실행 |
| W | (3D모드)확대 | | |

## 1.5. 사용자 기본 설정

### 1.5.1. 사용자 언어 선택

① [Edit] 메뉴에서 [User Preferences] 클릭한다.
② 내비게이터 트리(Navigator tree)에서 [GUI] > [General]을 선택한다.
③ Main language와 Fallback language에서 원하는 언어를 선택 후 [OK] 버튼을 누른다.

### 1.5.2. 메뉴, 도구모음, 단축키, 대화상자 위치 재설정

① [Edit] 메뉴에서 [User Preferences] 클릭한다.
② 내비게이터 트리에서 [GUI] > [General]을 선택한다.
③ 변경을 원하는 항목을 선택 후, [OK] 버튼을 누른다.

| 메뉴·도구모음·바로가기 재설정 | [Reset Menu/Toolbar/Shortcuts] |
|---|---|
| 대화상자 위치 재설정 | [Reset dialog positions] |

### 1.5.3. 마우스 설정 변경

① [Edit] 메뉴에서 [User Preferences] 클릭한다.
② 내비게이터 트리에서 [GUI] > [Network Editor]를 선택한다.
③ 변경을 원하는 항목을 선택 후, [OK] 버튼을 누른다.

| 우클릭 시, 바로가기 메뉴 열기<br>(Ctrl + 우클릭 시, 새 객체 생성) | ◉ Right-click opens the context menu<br>(new objects are created Ctrl + right click) |
|---|---|
| 우클릭 시, 새 객체 생성<br>(Ctrl + 우클릭 시, 바로가기 메뉴 열기) | ◉ Right-click creates a new object<br>(the context menu is opened with Ctrl + right click) |

이어지는 다음 장부터는 '우클릭 시, 새 객체 생성' 설정 상태를 기본으로 설명한다.

실무자를 위한 Vissim Manual

Chapter 02

# Vissim 분석의 기초 : 네트워크 구축하기

# Chapter 02 Vissim 분석의 기초 : 네트워크 구축하기

## 2.1. 개요

### 2.1.1. 간단한 예시

다음은 링크(Link), 커넥터(Connector), 신호기(Signal Head), 검지기(Detector), 우선순위 규칙(Priority rules)을 이용하여 구축한 신호교차로 네트워크 예시이다.

**예시** ▶ 신호교차로 네트워크

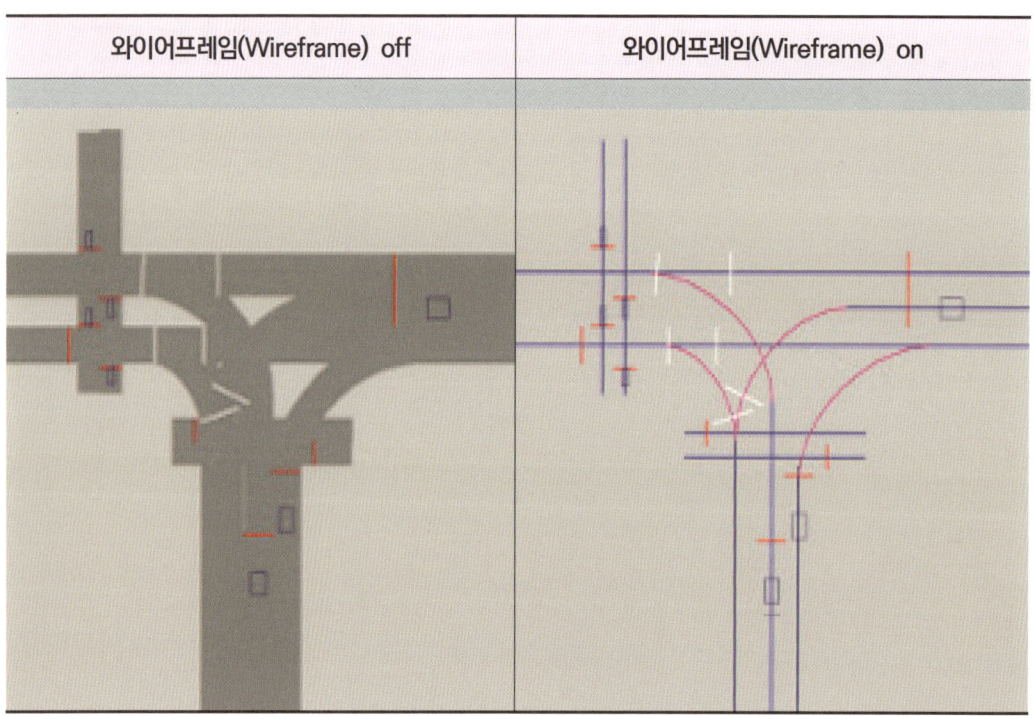

와이어프레임이 꺼진 상태에서는 횡단보도 2개가 있는 3지 교차로임을 확인할 수 있으며, 와이어프레임이 켜진 상태에서는 링크와 커넥터 상세 구성을 확인할 수 있다. 와이어프레임 on 상태에서 보이는 파란색 실선은 링크이고, 보라색 곡선은 커넥터이다. 그 외에도 신호기는 링크나 커넥터 위에 빨간색 실선( )으로 표현되어 있으며, 검지기의 경우 파란색 사각형( ), 우선순위 규칙의 경우 흰색 실선( )으로 표현되어있다.

## TIP

네트워크 편집기 상 객체의 색상과 스타일과 같은 표현 방식을 사용자가 원하는 대로 수정하여 표현 가능하다. 예를 들어, 네트워크 편집기 상의 검지기를 기본 값인 채우기가 되지 않은 사각형에서 채워진 사각형으로 변경할 수 있다. 또한, 와이어프레임이 켜진 상태에서 기본값인 보라색 실선으로 표현됐던 커넥터를 빨간색 실선으로 변경할 수 있다. 객체의 그래픽 파라미터 편집 방법은 다음과 같다.

- 네트워크 객체 사이드바 〉 그래픽 파라미터 편집 버튼 〉 속성 수정
  (그래픽 파라미터 편집 버튼에 관한 설명은 '1.4.4. 네트워크 객체 사이드바(Network object sidebar)' 참고)

### 예시

① 감속구간(Reduced Speed Area)의 가시성이 떨어져 노란색으로 채워서 표시하고자 한다.
② 네트워크 객체 사이드바의 그래픽 파라미터 편집 버튼을 눌러 편집창을 띄운다.
③ 편집창에서 Fill style을 선택한 후, Solid fill로 변경한다. (기존 상태 : No fill)

## 2.1.2. 네트워크 데이터 구성

네트워크 데이터(Network data)는 크게 정적 데이터(Static data)와 동적 데이터(Dynamic data)로 구성되어 있으며 자세한 사항은 다음과 같다.

▶ **정적 데이터**

정적 데이터는 시뮬레이션에 의해 변경되지 않는 데이터로, 다음은 정적 데이터의 몇 가지 예시이다.

- 링크(Link)의 시작점과 끝점
- 커넥터(Connector)의 시작점과 끝점
- 차로수(Number of lanes)
- 대중교통 정류장(Public transport stop)의 위치
- 대중교통 정류장의 길이
- 신호기(Signal head)
- 신호 그룹(Signal group)

▶ **동적 데이터**

동적 데이터는 시뮬레이션된 교통을 설명하는 모든 정보를 포함한 데이터로, 다음은 동적 데이터의 몇 가지 예시이다.

- 대중교통 노선(Public transport line)의 탑승 및 하차 시간
- 대중교통 노선의 대기 시간 및 출발 시간
- 우선순위 규칙(Priority rules)의 간격

## 2.1.3. 네트워크 객체 구성

네트워크 객체(Network object)는 다음과 같이 구성되어 있다.

| 아이콘<br>(icon) | 네트워크 객체 유형<br>(network object type) | 아이콘<br>(icon) | 네트워크 객체 유형<br>(network object type) |
|---|---|---|---|
| | 링크와 커넥터<br>(Links and Connectors) | | 흐름번들<br>(Flow Bundles) |
| | 희망 속도 결정<br>(Desired Speed Decisions) | | 구획/섹션<br>(Sections) |
| | 감속구간<br>(Reduced Speed Areas) | | 배경 이미지<br>(Background Images) |
| | 상충구간<br>(Conflict Areas) | | 노면표시<br>(Pavement Markings) |
| | 우선순위 규칙<br>(Priority Rules) | | 3D 신호기<br>(3D Traffic Signals) |
| | 정지표지<br>(Stop Signs) | | 정적 3D 모형<br>(Static 3D Models) |
| | 신호기<br>(Signal Heads) | | 3D 표지판<br>(3D Information Signs) |
| | 검지기<br>(Detectors) | | 네트워크 상 차량<br>(Vehicles in Network) |
| | 차량 삽입<br>(Vehicle Inputs) | | 네트워크 상 보행자<br>(Pedestrians in Network) |
| | 차량 경로<br>(Vehicle Routes) | | 영역/구역<br>(Areas) |
| | 차량 속성 결정<br>(Vehicle Attribute Decisions) | | 장애물<br>(Obstacles) |
| | 주차장<br>(Parking Lots) | | 램프와 계단<br>(Ramps & Stairs) |
| | 대중교통 정류장<br>(Public Transport Stops) | | 엘리베이터<br>(Elevators) |
| | 대중교통 노선<br>(Public Transport Lines) | | 보행자 삽입<br>(Pedestrian Inputs) |
| | 노드<br>(Nodes) | | 보행자 경로<br>(Pedestrian Routes) |
| | 데이터 수집 지점<br>(Data Collection Points) | | 보행자 특성 결정<br>(Pedestrian Attribute Decisions) |
| | 차량 통행 시간<br>(Vehicle Travel Times) | | 보행자 통행 시간<br>(Pedestrian Travel Times) |
| | 대기행렬 카운터<br>(Queue Counters) | | 화재 사고<br>(Fire Incidents) |

이들 중 네트워크 상 차량(Vehicles in network, ), 네트워크 상 보행자(Pedestrian in network, )의 경우 네트워크 객체로서 삽입할 수 없는 기능이다. 시뮬레이션 실행 시 다음 그림과 같이 목록 통해 네트워크 상에 주행 중인 차량과 보행자의 특성(차종, 보행자 유형, 위치, 속도 등)을 보여준다.

| Coun | No | VehType | Lane | Pos | Speed | DesSpeed | Acceleration | LnChg | DestLane | PTLine | PTDwellTmCur |
|---|---|---|---|---|---|---|---|---|---|---|---|
| 1 | 1 | 100: Car | 34 - | 288. | 64.25 | 62.16 | -0.15 | None | | | |
| 2 | 2 | 100: Car | 33 - | 20.4 | 53.41 | 53.41 | 0.00 | None | | | |
| 3 | 3 | 100: Car | 1002 | 5.37 | 56.95 | 56.95 | 0.00 | None | | | |
| 4 | 4 | 100: Car | 28 - | 44.5 | 53.33 | 53.33 | 0.00 | None | | | |
| 5 | 5 | 100: Car | 21 - | 194. | 51.64 | 51.64 | 0.00 | None | | | |
| 6 | 6 | 200: HGV | 34 - | 176. | 53.21 | 53.21 | 0.00 | None | | | |
| 7 | 7 | 510: Ped | 43 - | 1.60 | 0.00 | 5.31 | 0.00 | None | | | |
| 8 | 8 | 100: Car | 21 - | 150. | 53.42 | 52.40 | -0.10 | None | | | |
| 9 | 9 | 100: Car | 34 - | 168. | 62.50 | 62.48 | -0.14 | None | | | |
| 10 | 10 | 100: Car | 1 - 2 | 139. | 52.53 | 52.53 | 0.00 | None | | | |
| 11 | 11 | 100: Car | 21 - | 135. | 51.48 | 51.84 | -0.20 | None | | | |

네트워크 편집기(Network Editor)에 네트워크 객체(Network object)를 삽입하려면 네트워크 객체 사이드바(Network object sidebar)에서 네트워크 객체 유형을 선택하여 활성화시켜야 한다. 네트워크 객체 사이드바에서 객체가 활성화 될 경우 아래의 ①번과 같이 노란색으로 음영표시 된다.

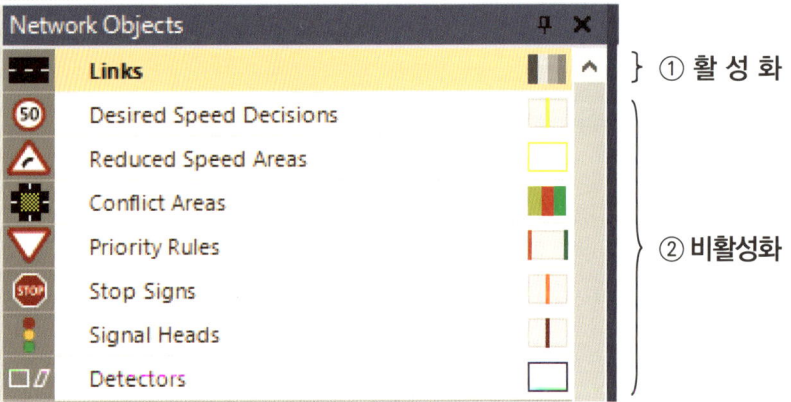

기본적으로 설정되어있는 객체의 디스플레이 속성값은 객체 유형 우측에 선 또는 색상으로 되어있는 '그래픽 파라미터 편집 버튼(ex.)'을 클릭한 후 수정할 수 있다.

> ✎ **Note**
> 
> 그래픽 파라미터 편집에 대한 자세한 사항은 '2.1.1. 간단한 예시'의 [Tip] 참고

## 2.2. 배경 이미지(Background Image) 구축

Vissim 네트워크 구축의 가장 첫 단계는 배경 이미지 구축이다. 네트워크의 배경으로 온라인 지도 서비스의 라이브 맵을 활용하거나, 이미지 파일을 삽입하여 배경 이미지를 구축할 수 있다. 라이브 맵 활용 및 이미지 파일 삽입 방법은 다음과 같다.

### 2.2.1. 라이브 맵(Live map)

인터넷에 연결되어 있는 경우, 라이브 맵을 이용하여 배경을 구축할 수 있다. 라이브 맵에서는 고해상도 항공사진, 위성이미지 및 많은 지역에 대한 자세한 정보를 제공한다. 라이브 맵을 배경 이미지로 사용하기 위해서는 먼저 지도 유형을 선택해야 한다. 네트워크 편집기 도구모음(Network editor toolbar) 〉 기본 그래픽 매개변수 편집(Edit basic graphic parameters, 🔧) 〉 Map provider 목록에서 원하는 지도 유형을 선택할 수 있다.

## 2.2.2. 배경 이미지(Background Image)

▶ 배경 이미지 삽입

네트워크 구축을 위한 도면이나 항공사진 등의 이미지 파일을 가지고 있다면, 다음과 같은 방법으로 배경 이미지를 삽입할 수 있다.

① 네트워크 객체 사이드바(Network object sidebar)에서 [Background Image]를 클릭한다.
② 네트워크 편집기(Network Editor) 상에서 [Ctrl] 키를 누른 상태로 우클릭하여 바로가기 메뉴를 연 후, [Add new Background Image]를 클릭한다.
③ 네트워크 편집기 상에서 우클릭하여 배경 이미지 선택 창을 연다.
④ 대상 이미지 파일을 선택한 후 [Open] 버튼을 누른다.

> **Note**
> 위의 ②,③의 경우 '우클릭 시, 새 객체 생성'이 설정되어있는 상태에서 배경 이미지를 삽입하는 방법이다. 이 책에서는 '우클릭 시, 새 객체 생성' 설정 상태를 기본으로 설명하고 있으며, 마우스 설정 변경은 [User Preferences]에서 할 수 있다. ('1.5.3. 마우스 설정 변경' 참고)

▶ 배경 이미지 스케일 조정

배경 이미지를 열었다면, 원하는 스케일에 맞춰서 이미지 크기를 조절해야 한다. 이미지 크기 조절 방법은 다음과 같다.
① 네트워크 객체 사이드바(Network object sidebar)에서 [Background Image]가 선택되어 있는지 확인한다.
② 네트워크 편집기(Network Editor) 상에서 [Ctrl] 키를 누른 상태로 우클릭하여 바로가기 메뉴를 연 후, [Set Scale]을 클릭한다. ('우클릭 시, 새 객체 생성' 설정 상태)

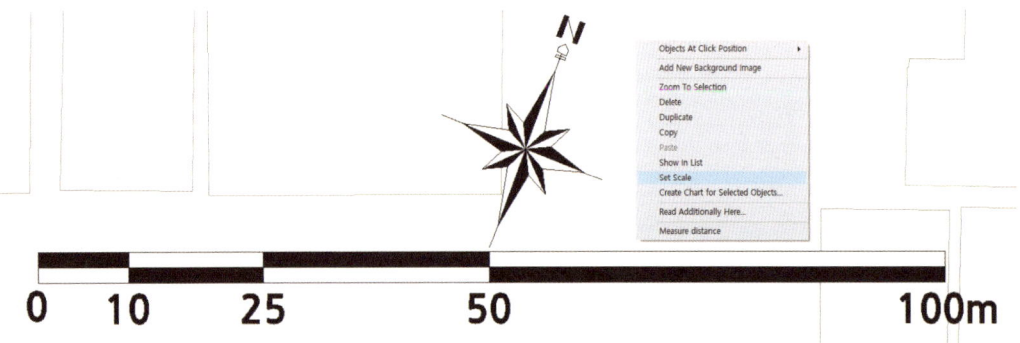

③ 마우스 포인터의 모양이 ＋자로 변하면, 스케일(Scale)을 알고 있는 부분에 대해서 시작점부터 끝점까지 마우스 우측 버튼을 이용하여 드래그 앤 드롭(Drag and drop)한다. 선택한 구간은 노란색 실선으로 표시된다.

④ Scale 창이 열리면 선택한 구간의 길이를 입력한 후, [OK] 버튼을 누른다.

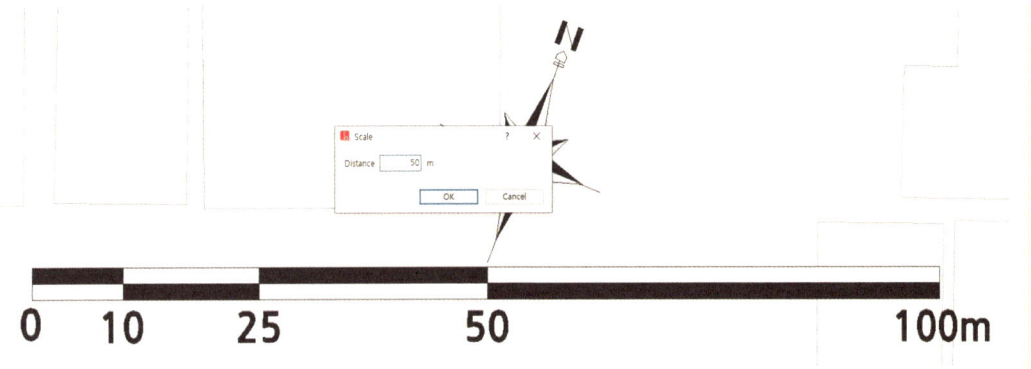

### Note

드래그 앤 드롭(Drag and drop)이란 마우스의 포인터를 대상물에 위치시키고, 마우스 버튼을 누른 채로 마우스를 움직여 간 다음 마우스 버튼에서 손을 떼는 것을 말한다.

### TIP

64bit 버전의 Vissim에서는 삽입할 수 있는 배경 이미지에 대한 파일 형식이 제한되어있다. *.dwg 및 *.dxf 파일 형식의 벡터 그래픽이 올바르게 표시되지 않을 수 있으므로 벡터 그래픽을 *.bmp 또는 *.jpg와 같은 래스터 그래픽으로 변환하여 사용하는 것이 좋다.

## 2.3. 도로 네트워크(Road network) 구축

배경 이미지(Background Image)를 삽입했다면, 본격적으로 도로 네트워크를 구축해야 한다. 네트워크 객체(Network object) 유형 중 링크와 커넥터(Link & Connetor)는 도로 네트워크의 뼈대를 담당한다.

### 2.3.1. 차량/보행자 링크(Link) 구축

네트워크 상에 링크를 삽입하는 과정은 다음과 같다.

① 네트워크 객체 사이드바(Network object sidebar)의 [Links]를 선택하여 활성화시킨다.
② 네트워크 편집기(Network Editor) 상에서 링크가 시작되길 원하는 지점부터 끝나는 지점까지 마우스 우측 버튼을 이용하여 드래그 앤 드롭한다. 링크의 방향은 링크 삽입을 위해 선택한 시작 지점에서 종료 지점 방향으로 흘러간다.
③ 새 링크가 삽입 후 선택되며, 링크가 선택된 상태에서는 다음 그림과 같이 노란색 화살표로 이동 방향이 표시된다.

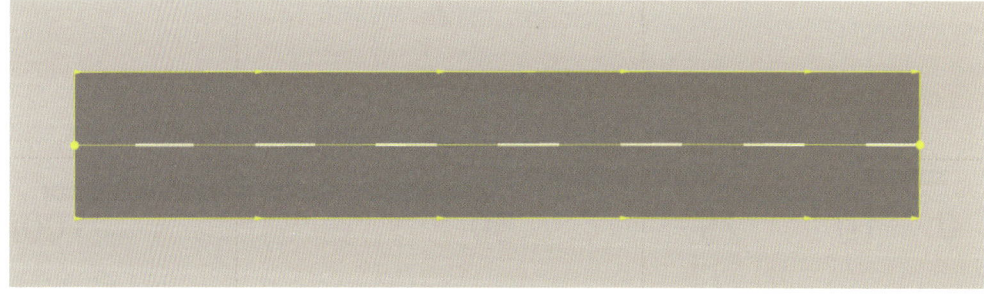

④ 새 링크 삽입 후 바로 Link Window가 열리며, 해당 Window에서 원하는 차로수와 차로폭 그리고 차로 변경 등에 대해 설정한 후, [OK] 버튼을 눌러 설정을 완료한다.

> **Note**
> - 위의 ②의 경우 '우클릭 시, 새 객체 생성'이 설정되어있는 상태에서 배경 이미지를 삽입하는 방법이다. 이 책에서는 '우클릭 시, 새 객체 생성' 설정 상태를 기본으로 설명하고 있으며, 마우스 설정 변경은 [User Preferences]에서 할 수 있다. ('1.5.3. 마우스 설정 변경' 참고)
> - 만일 링크 삽입 후 Link Window가 열리지 않는다면, 다음과 같은 방법으로 설정을 변경할 수 있다. [Edit] 메뉴 > [User Preferences] > [GUI] > [Network Editor] > [Automatic action after object creation] > [Show edit dialog if availabe, show list otherwise] > [OK]

## 🟣 TIP

회전교차로와 같은 네트워크를 구축할 경우, 다음과 같은 방법으로 원형 링크(Circular Link)를 추가할 수 있다.

① 네트워크 객체 사이드바(Network object sidebar)의 [Links]를 선택하여 활성화시킨다.
② 네트워크 편집기(Network Editor) 상에서 [Ctrl] 키를 누른 상태로 우클릭하여 바로가기 메뉴를 연 후, [Add Circular Link]를 클릭한다. ('우클릭 시, 새 객체 생성' 설정 상태)

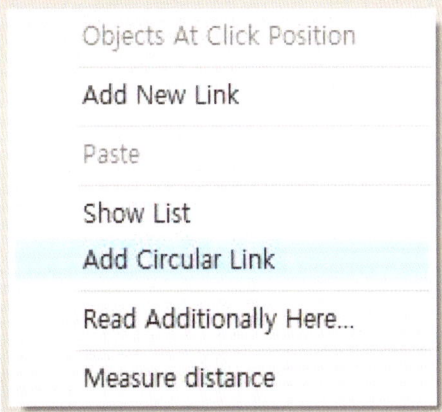

③ 링크 삽입 상태로 전환되면, 원하는 크기의 원형 링크를 삽입한다.

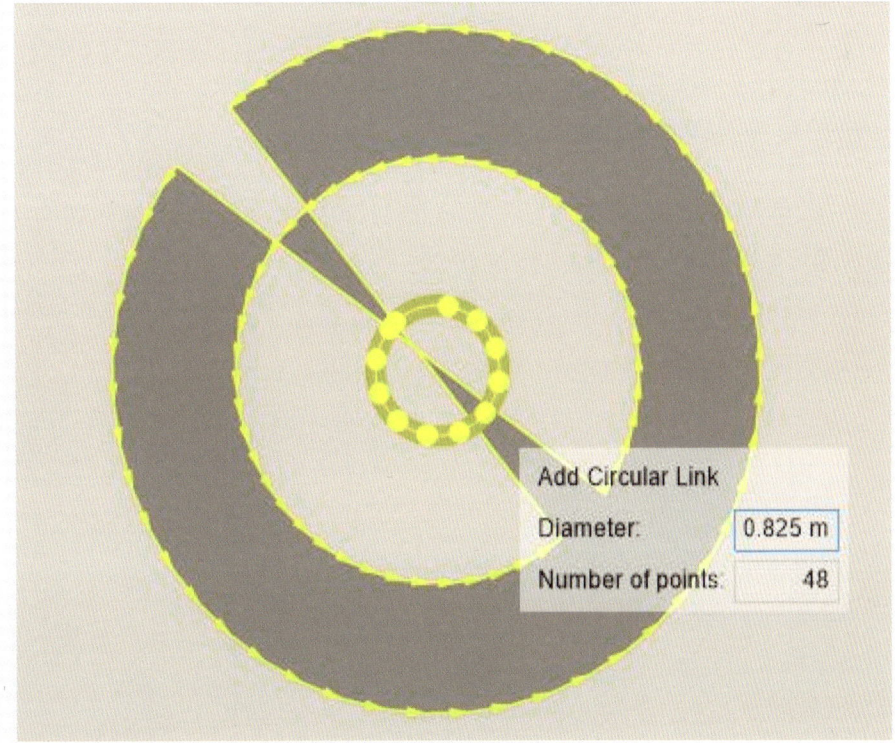

## 2.3.2. 차량/보행자 링크(Link) 속성 설정

앞서 링크 삽입 과정 ④에서 언급한 Link Window에서 설정 가능한 링크 속성은 다음과 같다.

▶ **기본 속성**

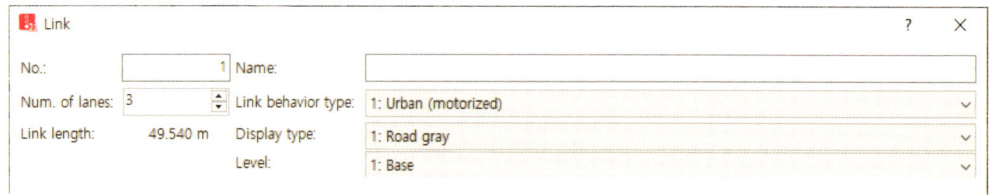

- Name : 링크 이름 설정
- Num. of lanes : 차로수 변경
- Link behavior type : 이 링크에 대한 차량의 표준 주행 동작 설정
- Display type : 링크의 색상 등 디스플레이 유형 선택
- Level : 링크 레벨 선택(다층 건물 또는 교량 구조물의 모델링 시 사용)

> **※ TIP**
>
> 기본 속성 탭에서는 구축된 링크 한 개의 전체 길이만 파악할 수 있다. 링크 내 일부 구간의 길이를 파악하고자 할 때 또는 커넥터로 연결된 여러 개의 링크 길이를 파악하고자 할 때는 다음과 같은 방법으로 구간 길이를 측정할 수 있다.
>
> ① 길이를 알고자 하는 링크 위의 구간 시작점에서 [Ctrl] 키를 누른 상태로 우클릭하여 바로가기 메뉴를 연 후, [Measure distance on link]를 클릭한다.
>
>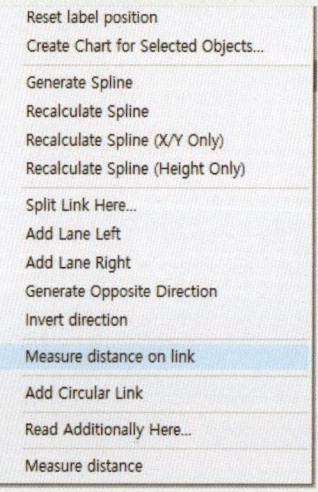

② 구간 종료 지점을 클릭하여 다음 그림과 같이 구간 길이를 확인한다.

▼ 한 개의 링크 내에서 일부 구간의 길이를 파악하고자 할 때

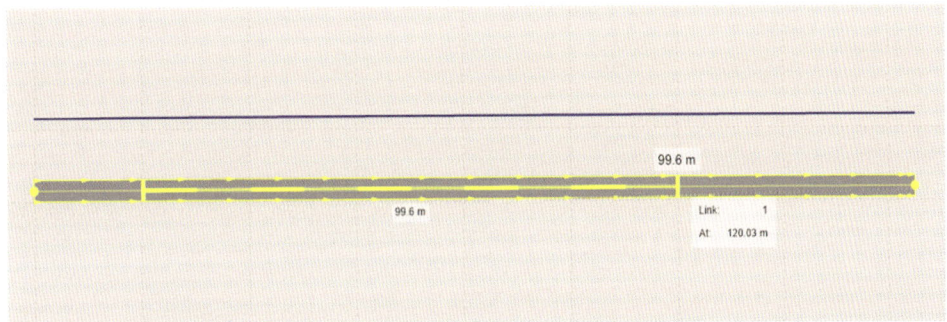

▼ 커넥터로 이어진 여러 개의 링크 내에서 일부 구간의 길이를 파악하고자 할 때

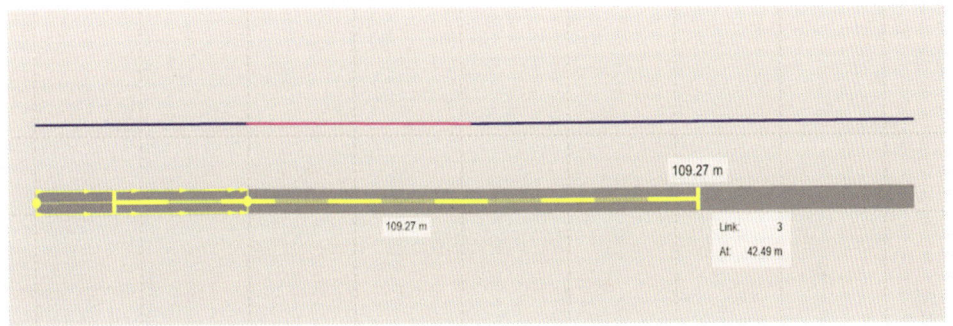

③ 연 이어 클릭하면, 다음 그림과 같이 이어진 여러 구간의 길이를 파악할 수 있다.

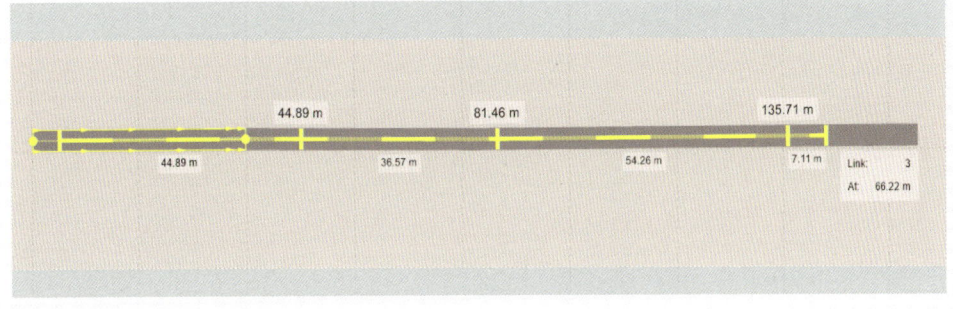

④ 구간 길이 측정을 종료하고자 한다면, 네트워크 편집기 상의 빈 공간을 클릭하거나, [Esc] 버튼을 눌러 종료할 수 있다.

## Lanes 탭

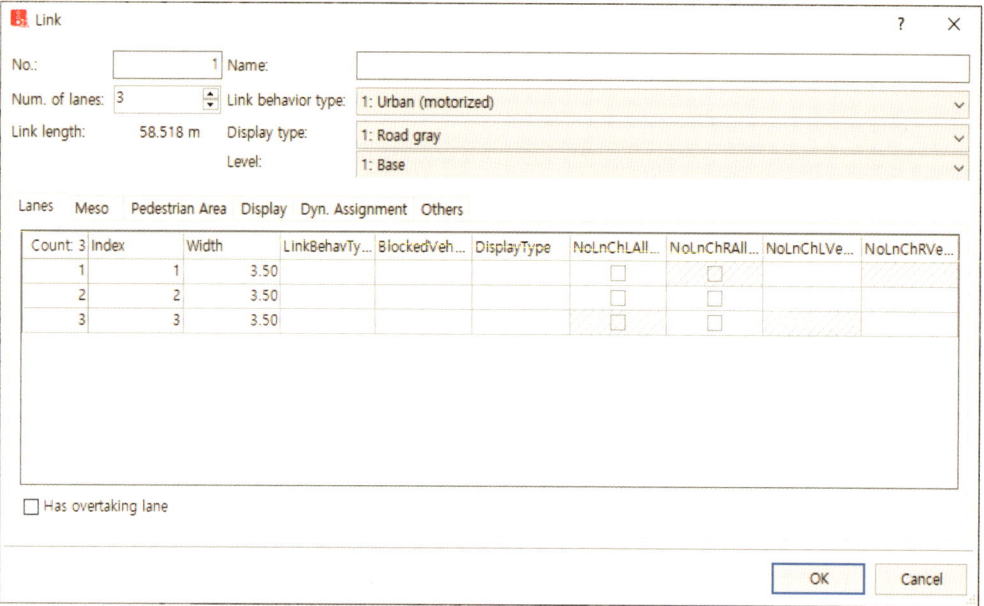

- **Width** : 차로폭 설정
- **BlockedVehClasses** : 해당 차로에서 통행하는 차종 제한
  - 제한하고 싶은 차종을 선택(☑)할 경우, 선택된 차종은 해당 차로 위를 통행하지 않는다.
  - 만일 2차로로 구성된 링크에서 한 차로는 추월차로고 다른 한 차로는 모든 차종에 대해서 제한 선택되어 있다면, 모든 차량이 추월차로가 아닌 제한된 차로 위를 통행한다.
- **NoLnChL/RAllVehTypes** : 차로 변경 제한 (실선으로 차로 변경 금지가 표현됨)
- **NoLnChL/RVehClasses** : 특정 차종에 대해서 차로변경 제한 (실선으로 차로변경 금지가 표현됨)

## 🌸 TIP

교차로 구축 시, 정지선 부근의 차로 변경을 막기 위해 다음과 같이 Lanes 탭의 차로 변경 제한 (NoLnChL/RAllVehTypes) 기능을 이용할 수 있다.

① 링크 상의 차로 변경을 제한하고자 하는 구간의 시작점에서 [Ctrl] 키를 누른 채 우클릭하여 바로가 기 메뉴를 연 후, [Split Link Here...]을 클릭한다. ('우클릭 시, 새 객체 생성' 설정 상태)

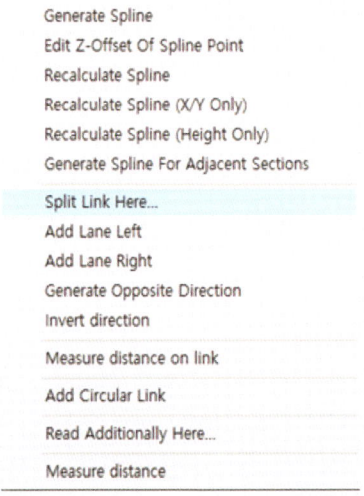

② Split Link Window에서 Splits at:□에 상세한 분할 위치를 입력한 후 [OK] 버튼을 누른다.
※ 링크 분할(Split Link) 기능에 대한 자세한 설명은 '2.3.3. 링크(Link) 편집의 링크 분할(Splitting links)' 참고

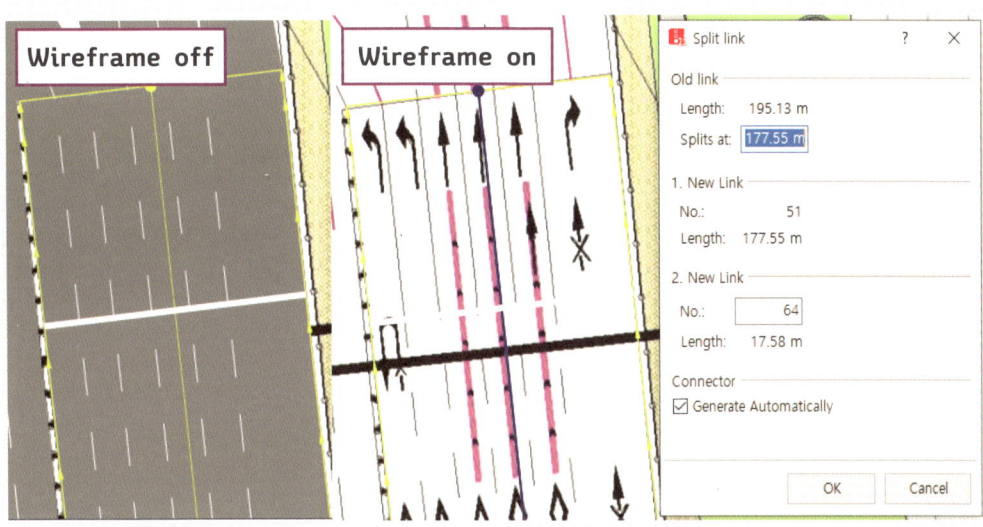

③ 분할된 링크 중 차로 변경을 제한하고자 하는 링크 Window를 실행한다.

④ 다음 그림과 같이 'NoLnChL/RAllVehTypes'의 체크박스를 선택한 후 [OK] 버튼을 누른다.

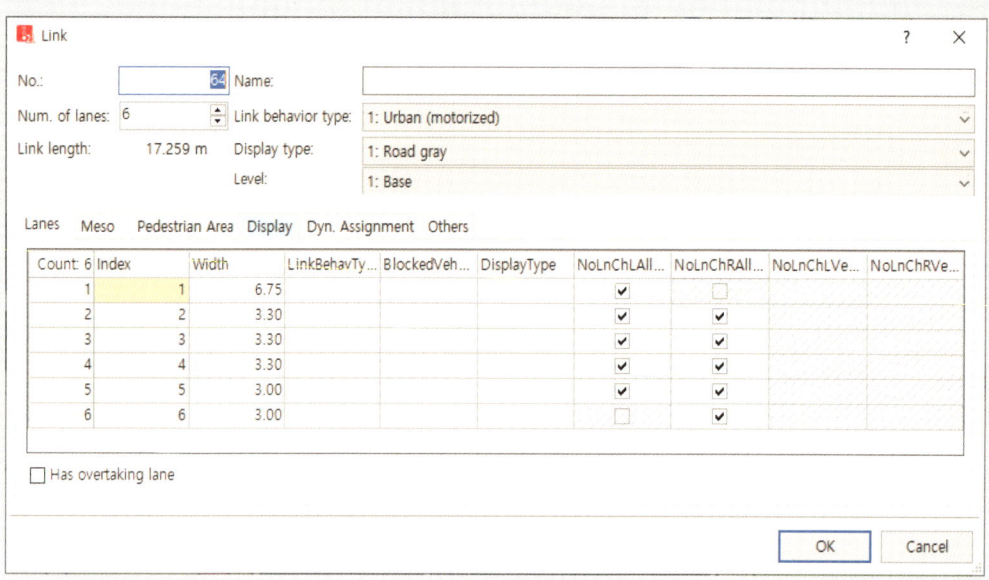

⑤ 링크 Window가 꺼지고 다음 그림과 같이 차선이 실선으로 변경된 것을 확인할 수 있다.

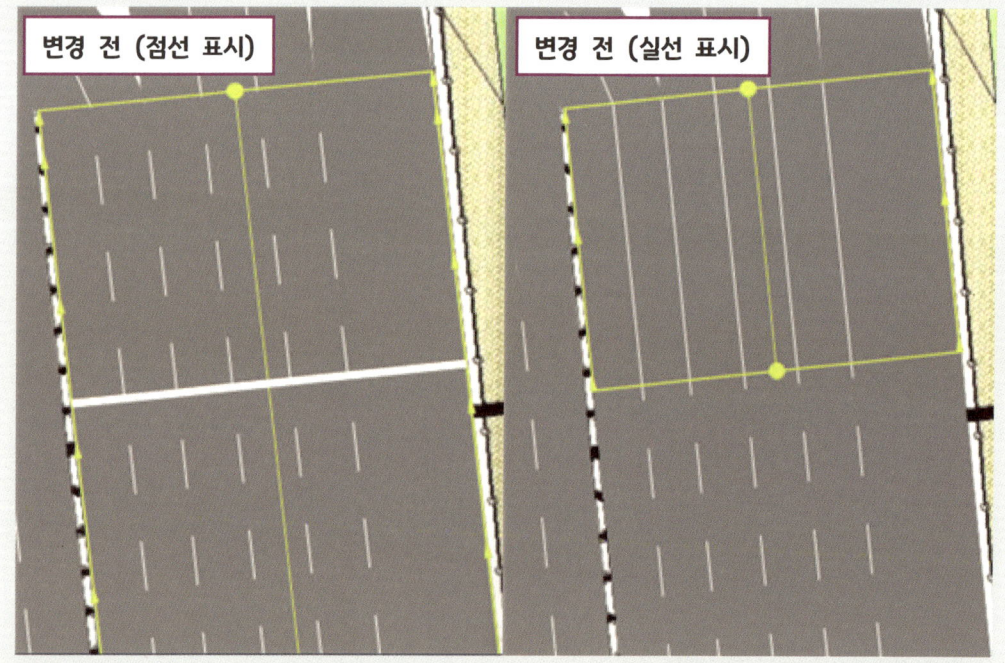

⑥ 만일 일부 차종만 차로 변경을 제한하고자 한다면 'NoLnChL/RVehClasses'의 체크박스를 이용한다.

## ▶ Meso 탭

- **MesoSpeedModel** : 해당 링크에서 차량 속도를 결정하는 방법 지정
- **MesoSpeed** : MesoSpeedModel이 Link-based일 때 단독 사용

## ▶ Pedestrian Area 탭

- **Is pedestrian area** : 해당 링크를 보행자 구역으로 정의
- **Area behavior type** : 속도 또는 기타 파라미터에 대해 모델링 하는데 사용
- **Desired speed factor** : 값을 변경하여 보행자의 속도를 빠르게 또는 느리게 설정
- **Consider vehicles in dynamic potential** : 선택시(☑) 보행자와 차량 간의 충돌을 고려

## ▶ Display 탭

링크의 디스플레이 속성을 관장하는 탭으로, 이 곳에서 설정한 속성들은 차량의 흐름에 영향을 미치지 않는다. 3D 모드에서 고가도로나 지하도의 표현을 위해 높이 조절을 원할 경우, 이 탭에서 설정이 가능하다.

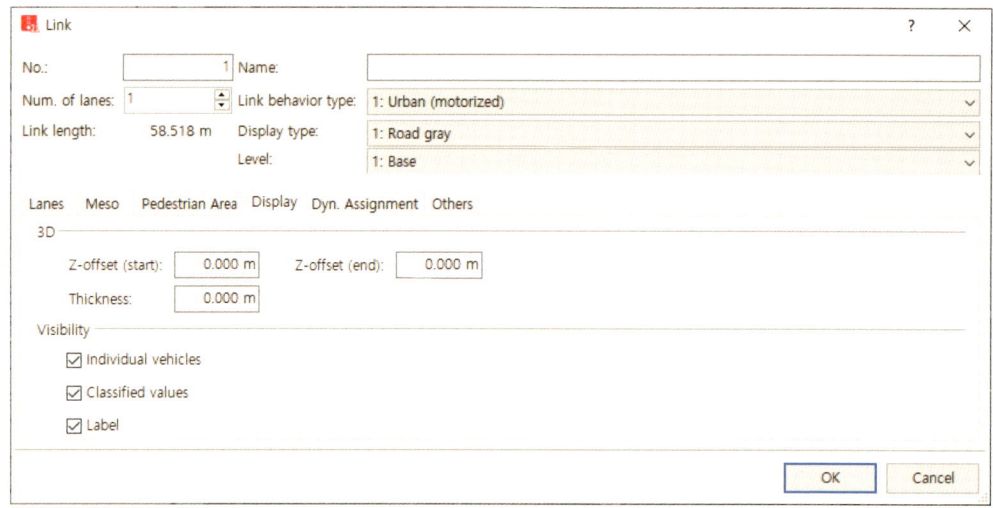

- Z-offset(start) : 3D 모드에서 링크의 Z 좌표 시작점(즉, 링크 시작점의 높이) 설정
- Z-offset(end) : 3D 모드에서 링크의 Z 좌표 끝점(즉, 링크 끝점의 높이) 설정
- Thickness : 3D 모드에서 링크의 두께 설정
- Show individual vehicles : 개별 차량 표시 여부 설정
  - 선택 해제시(☐), 2D 모드에서 해당 링크 위에 차량이 표시되지 않는다.

▶ Other 탭

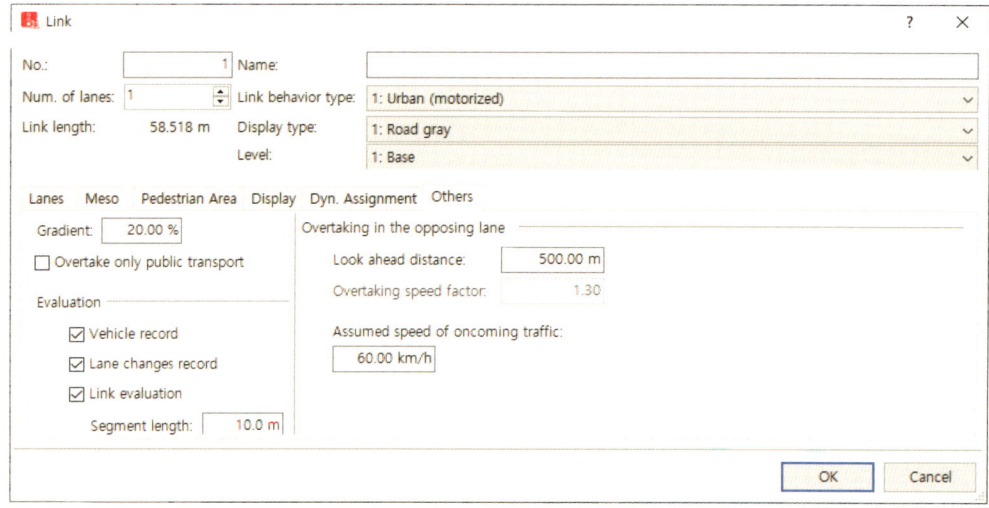

- Gradient : 경사 설정. 내리막 경사는 음수 값으로 표현 가능하며, 이 값은 링크위 최대 가속 및 최대 감속을 통해 주행에 영향을 미침
- Overtake only public transport : 대중교통 차량만 추월 가능하게 설정
- Overtaking speed factor : 추월을 위한 전방 거리 설정 (기본값 : 250m)
- Assumed speed of oncoming traffic : 추월 고려시, 다가오는 차량의 속도 조정 (기본값 : 60kph)

## 2.3.3. 링크(Link) 편집

링크에 대하여 분할, 방향전환, 복제 등 다양한 방법을 이용하여 편집 가능하며, 해당 기능들과 편집 방법은 다음과 같다.

### ▶ 링크 분할(Splitting links)

이 기능을 통해 한 개의 링크를 두 개의 링크로 분할 할 수 있다.

① 링크 위 원하는 위치에서 [Ctrl] 키를 누른 채 우클릭하여 바로가기 메뉴를 연다.
② 바로가기 메뉴에서 [Split Link Here...]을 선택한다.
③ Split Link Window에서 Splits at:□에 상세 분할 위치를 입력한 후 [OK] 버튼을 누른다.

### ▶ 대향 차로 생성(Generating an opposite lane)

이 기능을 통해 기존에 삽입된 링크와 동일한 선형을 가진 대향 차로을 생성할 수 있다.

① 원하는 링크 위에서 [Ctrl] 키를 누른 채 우클릭하여 바로가기 메뉴를 연다.
② 바로가기 메뉴에서 [Generate Opposite Direction]을 선택한다.
③ Generate Opposite Direction Window에서 차로수를 입력한 후 [OK] 버튼을 누른다.

### ▶ 왼/오른쪽에 차로 삽입(Inserting lanes on the left or right)

이 기능을 통해 Link Window를 열지 않고도 차로를 추가할 수 있다.

① 원하는 링크 위에서 [Ctrl] 키를 누른 채 우클릭하여 바로가기 메뉴를 연다.
② 바로가기 메뉴에서 [Add Lane Left/ Add Lane Right]을 선택한다.

### ▶ 방향 전환(Inverting direction)

이 기능을 통해 링크의 이동 방향을 전환할 수 있다.

① 원하는 링크 위에서 [Ctrl] 키를 누른 채 우클릭하여 바로가기 메뉴를 연다.
② 바로가기 메뉴에서 [Invert direction]을 선택한다.

## 2.3.4. 커넥터(Connector) 구축

커넥터는 링크와 링크 사이를 연결하는 네트워크 객체로서, 차량이 다음 링크로 넘어가 이동을 계속할 수 있도록 연결하는 역할을 한다. 다음 그림과 같이 우회전베이 연결시 또는 교차로 및 연결로에서의 회전 시와 같은 상황에서 사용된다. 커넥터 간에는 서로 연결이 불가능하며, 커넥터 구축 방법은 다음과 같다.

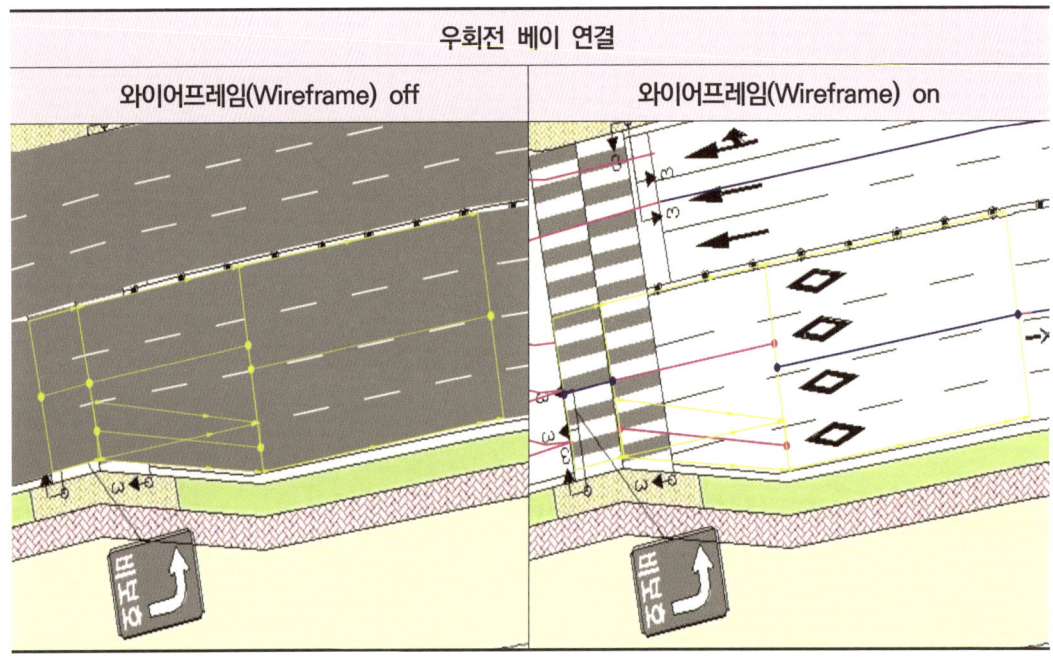

① 네트워크 객체 사이드바(Network object sidebar)에서 [Links]를 선택하여 활성화시킨다.
② 연결하기를 원하는 시작 링크 위에서 끝나는 링크 위까지 마우스 우측 버튼을 이용하여 드래그 앤 드롭한다. ('우클릭 시, 새 객체 생성' 설정 상태)
③ 커넥터가 삽입되면 Connector Window가 열린다.
④ Connector Window는 Link Window와 구성이 유사하다. 해당 Window에서 원하는 속성을 선택한 후 [OK] 버튼을 눌러 설정을 완료한다.

## 2.3.5. 링크(Link) 및 커넥터(Connector)의 점 편집

링크 및 커넥터에서 점을 삽입, 이동 및 삭제할 수 있다. 이를 통해 도로의 선형 및 경로를 조정할 수 있으며, 다음 그림과 같이 교차로 및 연결로에서의 회전 시와 같은 상황에서 조화로운 곡선을 만들어 낼 수 있다. 이 기능은 네트워크 객체 사이드바(Network object sidebar)에서 [Links]가 활성화되어 있을 경우 사용할 수 있으며, 상세한 기능은 다음과 같다.

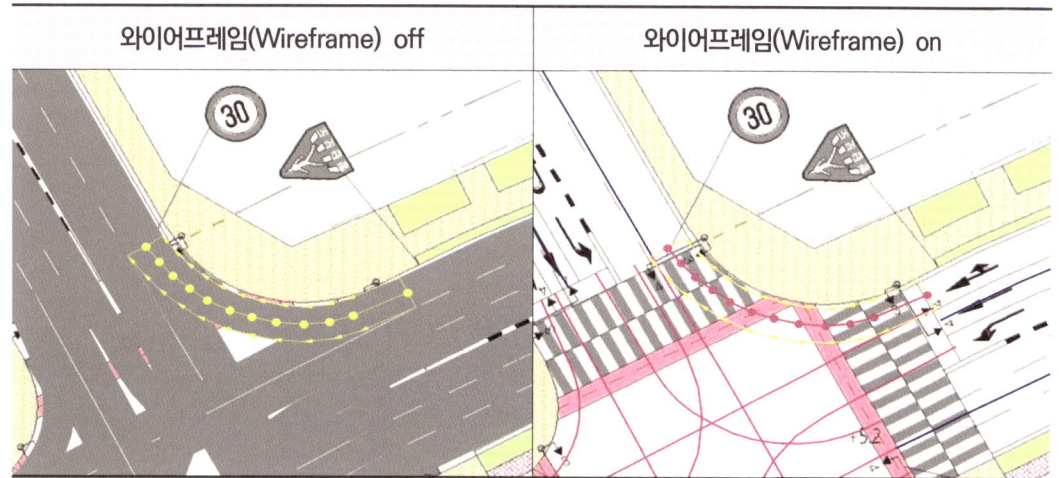

### ▶ 점 추가/삭제/이동

네트워크 편집기(Network Editor)에서 원하는 링크/커넥터를 선택한 후, 링크/커넥터 위에서 우클릭하여 점을 추가한다. 바로가기 메뉴의 [Add Point]를 통해서도 점 추가가 가능하다. 링크/커넥터의 점을 드래그 앤 드롭하여 원하는 위치로 이동할 수 있다. 점을 다른 점 위로 이동시키면 사이 구간의 점이 삭제된다.

### ▶ 스플라인 생성(Generate Spline)

스플라인이란 곡선처리를 말한다. Vissim에서는 링크 또는 커넥터에 점을 추가하여 조화로운 곡선처리를 하는 것을 의미한다. 스플라인을 생성하는 방법은 두 가지가 있다. 먼저 바로가기 메뉴를 이용한 생성 방법은 다음과 같다.

① 스플라인을 생성하고자 하는 링크/커넥터 위에서 [Ctrl] 키를 누른 채 우클릭한다. ('우클릭 시, 새 객체 생성' 설정 상태)
② 바로가기 메뉴에서 [Generate Spline]을 선택한다.
③ 삽입할 중간지점수를 입력한 후, [OK] 버튼을 눌러 완료한다(기본값 : 3).

스플라인 생성은 객체의 Window를 통해서도 가능하다. 단, Window를 통한 생성은 커넥터의 경우에만 가능하며, 방법은 다음과 같다.

① 스플라인을 생성하고자 하는 커넥터를 더블 클릭하여 Connector Window를 연다.
② Spline:□에 원하는 중간지점수를 입력한 후, [OK] 버튼을 눌러 설정을 완료한다.

▶ **스플라인 재조정하기(Recalculate Spline)**

스플라인 생성 시 도로의 선형이 자동으로 조정되며, 스플라인 생성을 통해 생긴 점들은 '점 추가 및 이동'에서 설명한 것과 같이 개별 점을 이용하여 조정이 가능하다. 만일 이동시킨 점을 자동으로 재조정하고 싶다면, 다음과 같은 방법을 이용할 수 있다.

① 스플라인을 재조정하고자 하는 링크/커넥터 위에서 [Ctrl] 키를 누른 채 우클릭한다. ('우클릭 시, 새 객체 생성' 설정 상태)
② 바로가기 메뉴에서 원하는 메뉴를 선택한다.
  - Recalculate Spline : 스플라인에 대한 x,y,z 좌표를 재조정한다.
  - Recalculate Spline (X/Y Only) : 스플라인에 대한 x,y 좌표를 재조정한다.
  - Recalculate Spline (Height Only) : 스플라인에 대한 z좌표를 재조정한다.

※ **TIP**

'예시 1'과 같이 직선 상태의 커넥터에 스플라인을 생성(Generate Spline)하였을 때, 배경 이미지와 일치하지 않는 모양의 커넥터로 수정되는 경우가 있다. 이런 경우 '예시 2'와 같이 [Add point] 기능을 이용해 몇 개의 점을 추가하여 기본적인 모양을 잡아준 후, 스플라인 생성 기능을 이용하면 배경 이미지에 맞는 부드러운 회전 구간을 구축할 수 있다.

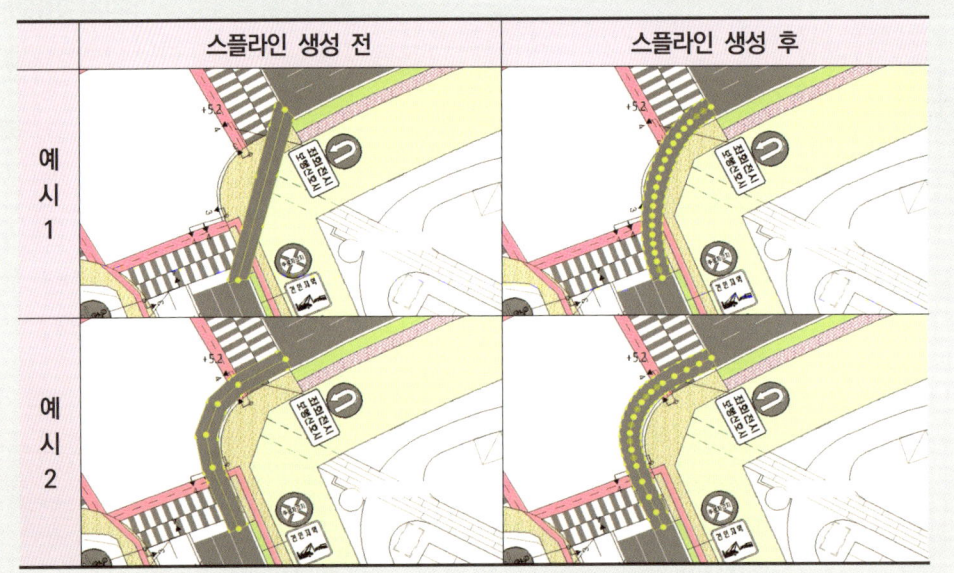

## 2.3.6. 노면표시(Pavement Marking) 삽입

보다 현실적인 시각적 표현을 위해 네트워크 편집기의 링크 또는 커넥터 상에 직진, 좌회전, 우회전 등을 알리는 노면표시를 삽입할 수 있다. 노면표시는 주행 동작에 아무런 영향을 미치지 않으며, 자세한 삽입 방법은 다음과 같다.

▶ **노면표시 삽입 방법**

① 네트워크 객체 사이드바(Network object sidebar)에서 [Pavement Marking]을 클릭하여 활성화시킨다.

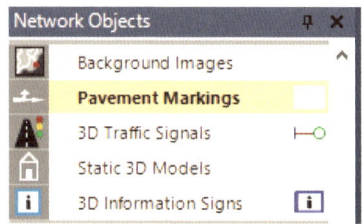

② 노면표시를 삽입하고자 하는 링크 또는 커넥터 위에서 우클릭한다. ('우클릭 시, 새 객체 생성' 설정 상태)

③ 노면표시가 삽입된 후, Pavement Marking Window 열리며, 속성을 편집한 후 [OK] 버튼을 눌러 설정을 마무리한다.

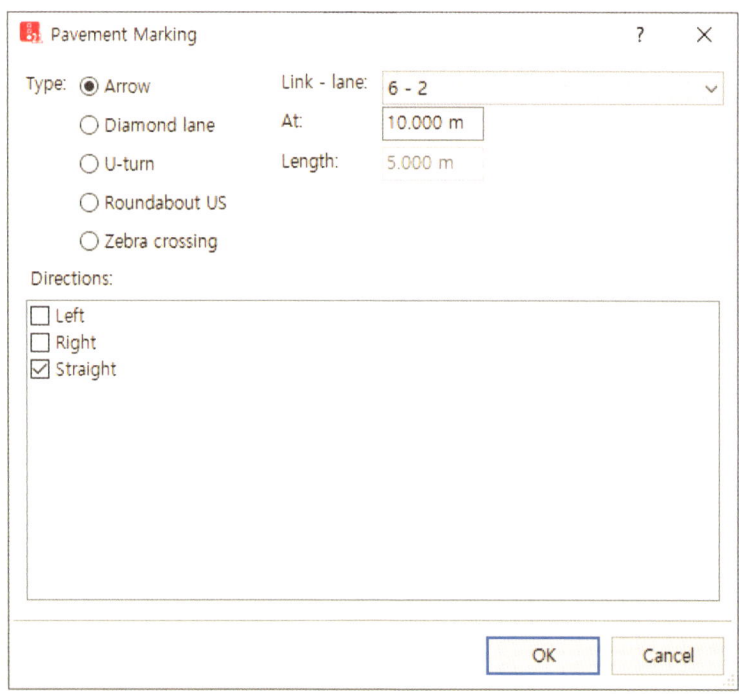

### ▶ 노면표시 속성 변경 방법

① 속성을 변경하고자 하는 노면표시를 더블 클릭한다.

② Pavement Marking Window가 실행되면 노면표시 유형(Type)과 위치한 링크(또는 커넥터) 및 차로(Link-lane), 노면표시가 위치한 링크(또는 커넥터) 시작점으로부터 거리(At), 길이(Length) 등 원하는 속성을 변경하고, [OK] 버튼을 눌러 마무리한다. 다음은 노면표시의 유형별 설명이다.

- Arrow

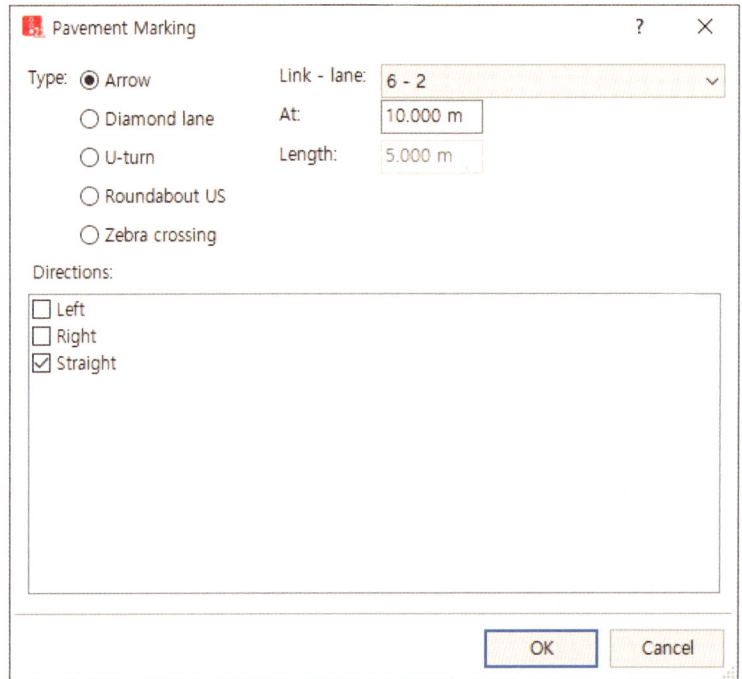

- 이 유형을 선택할 경우, Link-lane, At, Direction 속성이 활성화되며, Directions는 다중 선택이 가능하다. Direction 선택을 통해 표현할 수 있는 노면표시 조합은 다음과 같다.

| 노면표시 | Left | Right | Straight |
|---|---|---|---|
|  | O |  |  |
|  | O |  | O |
|  |  |  | O |
|  |  | O | O |
|  |  | O |  |

- Diamond lane

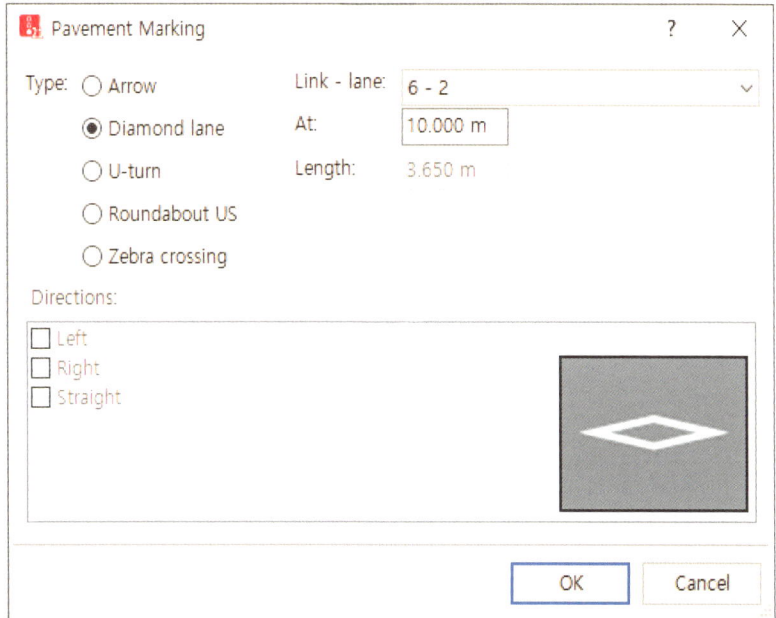

- 이 유형을 선택할 경우, Link-lane, At 속성이 활성화되며, Directions은 비활성화 상태이다. 이 유형은 '횡단보도예고' 노면표시를 표현하고 싶은 경우 사용한다.

- U-turn

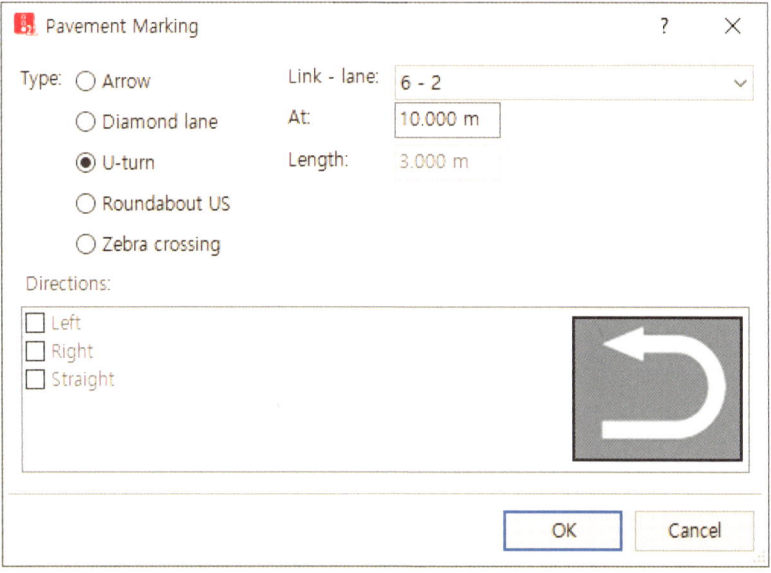

- 이 유형을 선택할 경우, Link-lane, At 속성이 활성화되며, Directions은 비활성화 상태이다. 이 유형은 'U턴' 노면표시를 표현하고 싶은 경우 사용한다.

- Roundabout US

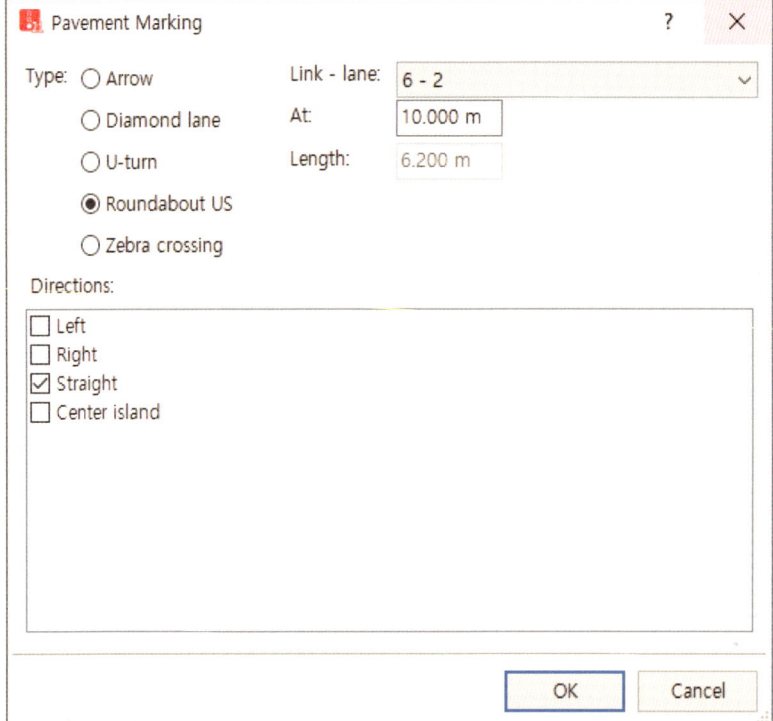

- 이 유형을 선택할 경우, Link-lane, At, Direction 속성이 활성화되며, Directions는 다중 선택이 가능하다. Direction 선택을 통해 표현할 수 있는 노면표시 조합은 다음과 같다.

| 노면표시 | Left | Right | Straight | Center island |
|---|---|---|---|---|
| | O | | | |
| | O | | O | |
| | | | O | |
| | | O | O | |
| | | O | | |
| | O | | | O |
| | | | O | O |
| | | O | | O |

- Zebra crossing

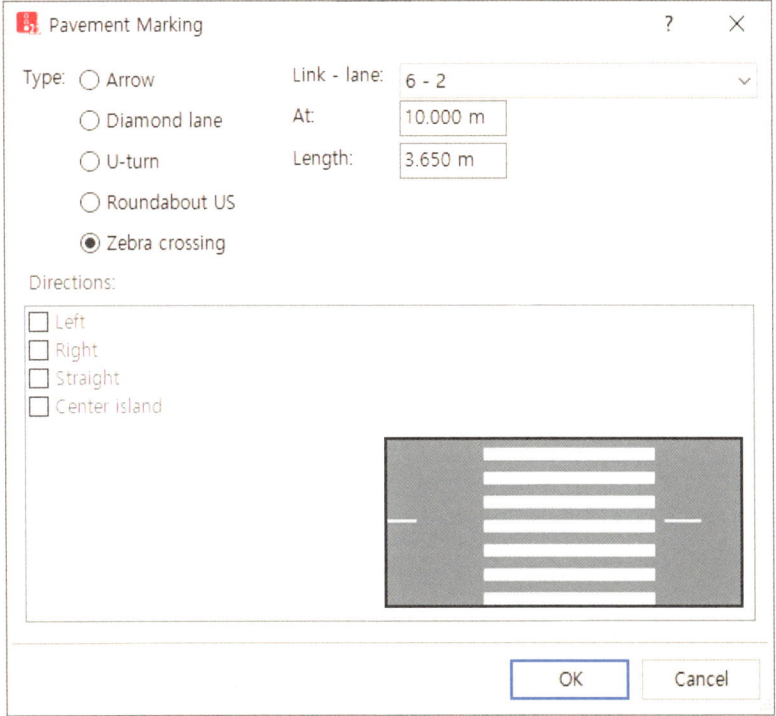

- 이 유형을 선택할 경우, Link-lane, At, Length 속성이 활성화되며, Directions는 비활성화 상태이다. 이 유형은 '횡단보도'를 표현하고 싶은 경우 사용한다.

## 2.4. 차량 통행 구축

차량 통행 구축은 차량 구성(Vehicle Composition) 설정 > 차량 삽입(Vehicle Input) > 차량 경로(Vehicle Route) 설정의 순서로 진행된다.

### 2.4.1. 차량 구성(Vehicle Composition) 설정

차량 통행을 구축하기 위해서는 먼저 차량 구성을 설정해야 한다. Vissim 실행시 Car(100) 98%, HGV(200) 2%로 이루어진 디폴트(Default) 구성이 있으며, 원하는 다양한 구성을 추가할 수 있다. 다음과 같은 방법으로 새로운 차량 구성을 정의하고 원하는 차종, 속도, 차종 구성 비율을 할당할 수 있다.

① [List] 메뉴에서 [Private Transport] > [Vehicle Compositions]를 선택하여 목록을 연다.
② 목록의 도구모음에서 추가 버튼( ✚ )을 클릭하여 기본 데이터가 있는 새 행을 추가한다. (목록창 위에서 우클릭 > [Add]를 통해서도 추가할 수 있다.)
③ 왼쪽 목록창에서 번호(No)와 이름(Name)을 입력한다.
④ 오른쪽 목록창에서 차량 구성에 원하는 차종(VehType)을 할당한다. 여러 가지 차종을 할당하고자 할 경우, 추가 버튼( ✚ )을 클릭하여 기본 데이터가 있는 새 행을 추가한다.
⑤ 각 차종별로의 속도(DesSpeedDistr)와 구성비(RelFlow)를 입력한다.

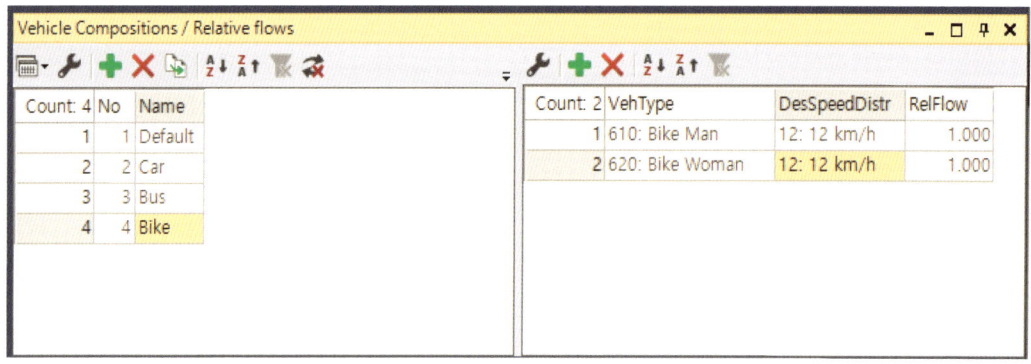

## 2.4.2. 차량 삽입(Vehicle Input)

차량 구성 설정 후에는 네트워크 끝단에 차량 삽입 기능을 통해 각각의 시간당 교통량을 입력해준다. 차량 삽입 방법은 다음과 같다.

① 네트워크 객체 사이드바(Network object sidebar)에서 [Vehicle Input]을 클릭한다.
② 차량을 삽입하고자 하는 링크 또는 커넥터 위에서 우클릭한다.
③ Vehicle Input 목록이 열린다.
④ 번호(No), 이름(Name), 교통량(Volume), 차량구성(VehComp)을 설정한다.

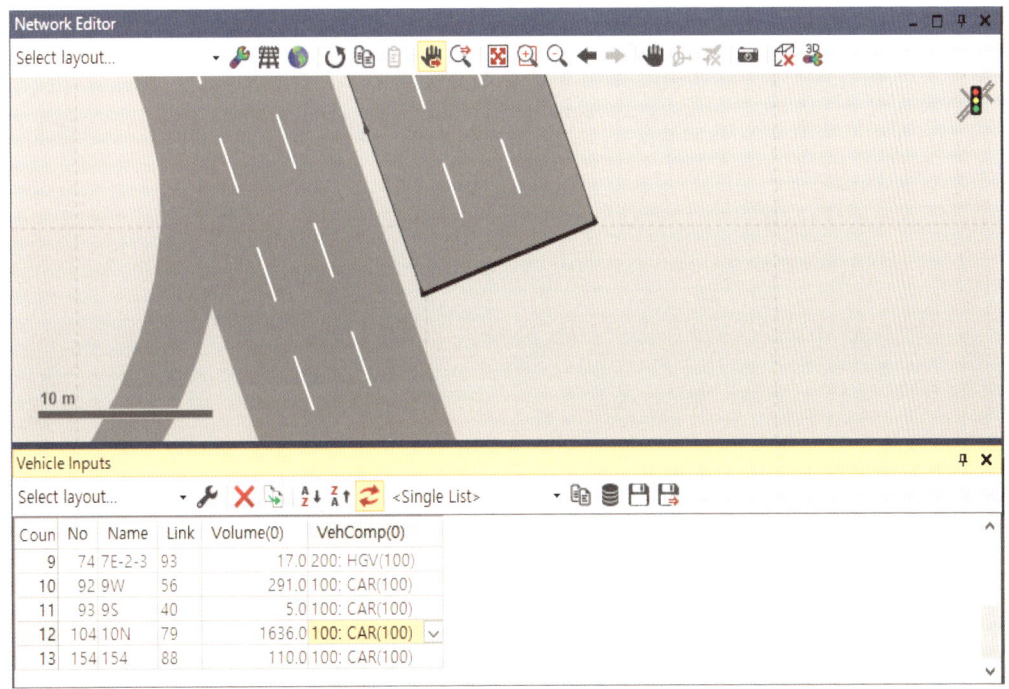

### Note

②의 경우 '우클릭 시, 새 객체 생성'이 설정되어있는 상태에서 배경 이미지를 삽입하는 방법이다. 이 책에서는 '우클릭 시, 새 객체 생성' 설정 상태를 기본으로 설명하고 있으며, 마우스 설정 변경은 [User Preferences]에서 할 수 있다. ('1.5.3. 마우스 설정 변경' 참고)

## 2.4.3. 차량 경로(Vehicle Route) 설정

삽입된 차량의 경로를 설정하기 위한 단계이다. 경로 설정에 대한 유형은 Static, Partial Route, Partial PT, Parking Lots, Dynamic, Closure의 6가지가 있으며, 일반적으로 도로분석시 Static 유형이 주로 사용된다. 다음은 Static 유형을 사용하여 차량 경로를 설정하는 방법이다.

① 네트워크 객체 사이드바(Network object sidebar)에서 [Vehicle Routes] 〉 [Static]을 클릭한다.
② 링크/커넥터 위의 원하는 시작점에서 우클릭 하여, 시작점을 지정한다. 이 때 시작점의 위치는 보라색 실선으로 표시된다. ('우클릭 시, 새 객체 생성' 설정 상태)
③ 한 개의 시작점에서 다양한 목적 지점을 설정할 수 있다. 먼저 첫 번째 목적 지점에서 우클릭하여, 경로 설정을 완료한다. 목적 지점은 하늘색 실선으로 표시되며, 완성된 경로는 노란색으로 음영처리된다.
④ 이어서 두 번째 목적 지점에서 우클릭하여 다음 경로 설정을 완료한다. 다음 그림은 한 개의 시작점에서 우회전과 직진, 두 개의 경로를 설정한 모습이다.

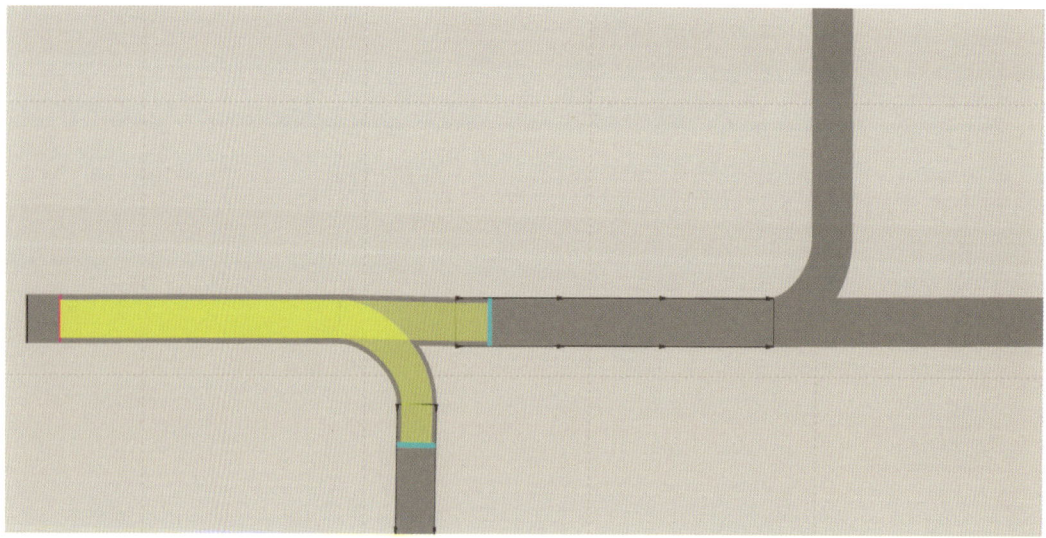

⑤ 왼쪽 목록창에서 번호(No)와 이름(Name), 차종(Vehclass)를 입력한다.
⑥ 오른쪽 목록창에서 각각 경로에 대한 비율(RelFlow)을 지정해준다.

⑦ 다음과 그림과 같이 두 개의 Static 유형의 경로를 연결하여 네트워크를 구축할 수 있다.

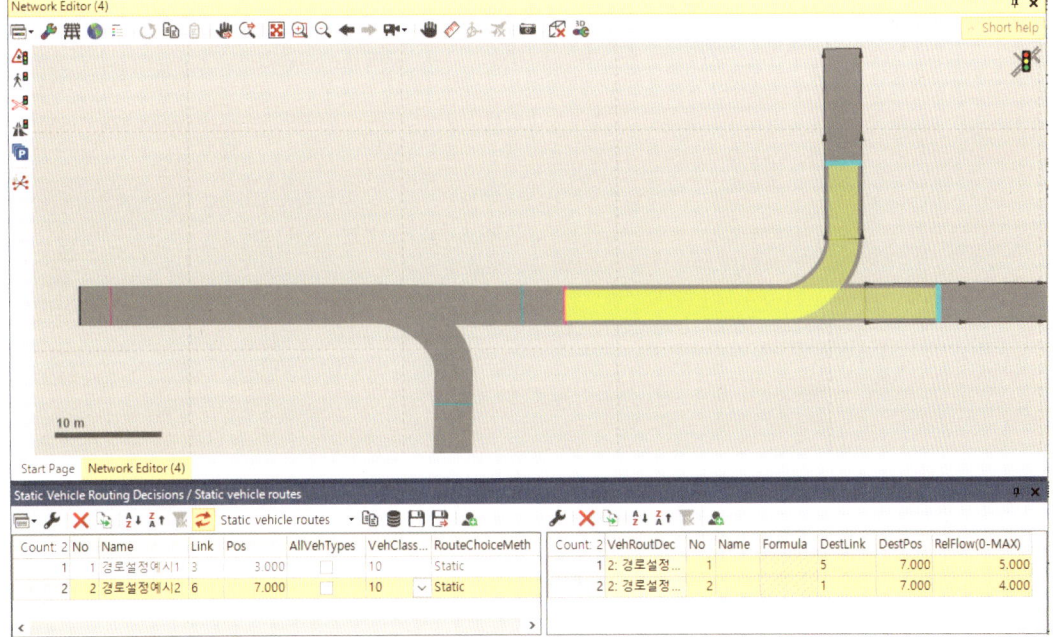

만일 링크 사이가 두 개 이상의 커넥터로 연결되어 있는 경우, 원하는 커넥터를 지정하여 경로를 설정할 수 있다. 예를 들어 다음 그림과 같은 도로망에서 우회전 경로를 지정하려고 한다. 경로의 시작점과 끝 지점을 설정하였으나, 우회전 베이를 지나지 않게 경로가 설정되었다. 우회전 베이를 지날 수 있게 경로를 변경하는 방법은 다음과 같다.

① 네트워크 객체 사이드바(Network object sidebar)에서 [Vehicle Routes]를 선택하여 활성화시킨다.

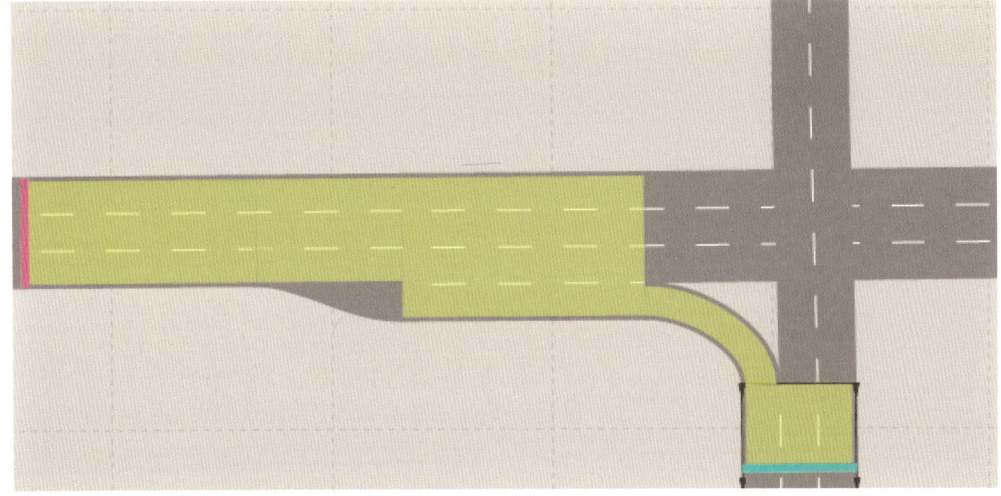

② 편집을 원하는 부분 위에서 우클릭하여 점을 생성한다.

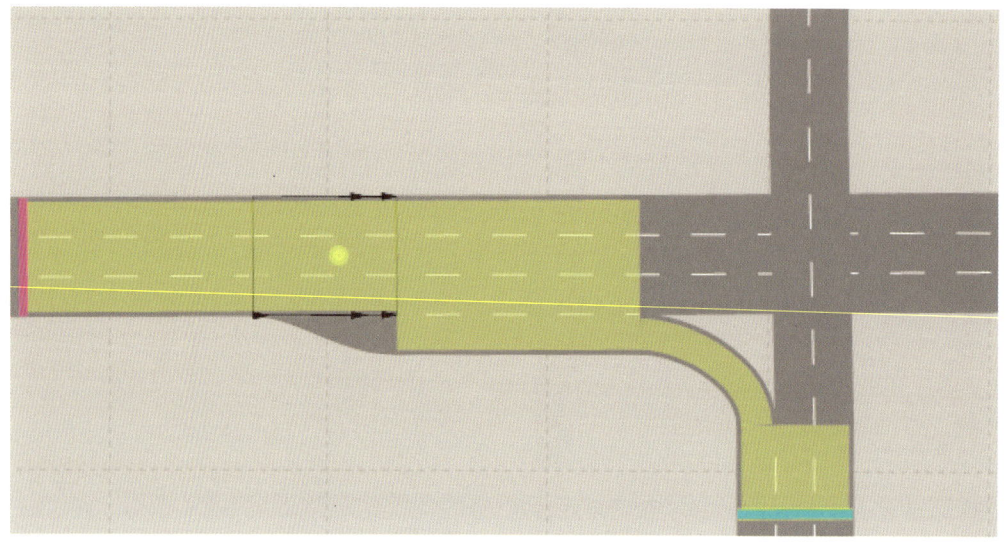

③ 생성된 점을 원하는 위치로 드래그 앤 드롭 하여 경로를 변경한다.

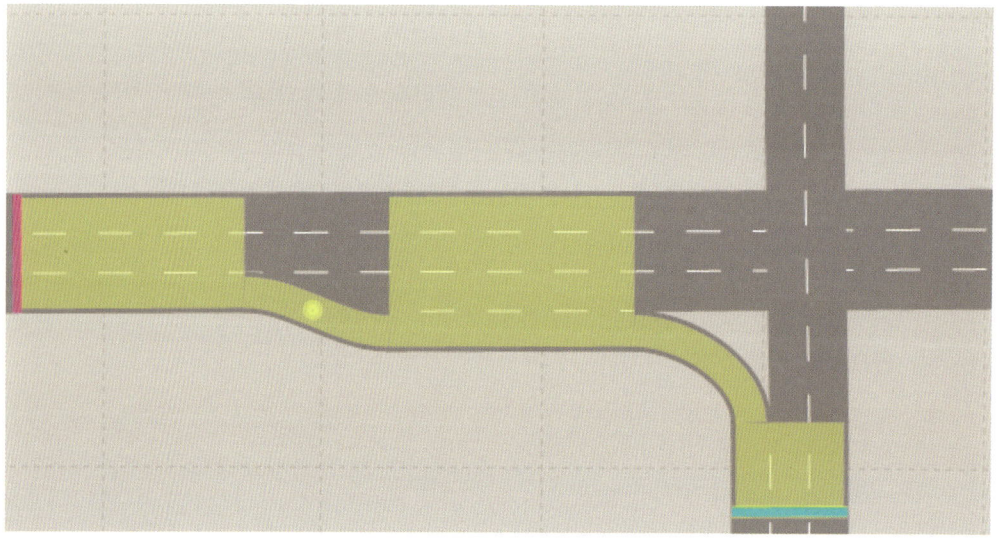

### Note

- 경로 설정 시, 시작점의 위치가 후속 링크 또는 커넥터와 지나치게 가까울 경우 일부 차량은 설정된 경로를 따르지 않을 수 있다. 따라서 적정 거리가 보장되어야 한다.
- 설정된 경로를 통해 이동하기 위해 차로 변경을 대기하던 중 차로를 변경하지 못하고 60초가 흐르면, 비현실적인 흐름(간섭, 대기열 등)의 발생을 방지하기 위해 해당 차량이 네트워크 상에서 제거된다.

📝 **Note**

교차로나 연결로의 경우, 경로가 설정되지 않는다면 차량의 진행 경로가 프로그램 상의 계산에 의해 설정된다. 이에 이전 경로의 종료 지점과 다음 경로의 시작 지점 사이에 교차로 또는 연결로가 있을 경우, 목적지에 원하는 만큼의 교통량이 도착하지 않을 수 있다.

예를 들어, 아래 그림의 1번 지점에서 직진 100대와 우회전 10대, 2번 지점에서 전량 직진, 3번 지점에서 직진 80대와 우회전 20대가 진행하도록 경로를 설정하고자 한다. 이때 '잘못된 예'의 그림처럼 2번 지점에 설정된 경로가 없을 경우, 1번 지점에서 3번 지점까지 100대가 이동하지 못할 것이다. 이에 '잘된 예'의 그림처럼 2번 지점에서 100대가 직진할 수 있도록 경로를 설정해주어야 한다.

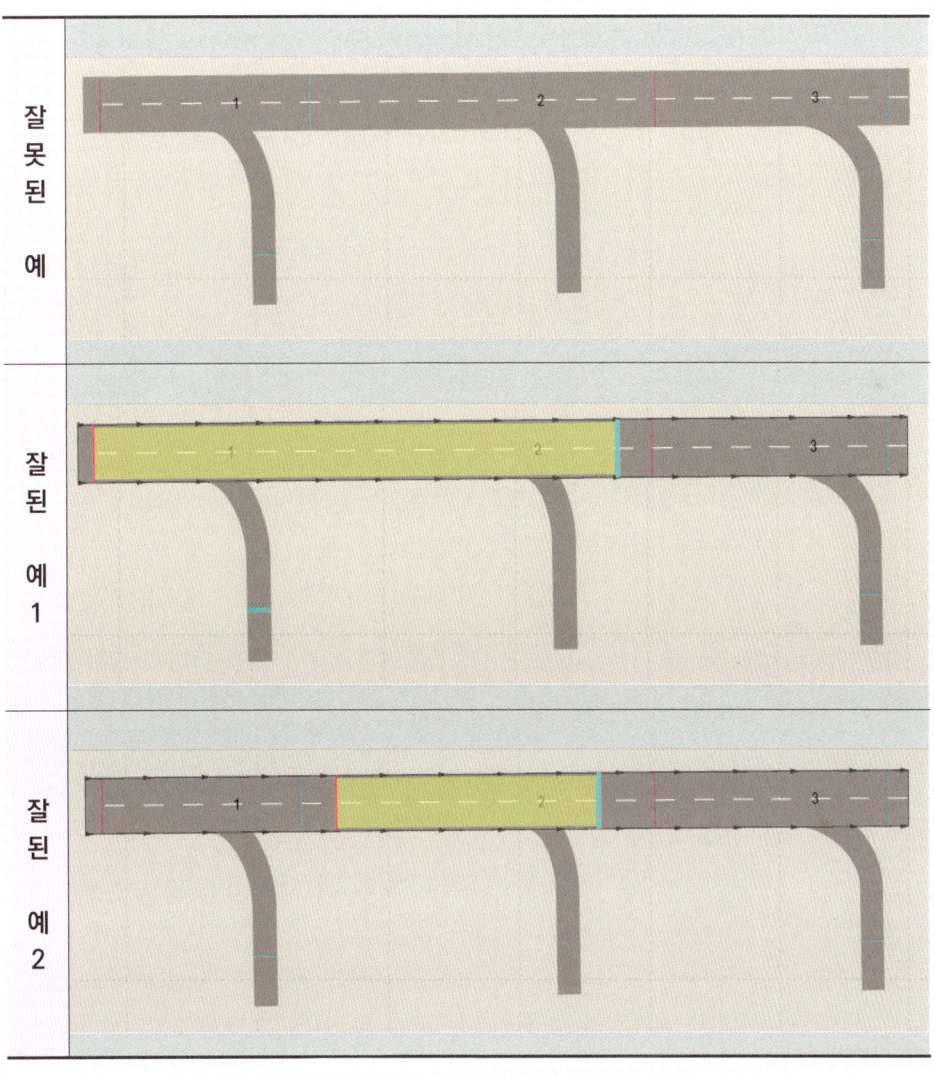

## 2.4.4. 희망 속도(Desired Speed) 설정

교차로에서 좌/우회전을 위한 감속시, 어린이보호구역에서 서행시와 같이 우리는 적절한 속도를 위해 감속하거나 일정 속도를 유지해야 하는 경우가 있다. Vissim에서는 감속구간(Reduced Speed Areas)과 희망 속도 결정(Desired Speed Decisions) 객체를 구축된 도로망 위에 삽입하여 앞서 말한 것과 같은 상황을 시뮬레이션에 반영할 수 있다.

▶ **감속구간(Reduced Speed Areas)**

링크 또는 커넥터 위에 다음과 같은 방법으로 감속구간을 설정할 수 있다.

① 네트워크 객체 사이드바(Network object sidebar)에서 [Reduced Speed Areas]을 선택하여 활성화시킨다.
② 감속구간을 설정하고자 하는 링크 또는 커넥터 위치에서 우클릭한다. 감속구간이 추가되고, 다음 그림과 같이 노란색으로 표시된다. ('우클릭 시, 새 객체 생성' 설정 상태)

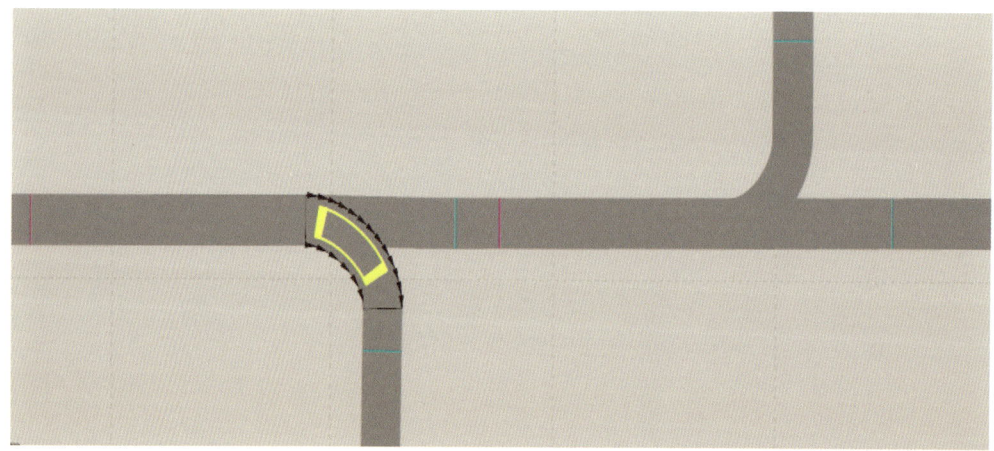

③ 감속구간 삽입 후에 바로 Reduced Speed Area Window가 열리며, 해당 Window에서 번호(No), 이름(Name), 차로(Link-lane), 길이(Length), At(시작위치), Time From(시작시간), Until(종료시간)과 같은 기본 값들을 설정한다.
④ 하단의 목록 창에서 우클릭 > 바로가기메뉴 > [Add]를 선택하여 기본값이 설정된 행을 추가한다.
⑤ 추가한 행에 대해서 적용할 차종(VehClass), 감속구간에서의 속도(DesSpeedDistr), 감속구간 접근 시 최대 감속(Decel)을 설정한다. 최대 감속값이 낮을수록 감속구간에서 먼 시점부터 차량이 속도를 줄이기 시작한다.

## 희망 속도 결정(Desired Speed Decisions)

링크 또는 커넥터 위에 이 객체를 삽입하여, 해당 위치에서 차량의 속도를 정확히 변경할 수 있다. 희망 속도 결정 객체 삽입 및 설정 방법은 다음과 같다.

① 네트워크 객체 사이드바(Network object sidebar)에서 [Desired Speed Decisions]을 클릭한다.
② 희망 속도 결정을 원하는 링크 또는 커넥터 위치에서 우클릭한다. 객체가 추가되고, 다음 그림과 같이 노란색 실선으로 표시된다. ('우클릭 시, 새 객체 생성' 설정 상태)

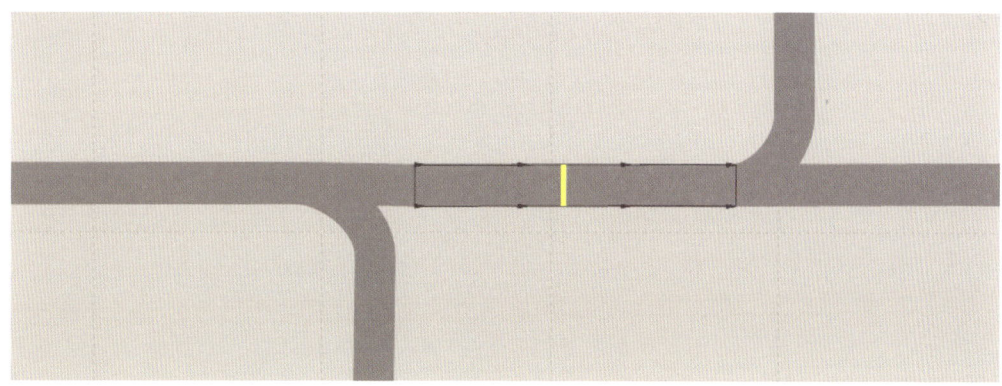

③ 객체 삽입 후 바로 Desired Speed Decision Window가 열리며, 해당 Window에서 번호(No), 이름(Name), 차로(Link-lane), At(시작위치), Time From(시작시간), Until(종료시간)과 같은 기본 값들을 설정한다.

④ 하단의 목록 창에서 우클릭 〉바로가기메뉴 〉[Add]를 선택하여 기본값이 설정된 행을 추가한다.

⑤ 추가한 행에 대해서 적용할 차종(VehClass), 속도분포(DesSpeedDistr)를 설정한다.

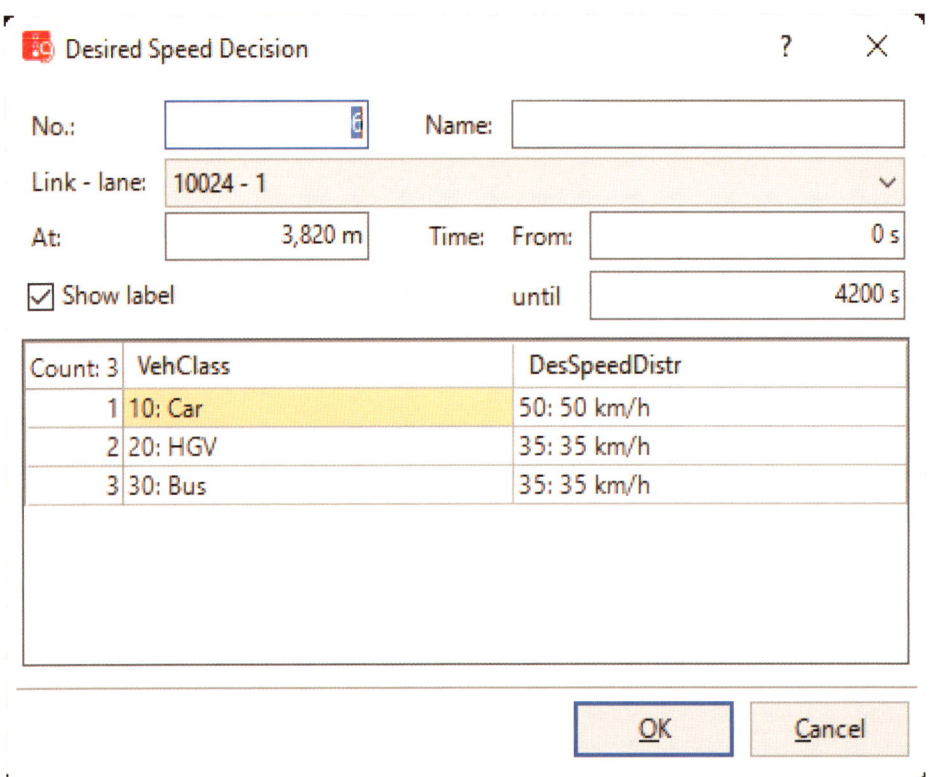

## 2.5. 단거리 대중교통 구축

단거리 대중교통(PT:Public Transportation)의 구축은 두 단계로 이루어진다. 첫 번째 단계는 대중교통 정류장(PT stop) 정의, 두 번째 단계는 대중교통 노선(PT line)의 경로, 시간표(배차간격), 정차 정류장 정의이다. 단거리 대중교통 구축에 대한 자세한 사항은 다음과 같다.

### 2.5.1. 대중교통 정류장(PT stops) 구축

대중교통 정류장은 기존 링크 위에 또는 인접하게 삽입할 수 있다. 정류장은 PT stop과 PT stop bay의 두 가지 유형으로 구성되어 있다. PT stop 유형의 경우 사용자가 정의한 위치에 대중교통이 멈추며, PT stop bay 유형의 경우에는 대중교통이 차로 옆 특정 링크 즉 베이에서 정지한다. 대중교통 정류장 구축 방법은 다음과 같다.

① 네트워크 객체 사이드바(Network object sidebar)에서 [Public Transport Stops]를 선택한다.
② 정류장 구축을 원하는 링크 위치에서 우클릭한다. 객체가 추가되고, 다음 그림과 같이 붉은색 사각형으로 표현된다.

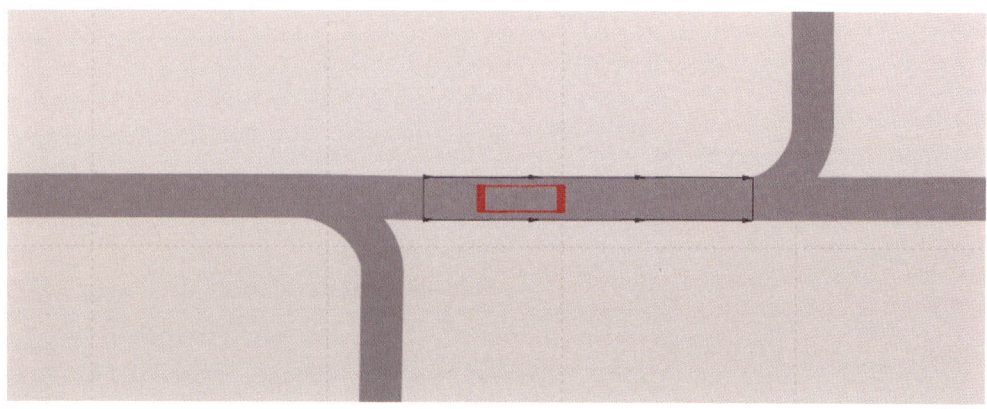

③ 객체 삽입 후 바로 PT Stop Window가 열리며, 해당 Window에서 번호(No), 이름(Name), 길이(Length), 위치(Pos) 등의 속성을 변경하고, [OK] 버튼을 눌러 마무리한다.

> **Note**
> ②의 경우 '우클릭 시, 새 객체 생성'이 설정되어있는 상태에서 배경 이미지를 삽입하는 방법이다. 이 책에서는 '우클릭 시, 새 객체 생성' 설정 상태를 기본으로 설명하고 있으며, 마우스 설정 변경은 [User Preferences]에서 할 수 있다. ('1.5.3. 마우스 설정 변경' 참고)

## 2.5.2. 대중교통 정류장(PT stops) 속성 설정

PT Stop Window는 'Base Data' 탭과 'Boarding Passengers' 탭으로 구성되어 있다. 각각의 탭을 통해 설정할 수 있는 속성은 다음과 같다.

▶ **Base Data 탭**

- Length : 대중교통 정류장 길이
- Lane : 대중교통이 정차하는 링크 또는 커넥터의 차로 번호
- At : 링크 또는 커넥터 상에서 대중교통 정류장의 시작점

▶ **Boarding Passengers 탭**

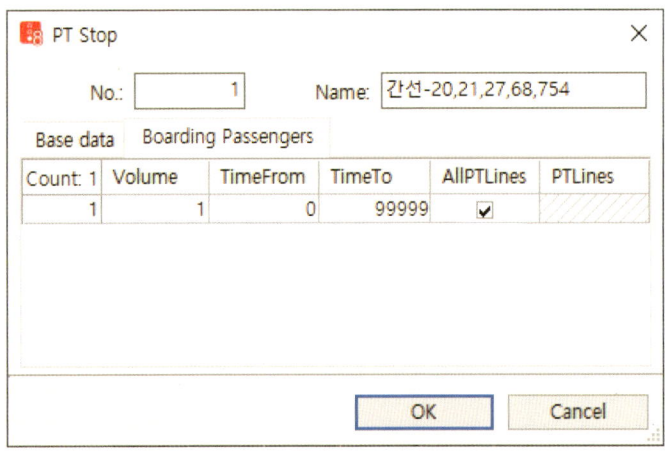

- Volume : 전체 또는 선택된 대중교통 노선에 대한 시간당 승객수
- TimeFrom/TimeTo : 발생하는 승객에 대한 시간 간격
- AllPTLines/PTLines : 모든 노선/일부 노선의 중지 고려

## 2.5.3. 대중교통 플랫폼 엣지(Platform Edge)와 정류장 베이(Stop Bay) 구축

▶ **플랫폼 엣지 구축**

플랫폼 엣지는 보행자 구역을 통해 정의된 플랫폼과 대중교통 정류장을 연결해주는 역할을 한다. 플랫폼 엣지 구축 방법은 다음과 같다.

① 네트워크 객체 사이드바(Network object sidebar)에서 [Public Transport Stops]를 선택하여 활성화시킨다.
② 원하는 대중교통 정류장을 선택한 후, [Ctrl]을 누른 채 우클릭하여 바로가기 메뉴를 연다. ('우클릭 시, 새 객체 생성' 설정 상태)
③ 플랫폼 엣지를 구축하고자 하는 위치에 맞게 바로가기 메뉴의 [Add platform edge left] 또는 [Add platform edge right]를 선택한다.
④ 기본 값을 가진 플랫폼 엣지가 생성되며, 다음과 같이 분홍색으로 표현된다.

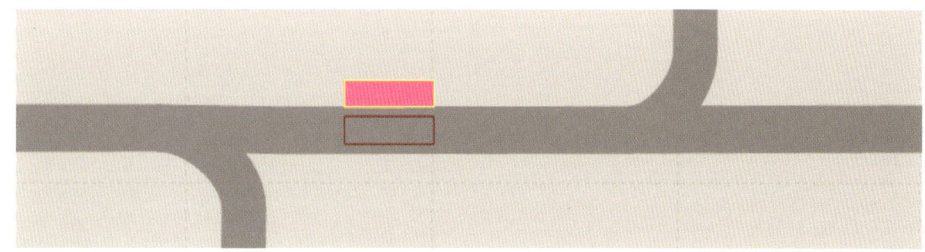

▶ **정류장 베이 구축**

정류장 베이 구축 방법은 다음과 같다.

① 네트워크 객체 사이드바(Network object sidebar)에서 [Public Transport Stops]를 선택하여 활성화시킨다.
② 원하는 대중교통 정류장을 선택한 후, [Ctrl]을 누른 채 우클릭하여 바로가기 메뉴를 연다. ('우클릭 시, 새 객체 생성' 설정 상태)
③ 바로가기 메뉴의 [Create lay-by stop]을 선택하면, 다음 그림과 같이 자동으로 정류장 베이가 생성된다.

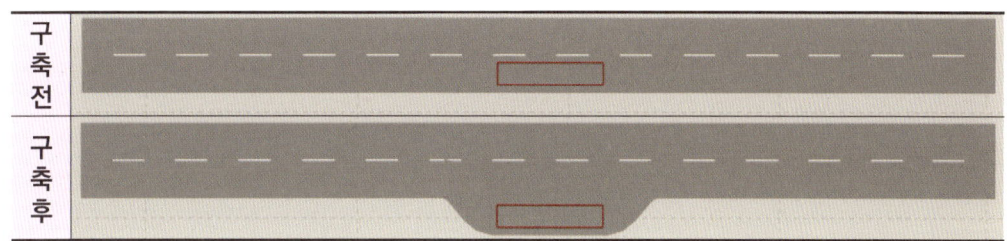

## 2.5.4. 대중교통 노선(PT Line) 구축

대중교통은 대중교통 노선(PT Line)에 의해 지정된 경로를 주행한다. 대중교통 노선 구축을 위해서는 먼저 대중교통 정류장(PT stop) 구축이 마무리되어야 한다. 대중교통 노선 구축 방법은 다음과 같다.

① 네트워크 객체 사이드바(Network object sidebar)에서 [Public Transport Lines]를 선택하여 활성화시킨다.
② 노선이 시작될 링크 위에서 우클릭 하여 시작점을 입력한다. 시작점은 파란색 실선으로 표시된다. ('우클릭 시, 새 객체 생성' 설정 상태)
③ 노선이 종료될 링크 위에서 우클릭 하여 종료 지점을 입력한다. 종료 지점은 하늘색 실선으로, 경로는 주황색 음영으로 표시된다.
④ 객체 삽입 후 바로 PT Line Window가 열리며, 해당 Window에서 번호(No), 이름(Name), 속도(Des.Speed distrib), 색상(Color) 등의 속성을 변경하고, [OK] 버튼을 눌러 마무리 한다.

> **Note**
> 만일 링크 사이가 두 개 이상의 커넥터로 연결이 되어 있는 경우, 차량 경로(Vehicle Route) 설정 시와 마찬가지로 원하는 커넥터를 지정하여 경로를 설정할 수 있다. ('2.4.3. 차량 경로 설정 (Vehicle Route)' 참고)

## 2.5.5. 대중교통 노선(PT Line) 속성 설정

PT Line Window는 'Base Data' 탭, 'Departure times' 탭 그리고 'PT Telegrams'로 구성되어 있다. 각각의 탭을 통해 설정할 수 있는 속성은 다음과 같다.

▶ **Base Data 탭**

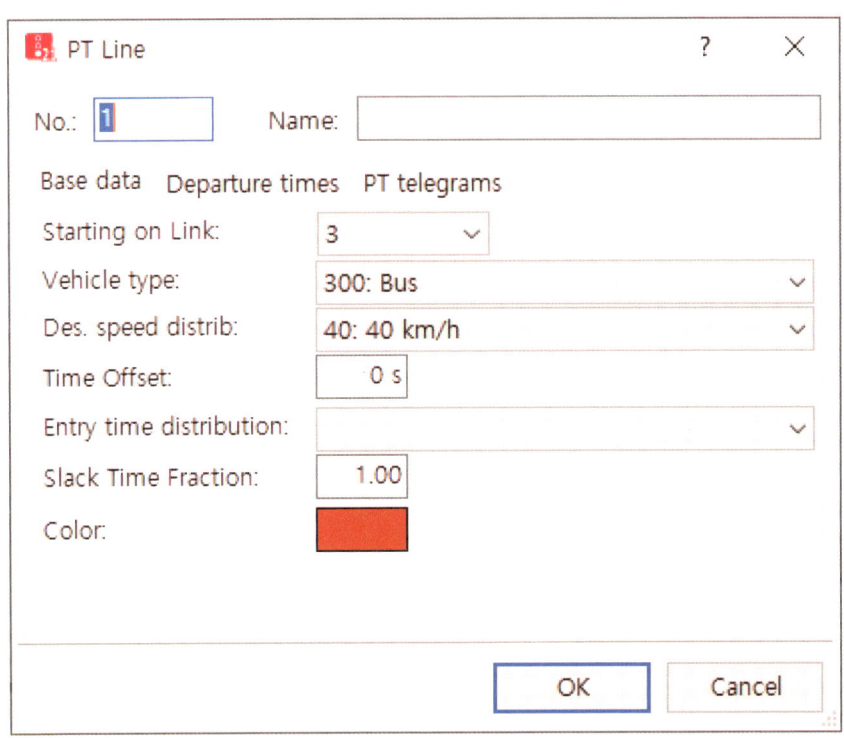

- **Starting on Link** : 대중교통 노선이 시작되는 링크
- **Vehicle type** : 대중교통 노선의 차종
- **Desired speed distribution** : 차량의 초기속도
- **Time Offset** : 네트워크 진입 후 첫 정류장까지 도착하는 시간과 이 정류장에서 평균 승객 승하차시간을 합한 값, 예를 들어 옵셋이 0초인 경우, 대중교통 노선의 차량은 정의된 출발시간에 정확히 네트워크에 진입함
- **Slack Time Fraction** : 예정된 출발까지 남은 시간으로, 승객의 대기시간 factor에 해당
  - Slack Time Fraction = 1 : 가장 빠른 출발시간은 정해진 시간을 따름
  - Slack Time Fraction < 1 : 정해진 시간에 비해 출발시간이 빠를 수 있음
- **Color** : 해당 대중교통 노선 차량의 색상

▶ Departure times 탭

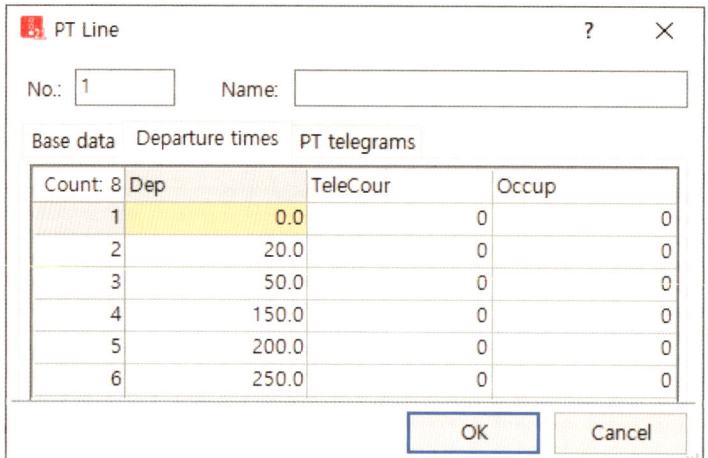

- Dep : 시뮬레이션 시작 시간과 관련된 대중교통노선의 출발 시간
- TeleCour : 네트워크에 대해 대중교통 호출 지점이 정의되어있는 경우, Course number는 시리얼 텔레그램을 평가하는 역할을 함
- Occup : 점유율, Vissim 네트워크에 진입할 때 PT 차량의 초기 승객 수

▶ PT Telegrams 탭

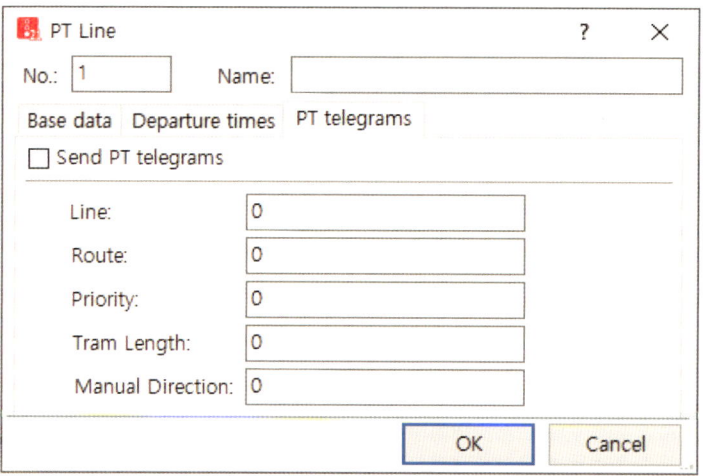

- Line sends PT telegrams : 이 노선의 차량을 대중교통 호출 지점으로 기록하려면 선택
- Line : 대중교통노선 수
- Route : 대중교통노선 경로 수
- Priority : 대중교통의 우선순위 (1~7)
- Tram Length : 차량의 길이 (1~7)

## 2.6. 비신호교차로 구축

비신호교차로 구축시 필요에 따라 우선순위 규칙(Prioty Rules), 상충구간(Conflict Areas), 정지표지(Stop Signs)를 이용할 수 있다.

### 2.6.1. 우선순위 규칙(Priority Rules) 설정

서로 다른 링크나 커넥터의 차량이 서로를 고려해야 하는 상황에서는 신호에 의해 제어되지 않는 상충 흐름에 대한 우선순위 규칙이 필요하다. 우선순위 규칙은 항상 두 개 이상의 요소들로 구성된다. 다음은 우선순위 규칙의 구성 및 객체 생성 방법이다.

▶ **우선순위 규칙의 구성**

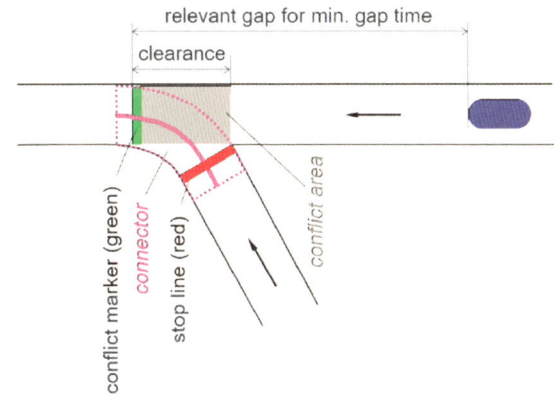

- Stop line : 다음 그림과 같은 상황에서 양보해야 하는 구간의 정지선
- Conflict marker : 다음 그림과 같은 상황에서 상충이 발생하는 구간
- Clearance : 최소 간격
- Relevant gap for min. gap time : 최소 시간 간격

▶ **우선순위 규칙 객체 생성 방법**

① 네트워크 객체 사이드바에서 [Priority Rules]를 선택하여 활성화시킨다.
② 원하는 정지선 위치에서 우클릭한다. 정지선 위치에 주황색 실선이 표시된다.
③ 상충이 발생하는 구간에서 우클릭한다. 해당 위치에 녹색 실선이 표시된다.
④ 구간 선택 후 바로 Prioty Rule Window가 열리며, 해당 윈도우에서 속성을 편집 후, [OK] 버튼을 눌러 완료한다.
⑤ 대상 구간을 추가하려면 다음 대상 원하는 위치를 선택하여 위의 과정을 반복하고, 대상 구간을 추가하지 않으려면 네트워크 편집기에서 빈 영역을 클릭한다.

## 2.6.2. 상충구간(Conflict Areas) 설정

링크와 커넥터를 이용하여 도로망 구축시, 겹치는 부분 등에 대해 프로그램 상에서 자동으로 상충구간이 파악되며, 이 상충구간에 대하여 우선순위를 부여할 수 있다.

▶ **상충구간 확인**

자동으로 파악된 상충구간을 확인하려면, 네트워크 객체 사이드바(Network object sidebar)에서 [Conflict Areas]를 선택한다. [Conflict Areas]가 활성화되면 각 상충구간이 다음과 같이 노란색으로 표현되는 것을 확인할 수 있다.

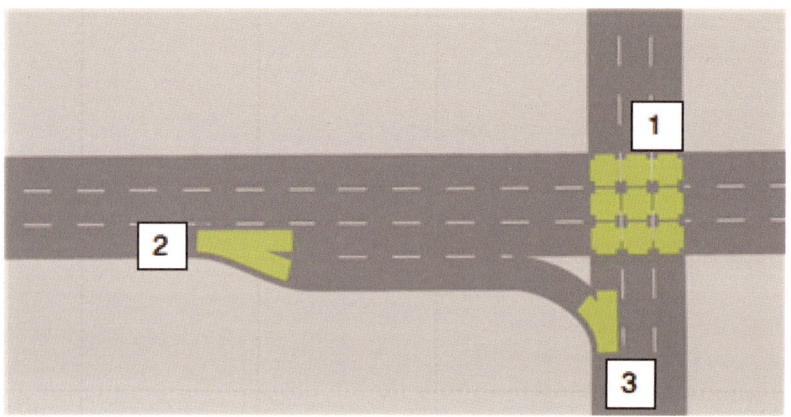

▶ **상충구간의 유형**

상충구간은 다음과 같이 3가지 유형으로 구분된다.

① **교차상충(Crossing)** : 링크가 서로 교차하는 경우 발생
② **분류상충(Branching)** : 두 개의 커넥터가 동일한 링크에서 분리되는 경우 발생
③ **합류상충(Merge)** : 두 커넥터가 동일한 링크로 연결되는 경우 발생

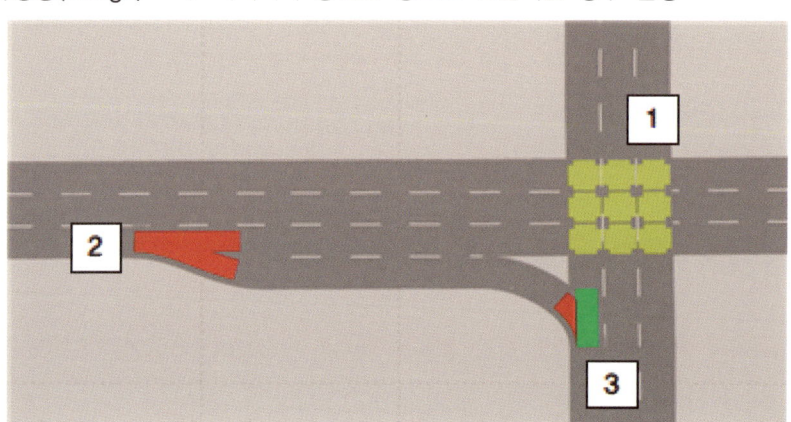

## ▶ 상충구간의 우선순위 유형

상충구간의 우선순위는 다음과 같이 3가지 유형으로 설정할 수 있다.

① **황색+황색** : 수동 상충구간으로 교차부분 제어가 없음
② **적색+적색** : 주로 분류상충 시 사용되며, 각각의 차량이 서로 확인할 수 있는 상태임
③ **녹색+적색** : 녹색으로 표시된 링크 또는 커넥터는 적색 표시된 부분에 대해 우선권을 가짐

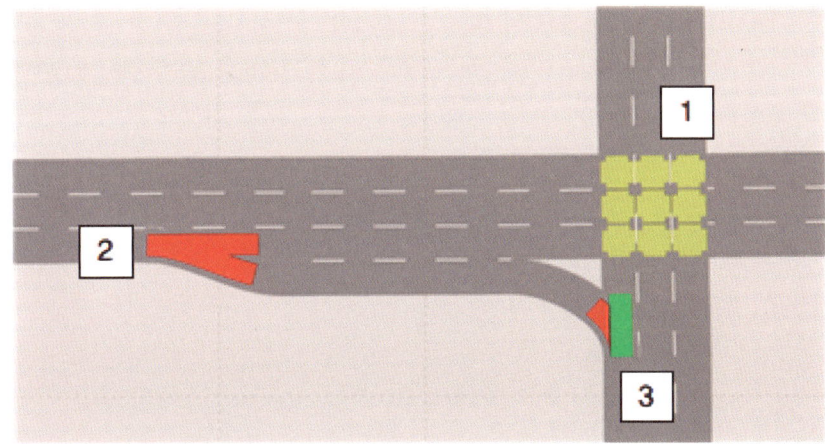

## ▶ 상충구간의 우선순위 설정 방법

상충구간의 우선순위는 다음과 같은 방법으로 설정할 수 있다.

① 네트워크 객체 사이드바(Network object sidebar)에서 [Conflict Areas]를 선택한다. 아직 우선순위를 설정하지 않은 상충구간은 기본적으로 모두 황색으로 표현된다.
② 우선순위를 변경하고자 하는 상충구간 위에서 우클릭을 하면, 황색+황색 〉 녹색+적색 〉 적색+녹색 〉 적색+적색 순으로 조정되며, 원하는 우선순위가 될 때까지 우클릭하여 우선순위를 선택한다.

## 2.6.3. 정지표지(Stop Signs) 삽입

정지표지(Stop Signs)는 차량의 상충여부와 관계없이 최소한 한 단계 이상 정차하도록 한다. 정지표지를 사용하는 시나리오와 객체 삽입 방법은 다음과 같다.

### ▶ 정지표지 사용 시나리오

① **정규적 정지표지** : 우선순위 규칙 적용 시 추가적으로 정지표지를 삽입하여 교통류에 대해 확실히 정의한다. 정지표지와 우선순위 규칙의 적색 정지선은 같은 위치에 놓여야 한다.
② **적색신호시 우회전(RTOR)** : 적색 신호에도 불구하고 우측 회전이 허용되는 경우에 사용한다. Stop Sign Window의 RTOR 탭에서 Only on Red 옵션을 선택하여 신호 그룹(Signal group)을 배정하며, 해당 신호가 적색일때만 활성화 된다.
③ **톨 카운터(예: 세관 또는 톨게이트)** : Stop Sign Window의 Time Distribution 탭에서 정의한 시간 분포에 따라 정지한다.

### ▶ 정지표지 삽입 방법

① 네트워크 객체 사이드바(Network object sidebar)에서 [Stop Signs]를 선택한다.
② 정지표지를 삽입하고자 하는 링크 또는 커넥터의 위치에서 우클릭 하여 삽입한다. 삽입된 정지표지는 다음 그림과 같이 주황색 실선으로 표현된다.('우클릭 시, 새 객체 생성' 설정 상태)

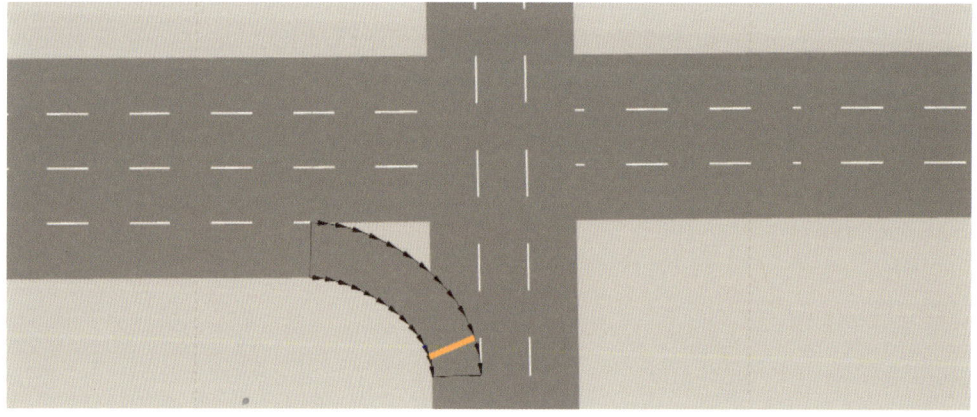

③ 정지표지가 삽입된 직후 Stop Sign Window가 열리며, 해당 Window에서 속성을 변경한 후 [OK] 버튼을 눌러 완료한다.

## 2.7. 신호교차로 구축

### 2.7.1. 신호 프로그램(Signal Program) 생성

신호교차로를 구축하기 위해서는 먼저 신호 프로그램을 생성해야한다. 이 신호 프로그램의 생성 및 편집은 신호제어기(Signal Controller)를 통해서 수행한다. 신호 프로그램은 여러 개의 신호 그룹(Signal Group)으로 이루어져 있다.

> **TIP**
>
> 신호 그룹은 1현시의 개념으로 이해하면 편리하다.

▶ **신호 제어기(Signal Controller)**

신호 제어기는 다음과 같은 방법으로 접속할 수 있다.

① [Signal Control] 메뉴의 [Signal Controllers]를 선택하여 목록을 연다.
② 목록의 도구모음에서 추가 버튼(➕)을 클릭하여 기본 데이터가 있는 새 행을 추가한다. (목록 창 위에서 우클릭 〉 [Add]를 통해서도 추가할 수 있다.)
③ 새로운 행이 추가되면 Signal Controller Window가 열리며, 여기서 기존에 가지고 있는 신호를 열거나, [Edit Signal Control]에 접속하여 새로운 신호그룹과 신호 프로그램을 구성할 수 있다.

▶ **신호 그룹(Signal Group)**

신호 그룹은 다음과 같은 방법으로 생성(또는 편집) 할 수 있다.

① 신호 그룹 생성 및 편집을 위해 앞서 언급한 방법으로 Signal Controller Window의 [Edit Signal Control]에 접속한다.
② 왼편의 네비게이터 트리에서 [Signal groups]를 선택하면, 신호 그룹 목록이 뜬다. 신호를 새로 생성하고 있는 단계라면 목록이 비어있는 상태이다. 상단의 도구모음에서 추가 버튼(➕)을 클릭하여 기본 데이터가 있는 새 행을 추가한다. (목록 창 위에서 우클릭 〉 [New]를 통해서도 추가할 수 있다.)
③ 새로운 신호그룹이 생성되었으면 행의 가장 왼쪽 열에 위치한 삼각형 버튼(▶)을 더블클릭하여, 신호그룹 편집을 위한 창을 띄운다.

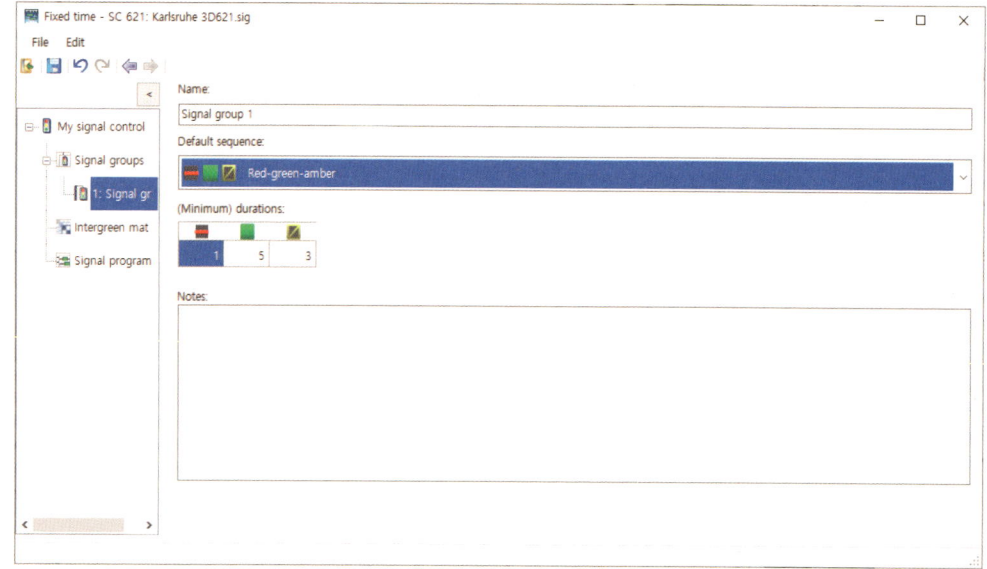

④ 신호 그룹 편집을 위한 Window의 구성은 다음과 같다.
- Name : 신호 그룹 이름 지정
- Default sequence : 아래의 그림과 같은 여러 가지 신호 배열 순서를 선택할 수 있음

- (Minmum)duration : 각 신호시간(녹색시간, 적색시간 등)별로 최소 시간 지정

⑤ 한 개의 신호그룹 편집을 마쳤으면, 다시 네비게이터 트리의 [Signal Control]을 눌러 목록으로 돌아간다. 새로운 신호 그룹 생성을 위해서는 ②번으로 돌아가 일련의 과정을 반복하면 된다. 만일 만들어진 신호 그룹과 같은 속성을 가진 신호그룹을 생성하고 싶다면, 상단의 도구 모음에서 [Duplicate( )] 버튼을 클릭하여 해당 신호그룹을 복제한다. (바로가기 메뉴 > [Duplicate]를 통해서도 복제할 수 있다.)

> **TIP**
>
> 국내 차량 신호의 경우, 일반적으로 '적색-녹색-황색등화'이므로 'Red-green-amber'를 주로 이용한다. 보행신호의 경우 일반적으로 '적색-녹색-녹색점멸'이므로 'Red-green- flashing green'을 주로 이용한다.

### ▶ 신호 프로그램(Signal Program)

① 신호 그룹(Signal Group) 생성이 완료되었다면, 네비게이터 트리에서 [Signal program]을 클릭하여 신호 프로그램 목록에 들어간다.

② 신호 프로그램 역시, 신호를 새로 생성하고 있는 단계라면 목록이 비어있는 상태이다. 상단의 도구모음에서 추가 버튼(✚)을 클릭하여 기본 데이터가 있는 새 행을 추가한다. (목록창 위에서 우클릭 〉 [New]를 통해서도 추가할 수 있다.)

③ 새로운 신호 프로그램이 생성되었으면 행의 가장 왼쪽 열에 위치한 삼각형 버튼(▶)을 더블 클릭하여, 신호 프로그램 편집을 위한 창을 띄운다.

④ 신호 프로그램 편집을 위한 창의 구성은 다음과 같다.
  ⑴ Cycle time : 주기(sec)
  ⑵ Offset : 옵셋(sec)
  ⑶ 내부의 바를 조절하여 신호시간을 조절할 수 있음
  ⑷ 내부의 숫자를 조절하여 신호시간을 조절할 수 있음(sec)

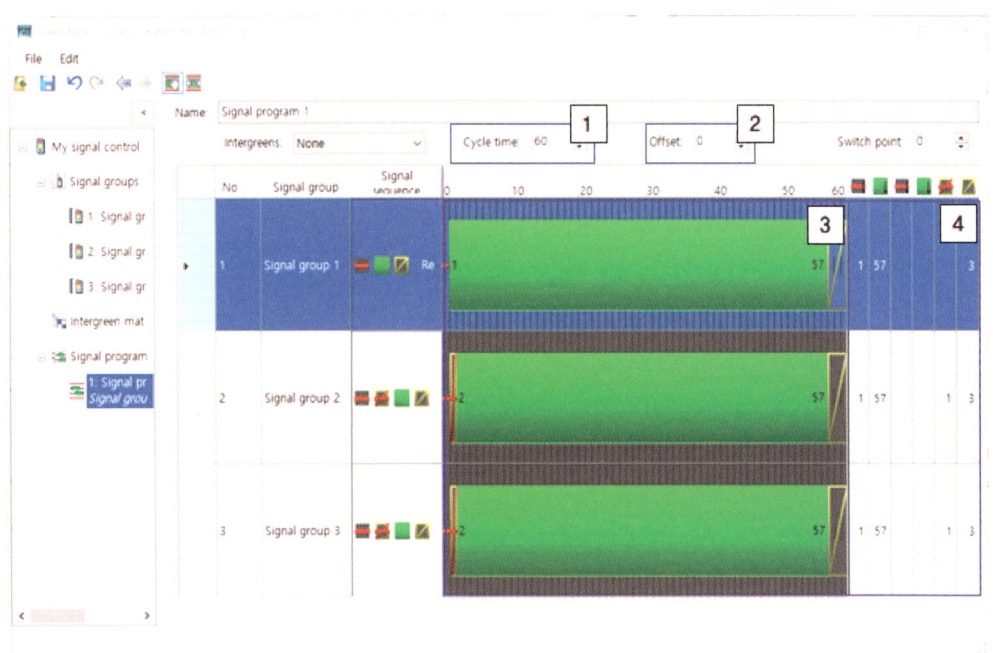

⑤ 원하는 속성에 맞추어 신호 프로그램을 구성한 후 [Save(💾)] 버튼 클릭 〉 편집 창 닫기 〉 Signal Controller Window에서 [OK] 버튼을 눌러 신호 프로그램 설정을 완료한다.

## 2.7.2. 신호기(Signal Head) 삽입

앞서 생성한 신호 체계를 도로망에 입력하기 위한 네트워크 객체(Network object)는 신호기(Signal Head)이다. 각 차로별로 신호 그룹(Signal group)이 정의된 신호기를 설치하여 신호운영체계를 구축할 수 있으며, 방법은 다음과 같다.

① 네트워크 객체 사이드바(Network object sidebar)에서 [Signal Head]를 선택한다.
② 신호기를 삽입하고자 하는 링크 또는 커넥터의 위의 개별 차로에서 우클릭하여 삽입한다. 삽입된 신호기는 다음 그림과 같이 적색 실선으로 표현된다.

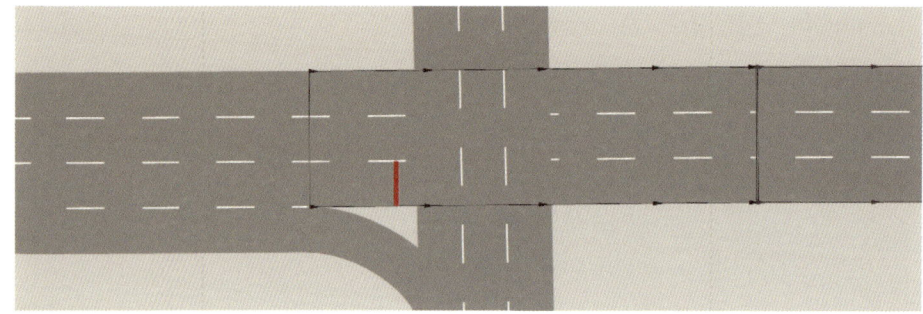

③ 신호기가 삽입된 직후 Signal Head Window가 열리며, 해당 구역에 정의하고자 하는 신호 그룹(SC-Signal group)을 지정한 후, [OK] 버튼을 눌러 완료한다.

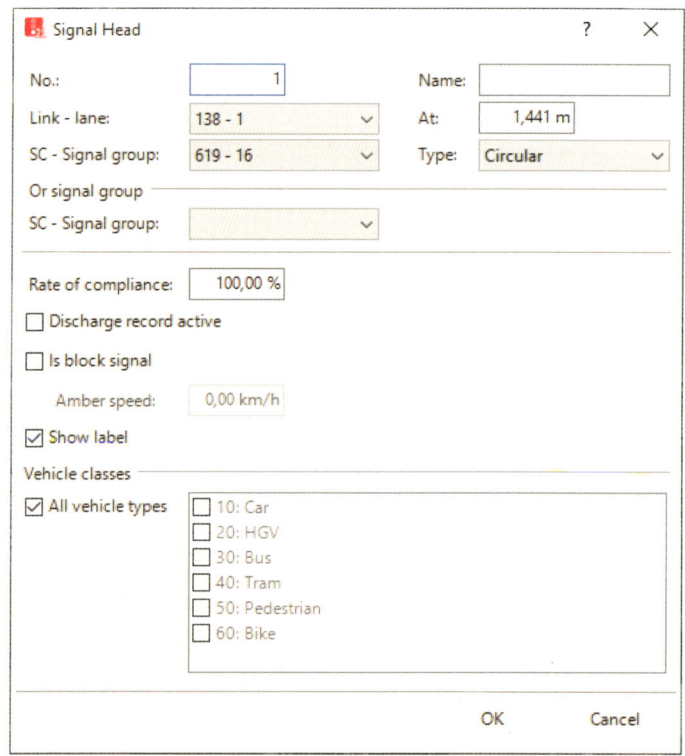

## 2.8. 주차장 모델링

### 2.8.1. 주차장 모델링 개요

Vissim에서는 노상주차장, 노외주차장 등의 주차장 모델링이 가능하다. 앞서 2.4.3에서는 차량 경로(Vehicle Route) 설정의 'Static' 기능을 사용했다면, 주차 모델링 과정에서는 'Parking Lot' 기능을 사용한다. Vehicle Route(Parking Lot) 객체를 삽입한 후 주차 시간과 주차율을 설정하여 주차장 모델링을 할 수 있다.

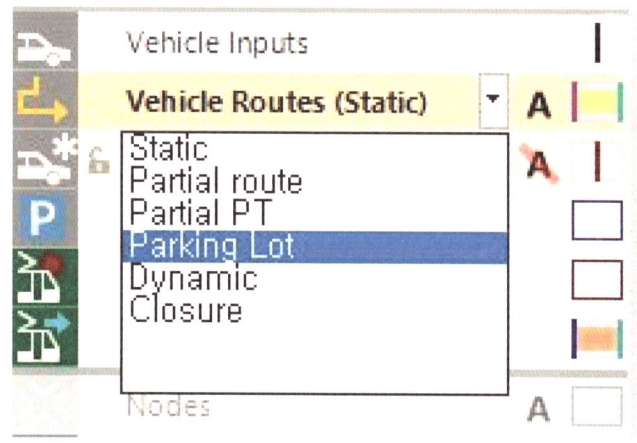

만일 차량이 주차 공간보다 길 경우, Vissim은 차량을 수용할 수 있는 인접 공간이 2개 이상 있는지 확인한다. 또한, 길이가 긴 차량이 주차할 수 있는 인접 주차 공간이 충분하지 않으면 주차하지 않고 경로를 따라 계속 주행한다. 주차 공간에서 차량이 최종적으로 주차하고자 하는 위치에 도달하면 차량의 내부가 다음 그림과 같이 파란색으로 강조 표시 된다(2D 상태 기본값 : 파란색).

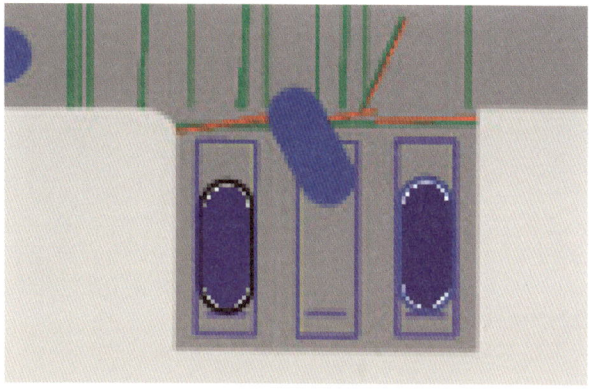

이어서, 주차 체류 시간이 지나면 자동으로 생성된 경로를 통해 주차 공간을 벗어나 원래의 경로로 되돌아 간다.

## 2.8.2. 주차장 삽입

네트워크 편집기(network editor) 상의 커넥터(connector)와 링크(link) 위에 주차장(parking lot)을 정의할 수 있다. 주차장 유형과 객체 삽입 방법은 다음과 같다.

▶ **주차장 유형**

주차장은 다음 그림과 같이 평행 주차장, 대각선 주차장, 수직 주차장으로 모델링 할 수 있다.

| 구 분 | 예 시 |
|---|---|
| 평행 주차장<br>(parallel parking lot) | 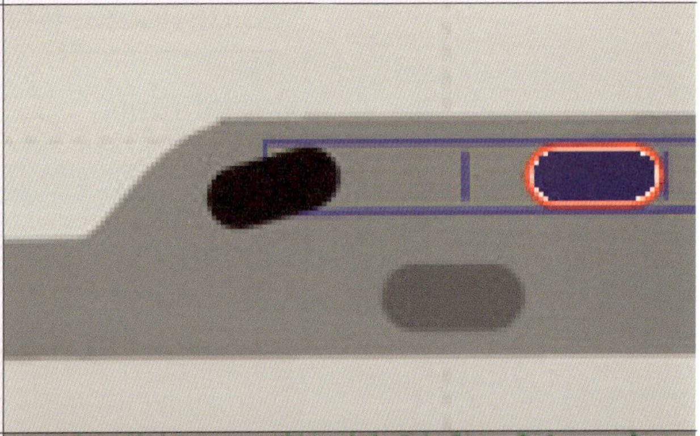 |
| 대각선 주차장<br>(diagonal parking lot) | 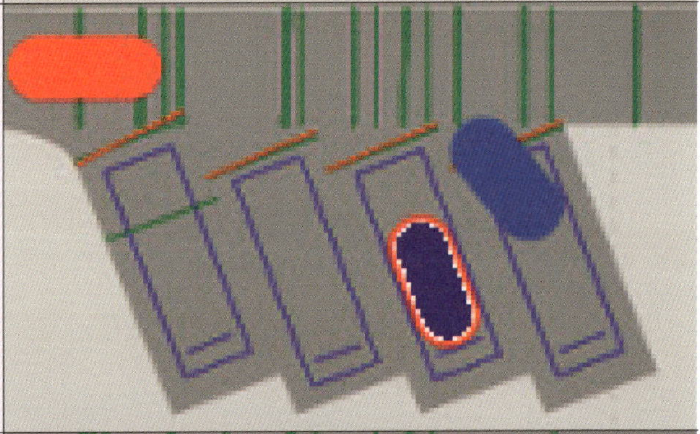 |
| 수직 주차장<br>(perpendicular parking lot) | 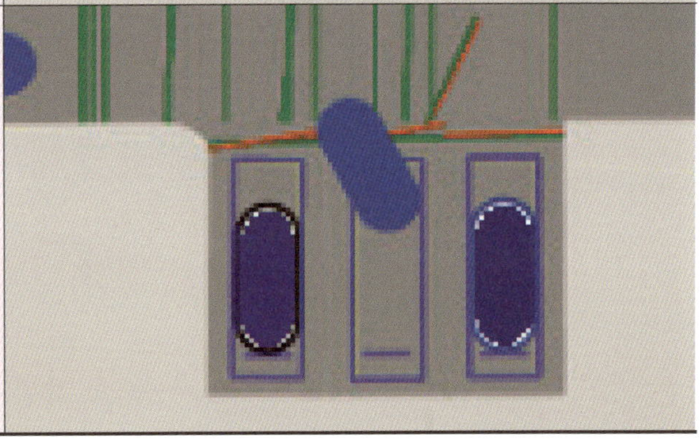 |

▶ **주차장 삽입 방법**

주차장(Parking lots) 객체를 이용하여 링크 또는 커넥터 상에 주차장을 삽입하는 방법은 다음과 같다.

① 네트워크 객체 사이드바(Network object sidebar)에서 [Parking Lots]을 클릭한다.
② 마우스 포인터로 주차장이 시작되는 링크의 위치에서 마우스 오른쪽 버튼을 누른다.
③ 주차장이 끝나길 원하는 위치에서 마우스 오른쪽 버튼을 놓는다.
④ 다음 그림과 같이 주차장이 생성되고, Parking Lot Window가 열린다.

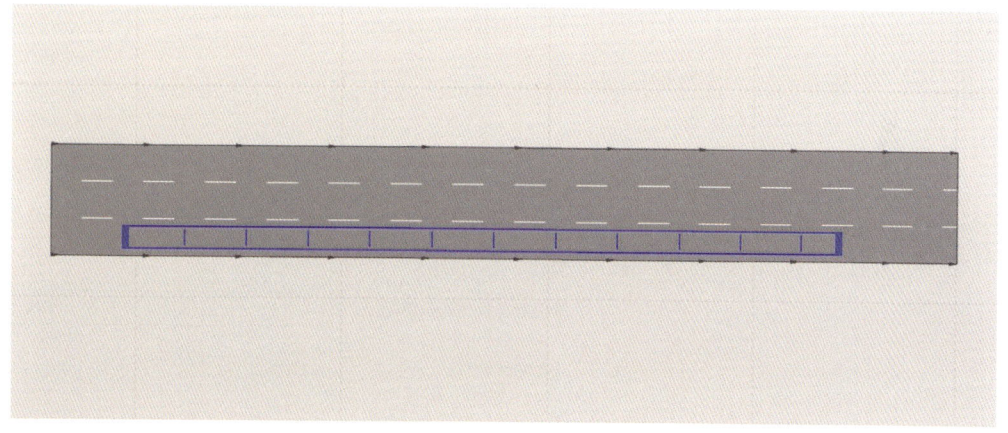

⑤ Parking Lot Window에서 속성을 변경한 후, [OK] 버튼을 눌러 마무리한다.

위의 ②,③의 경우 '우클릭 시, 새 객체 생성'이 설정되어있는 상태에서 주차장을 정의하는 방법이다. 이 책에서는 '우클릭 시, 새 객체 생성' 설정 상태를 기본으로 설명하고 있으며, 마우스 설정 변경은 User Preferences에서 할 수 있다. ('1.5.3. 마우스 설정 변경' 참고)

## 2.8.3. 주차장 속성 정의

주차장(parking lots) 객체가 삽입되면 자동으로 속성을 정의할 수 있는 Parking Lot Window가 열리며, 만일 이미 삽입되어 있는 주차장 객체의 속성을 변경하고자 한다면, 해당 객체를 더블 클릭하여 다음과 같은 Parking Lot Window를 열 수 있다.

### ▶ 기본 설정

- Link : 주차장이 삽입된 링크(또는 커넥터) 번호
- Length : 주차장 길이
- At : 링크(또는 커넥터) 상에 주자장이 시작하는 지점의 위치
- Type:
  - Zone connector 및 Abstract parking lot : 동적 할당과 관계있는 주차 공간
  - Real parking spaces : 동적 할당 여부와 관계없는 주차 공간. 한 차로에서 진행 방향으로 주차장을 모델링 하는 것으로 도로변 정차 등을 모델링 할 수 있음

▶ **Dyn. Assignment 탭**

이 탭의 속성은 동적 할당 주차장에만 적용된다.

▶ **Parking Spaces 탭**

이 탭의 속성은 Real parking spaces에만 적용된다.

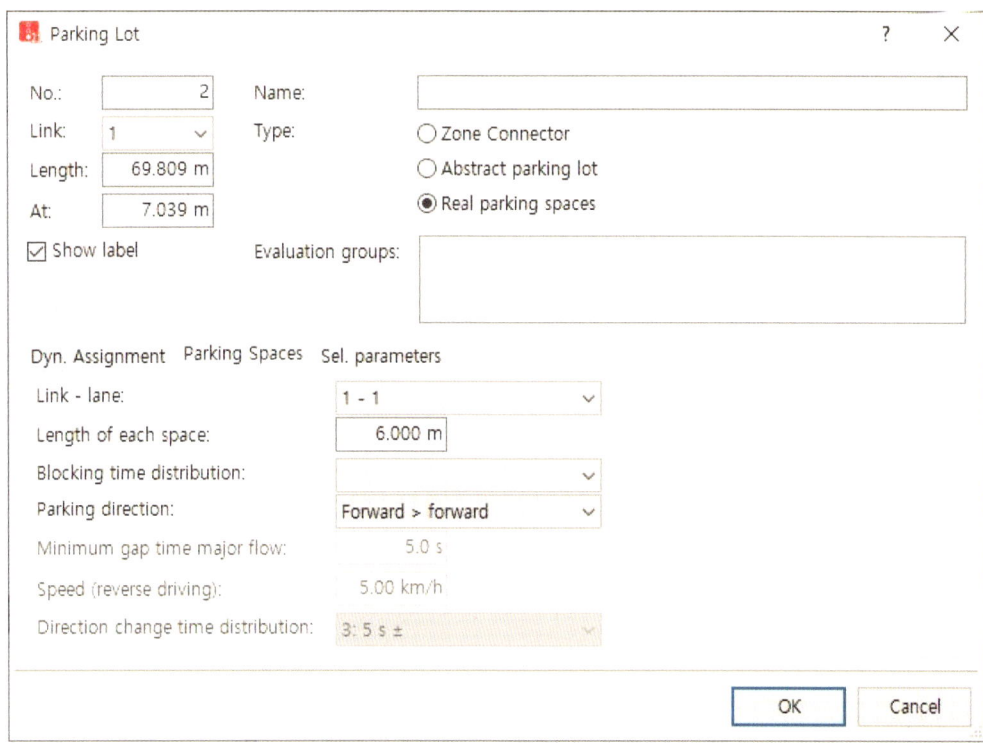

- **Link - lane** : 주차장이 위치한 링크 및 차로 번호
- **Length of each space** : 주차 공간당 길이. 주차장의 길이가 주차 공간 길이의 배수가 아닌 경우, 주차장 끝에 남은 길이 구역에도 주차 공간이 표현되지만, 차량이 사용할 수는 없음
- **Blocking time distribution** : 차량이 주차를 위해 여러 개의 차로를 이용하게 되는데, 이때 다른 차량이 해당 차로들을 이용하지 못하게 막은 시점부터 주차가 완료되는 시간을 의미함
- **Parking direction** : 주차 방향
  - Forward 〉 forward
  - Forward 〉 reverse
- **Minimum gap time major flow** : 차량이 주차 공간을 벗어날 수 있도록 주요 흐름의 두 차량 간의 최소 시간 간격('Forward 〉 reverse' 선택시에만 활성화)

- **Speed (reversing)** : 주차 공간에서 후진하는 차량의 지정 속도. 기본값은 5km/h이며, 지정 가능한 값의 범위는 0.001~9,999km/h임 ('Forward 〉 reverse' 선택시에만 활성화)
- **Direction change duration distribution** : 차량이 후진 주차 공간에서 빠져나온 후 전진 주행할 때까지 정지하는 시간('Forward 〉 reverse' 선택시에만 활성화)

▶ **Sel. parameters 탭**

- **Open hours** : 차량이 주차장에 진입할 수 있는 시간 범위
- **Maximum parking time** : 차량이 주차장을 이용할 수 있는 시간 범위. 설정된 시간보다 더 주차 시간이 긴 차량은 해당 주차장 상의 주차공간을 이용하지 않음
- **Attraction** : 해당 값이 높을수록 해당 주차공간의 선호도가 높아짐
- **Parking fee** : 'Zone Connector' 유형과 'Abstract parking lot' 유형에만 해당. 주차요금과 관련된 설정
  - flat : 주차 시간과 관계없이 주차장 사용료가 동일한 경우
  - per hour : 주차 시간에 따라 주차 비용 발생하는 경우

## 2.8.4. 주차장 그룹(Parking lot groups) 정의

평가 결과(evaluation result)를 얻기 위해 여러 개의 주차장(parking lot)을 다음 그림과 같이 한 개의 그룹으로 정의할 수 있으며, 그룹을 정의하는 방법은 다음과 같다.

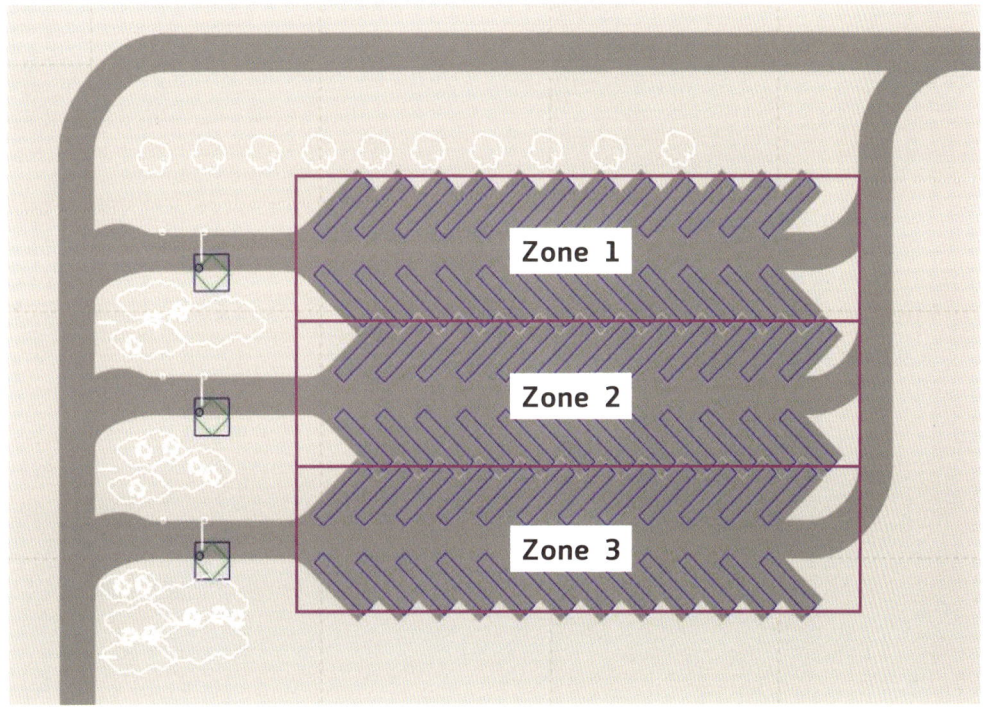

① [List] 메뉴 > [Private Transport] > [Parking Lot Groups]을 선택하여 주차장 그룹 (Parking lot group) 목록을 연다. 주차장 그룹이 설정되지 않은 상황에서는 목록이 비어있으며, 열 제목만 표시된다.

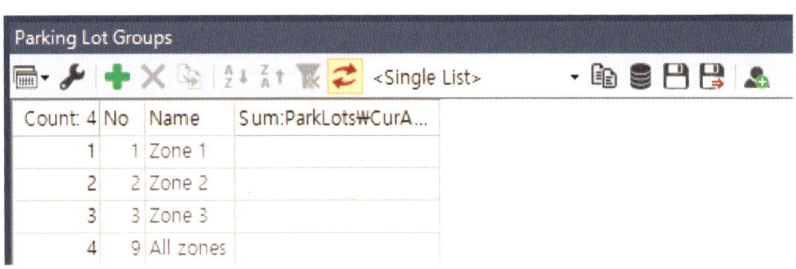

② 목록의 도구모음에서 추가 버튼( ➕ )을 클릭하면, 기본 데이터가 있는 새 행이 삽입된다.
③ Name 열에 원하는 이름을 입력한다.
④ 주차장 그룹을 지정하길 원하는 주차장을 더블 클릭하여 Parking Lot Window를 실행한다.
⑤ Evaluation group에 신설한 그룹 목록이 표시되며, 원하는 그룹을 체크한 후 [OK] 버튼을 눌러 마무리한다.

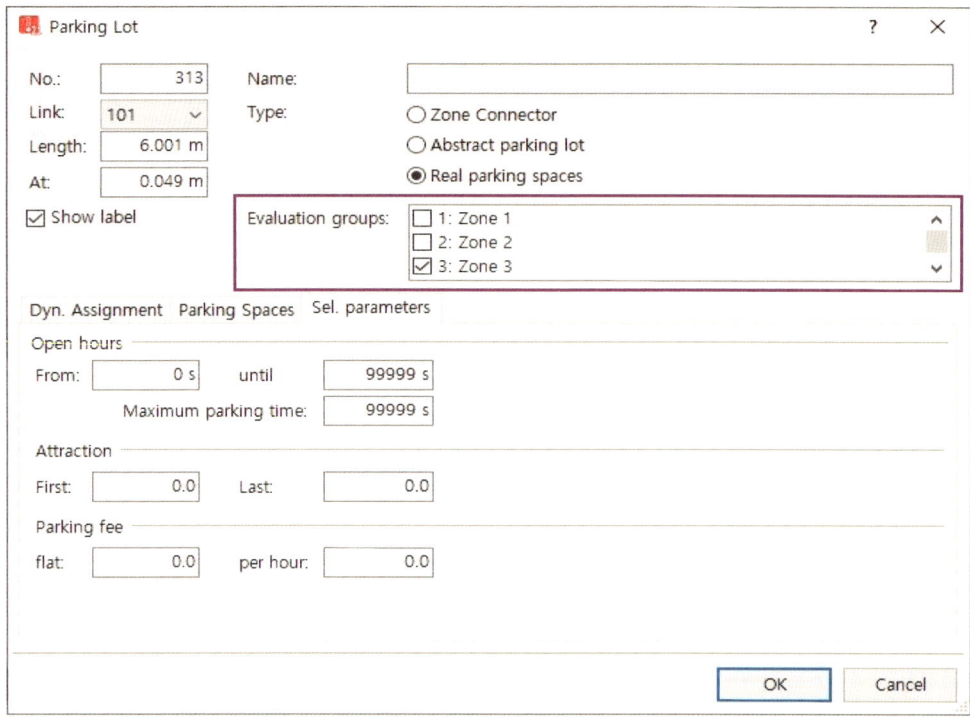

⑥ 주차장 그룹 목록에서 연결 목록(Coupled list) 상자에서 Parking lots를 선택하여 오른쪽에 목록을 띄운다

⑦ 다음 그림과 같이 왼쪽 목록에서 주차장 그룹을 선택하면 해당 그룹에 속하는 주차장 목록이 표시된다.

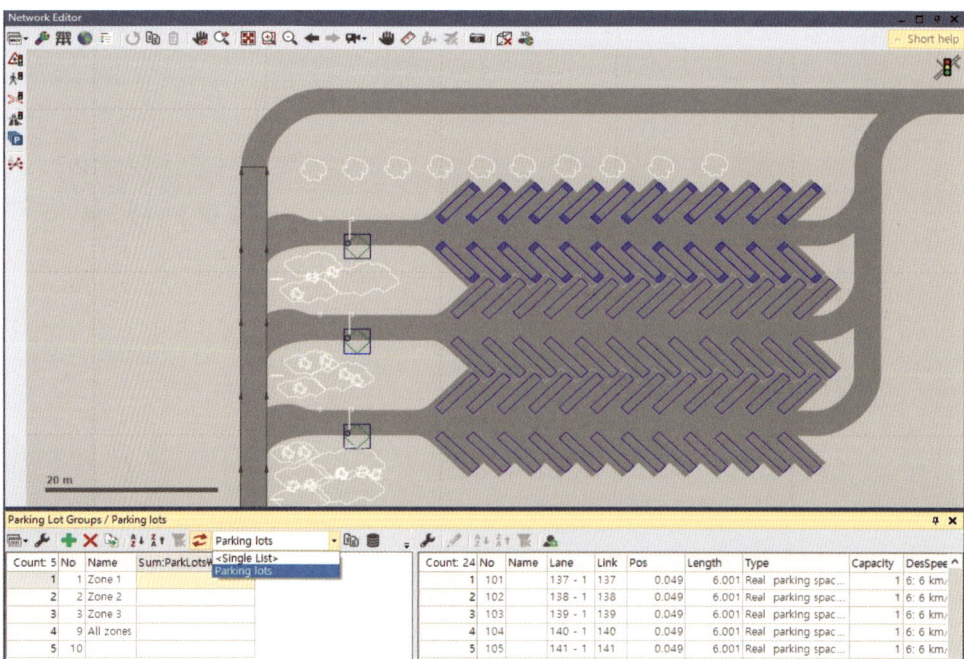

## 2.8.5. 주차 경로 지정

주차장을 삽입하였다면, 해당 주차장에 차량이 주차할 수 있도록 주차 경로를 설정해야 한다. 객체 중 차량 경로(Vehicle Route)를 이용하며 경로 설정에 대한 유형은 Static, Partial Route, Partial PT, Parking Lots, Dynamic, Closure의 6가지가 있고, 이 중 'Parking Lots'를 이용한다. 다음은 'Parking Lots' 유형을 이용하여 주차 경로를 설정하는 방법이다.

① 네트워크 객체 사이드바(Network object sidebar)에서 [Vehicle Routes] 〉 [Parking Lots]를 클릭한다.
② 링크/커넥터 위의 원하는 시작점에서 우클릭하여, 시작점을 지정한다. 이 때 시작점의 위치는 보라색 실선으로 표시된다.('우클릭 시, 새 객체 생성' 설정 상태)
③ 주차하고자 하는 주차 구역 위에서 우클릭하여 경로를 지정한다. 완성된 경로는 파란색으로 음영처리된다.

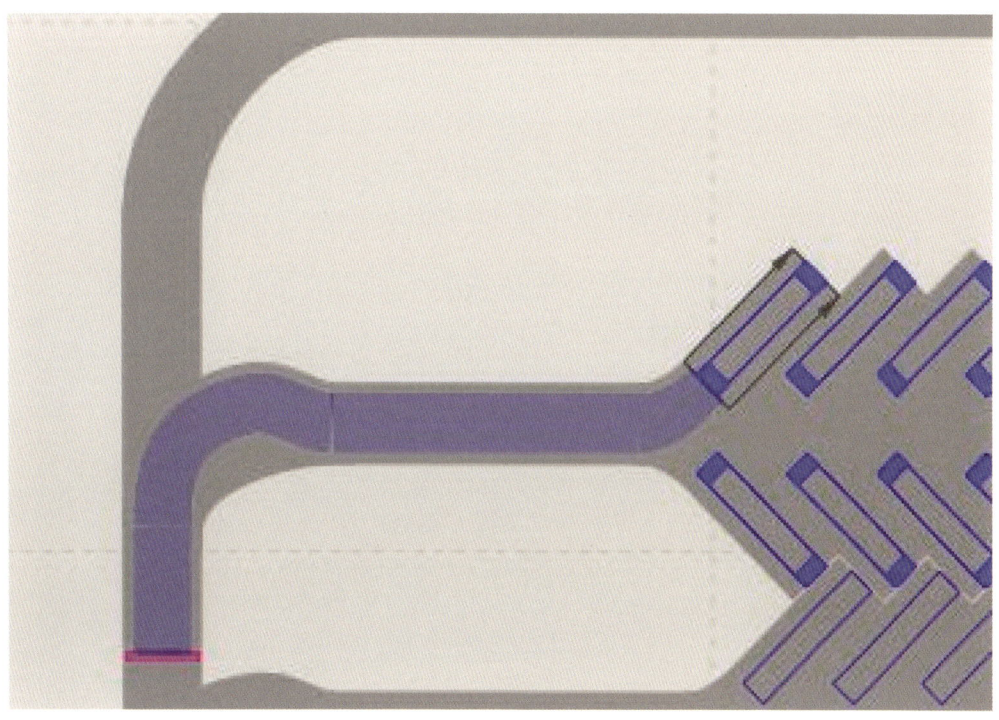

④ 한 개의 시작점으로부터 다양한 주차 경로 설정이 가능하다. 먼저 첫 번째 주차구역에서 우클릭하여 경로 설정을 완료하였다면, 이어서 두 번째 목적 지점에서 우클릭하여 다음 경로 설정을 완료한다.
⑤ 네트워크 객체 사이드바의 Vehicle Route 위에서 우클릭한 후, [Show List] 〉 [Parking lot]을 선택하여 주차장 목록을 연다.

⑥ 연결 목록(Coupled list) 상자에서 parking routes를 선택하여 우측에 목록을 열어, 주차 경로를 확인한다.
⑧ 좌측의 목록에서는 해당 경로를 통해 주차하는 차종(VehClasses)과, 주차시간(ParkDur), 주차율(ParkRate) 등을 설정할 수 있다.

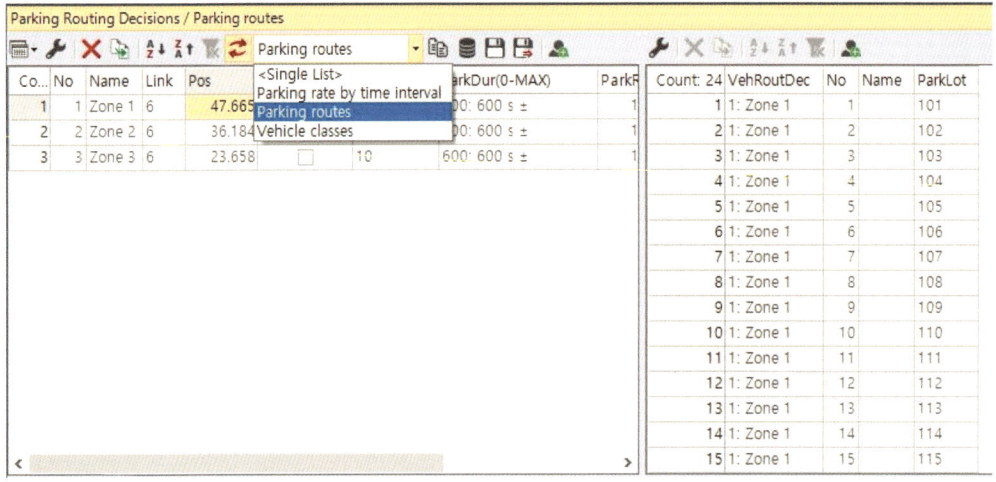

### 🎯 TIP

주차장 모델링시 보다 현실적인 흐름을 반영하기 위해 주차 구역 내에 감속구간(Reduced Speed Area) 반영을 고려할 수 있다.('2.4.4 희망속도(Desired Speed) 설정' 참고)

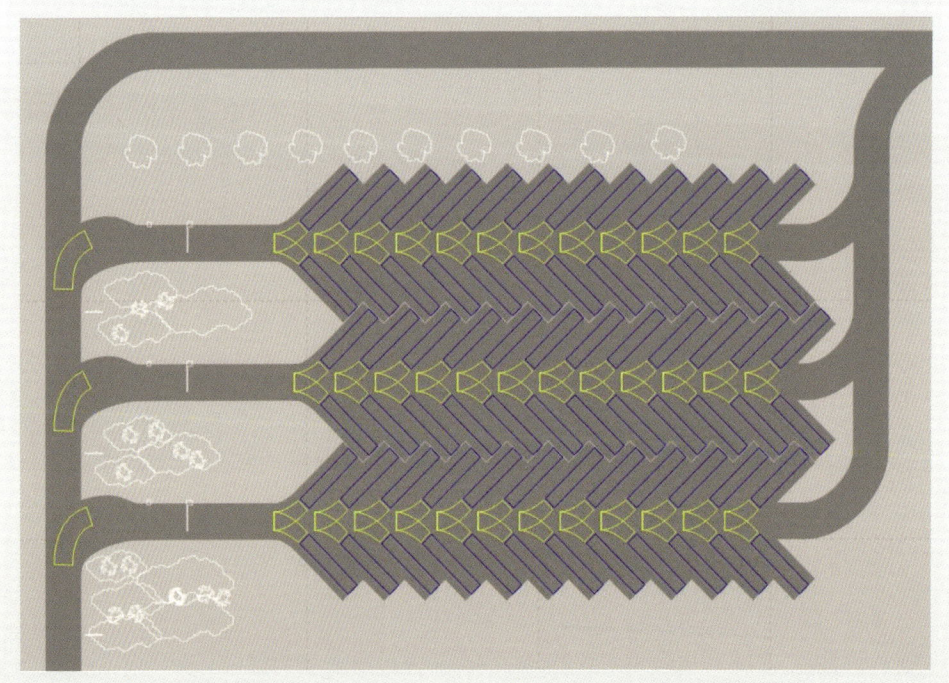

## 🏵 TIP

주차장 모델링 시 정지표지(Stop sign) 객체를 이용하여 차단기를 구현할 수 있다. 하단의 첫 번째 그림처럼 차단기를 설치하고자 하는 위치에 정지표지를 삽입한 후, 두 번째 그림처럼 정적 3D 모형 객체(🏠 Static 3D Models)를 추가하여 구현 가능하다('2.6.3 .정지표지(Stop sign)' 참고).

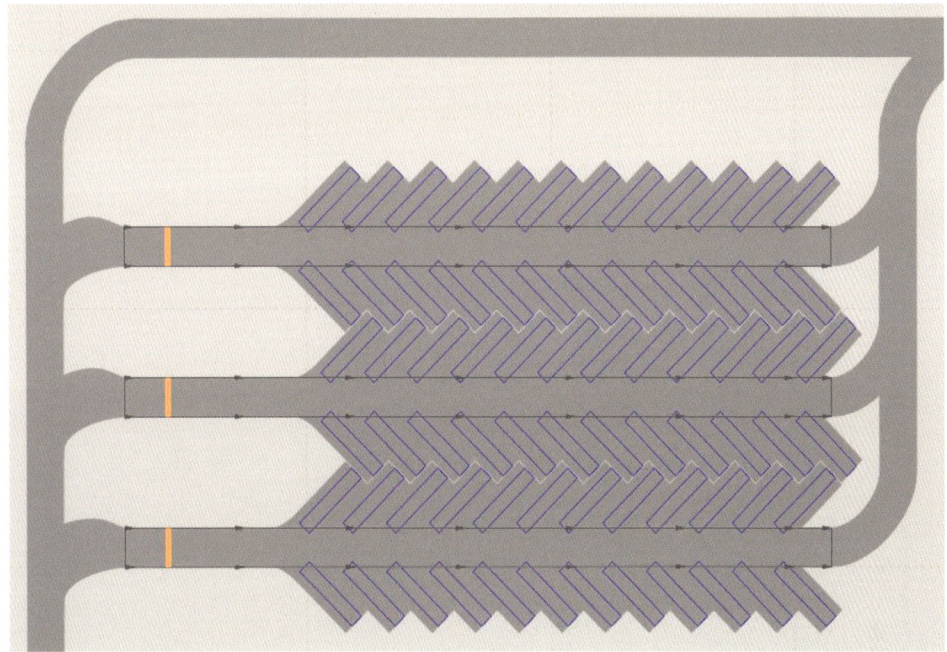

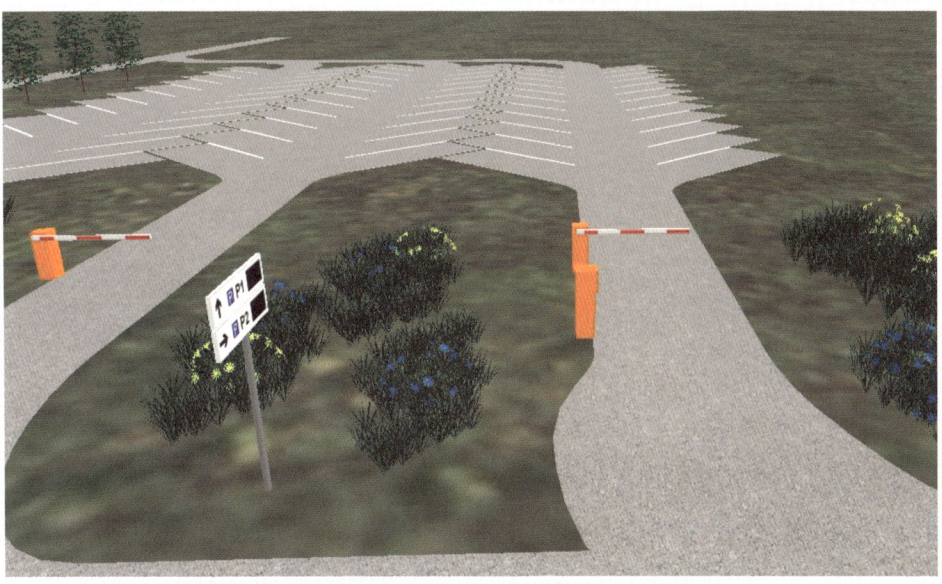

## 2.9. 보행자 통행 구축

### 2.9.1. 보행자 유형(Pedestrian types) 설정

보행자 유형을 통해 유사한 특성을 가진 보행자를 결합하여 사용할 수 있으며, 기본적으로 다음과 같이 4개의 유형으로 구성되어 있다. 기본적으로 정의되어 있는 유형 외에도 새로운 유형을 정의할 수 있으며, 방법은 아래와 같다.

- Man
- Woman & Child
- Woman
- Wheelchair User

▶ **보행자 유형 정의 방법**

보행자 유형 정의 방법은 다음과 같다.

① [Base Data] 메뉴에서 [Pedestrian Types]를 클릭하여 보행자 유형 리스트를 실행한다.

| No | Name | Model2D3DDistr | LenVar | WidVar | HgtVar | WalkBehav |
|---|---|---|---|---|---|---|
| 100 | Man | 100: Man | 0.100 | 0.100 | 0.150 | 1: Default |
| 200 | Woman | 200: Woman | 0.100 | 0.100 | 0.150 | 1: Default |
| 250 | Woman & Child | 250: Woman & Child | 0.100 | 0.100 | 0.150 | 1: Default |
| 300 | Wheelchair User | 300: Wheelchair | 0.100 | 0.100 | 0.100 | 1: Default |

② 새로운 행을 삽입한다.
  ②-1 목록에서 우클릭 하여 바로가기 메뉴(Shortcut menu)를 연 후, [Add]를 클릭한다.
  ②-2 리스트 상단의 추가 버튼(➕)을 클릭한다.
③ 새로운 행이 삽입되면, Pedestrian Types Window가 열린다.
④ 속성을 편집한 후 [OK]를 눌러 마무리한다.

Pedestrian Types Window에서 보행자 유형 속성을 설정하였다면, 해당 유형에 다음과 같은 방법으로 원하는 보행자 종류를 할당해야 한다.

① 연결 목록(Coupled list) 상자에서 Pedestrian classes를 선택하여 우측에 목록을 띄운다.

| No | Name | Model2D3DDistr | LenVar | WidVar | HgtVar | WalkBehav | | No | Name | PedTypes | UsePedTypeColor | Color |
|---|---|---|---|---|---|---|---|---|---|---|---|---|
| 100 | Man | 100: Man | 0.100 | 0.100 | 0.150 | 1: Default | | 10 | Man, Woman | 100,200 | ✓ | (255, 0, 0, 0) |
| 200 | Woman | 200: Woman | 0.100 | 0.100 | 0.150 | 1: Default | | | | | | |
| 250 | Woman & Child | 250: Woman & Child | 0.100 | 0.100 | 0.150 | 1: Default | | | | | | |
| 300 | Wheelchair User | 300: Wheelchair | 0.100 | 0.100 | 0.100 | 1: Default | | | | | | |

② 왼쪽 목록에서 원하는 유형을 선택하면, 오른쪽 목록에 할당된 특성 및 속성 값이 표시된다.

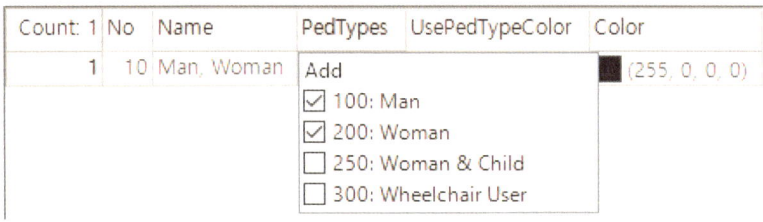

③ PedTypes 열에 해당하는 항목의 화살표 버튼(∨)을 눌러 보행자 종류 목록을 연 후, 원하는 항목을 선택한다.

▶ 보행자 유형 속성 설정 방법

Pedestrian Types Window에서 보행자 유형 속성을 설정하는 방법은 다음과 같다.

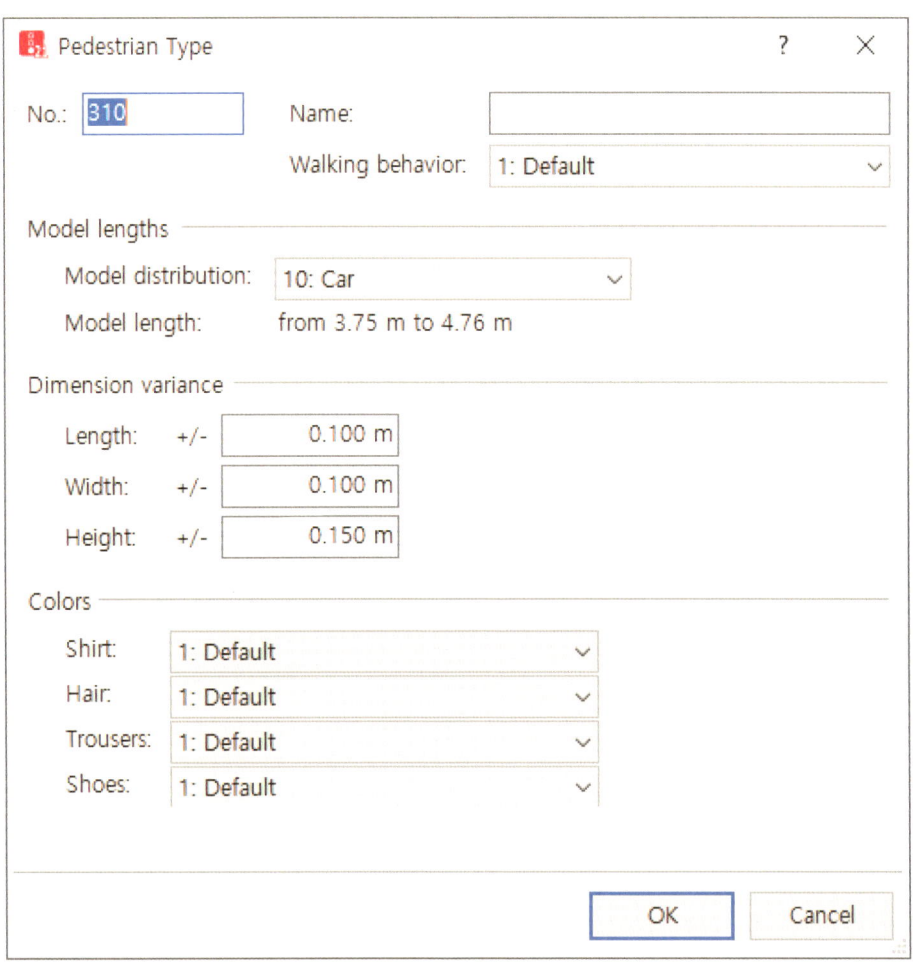

- **Walking behavior** : 보행 동작 설정. 기본적인 구성은 다음 그림과 같으며, [Base Data] 메뉴의 [Walking behaviors]에서 추가할 수 있음

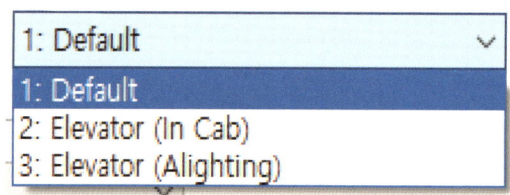

1. Default : 기본값
2. Elavator (In Cab) : 보행자들이 내부에서 많이 움직이지 않는 상태
3. Elavator (Alighting) : 보행자들이 엘리베이터에서 내리는 상태

- **Model lengths** :
  - Model distribution : 2D/3D 모델 분포

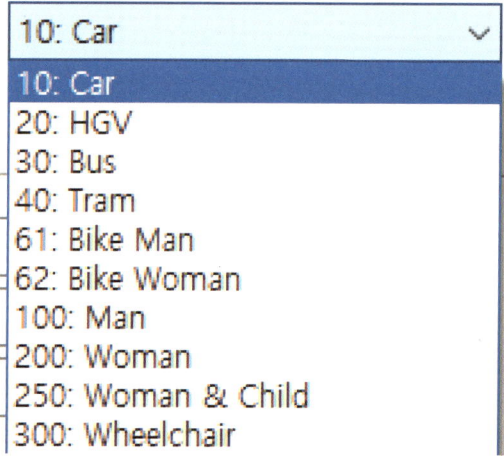

  - Model length : 선택된 2D/3D 모델의 길이가 표시됨

- **Dimension variance** : 객체의 스케일
  - Length : 앞에 위치한 발의 발가락 끝에서 뒤에 위치한 발의 뒷꿈치까지의 길이
  - Width : 어깨 너비
  - Height : 키

- **Colors** : 셔츠(Shirt), 헤어(Hair), 바지(Trousers), 신발(Shoes)의 3D 디스플레이 색상 정의

## 2.9.2. 보행자 구성(Pedestrian composition) 설정

'2.4.1의 차량 구성(Vehicle Composition)'과 마찬가지로 보행자 통행을 구축하기 위해서는 먼저 보행자 구성을 설정해야 하며, Vissim에는 보행자에 대한 기본적인 구성이 설정되어 있다. 이러한 기본 구성에 대해서는 수정이 가능하며, 다양한 구성을 추가할 수도 있다.

▶ 보행자 기본 구성

- 구성 1 : Pedestrians

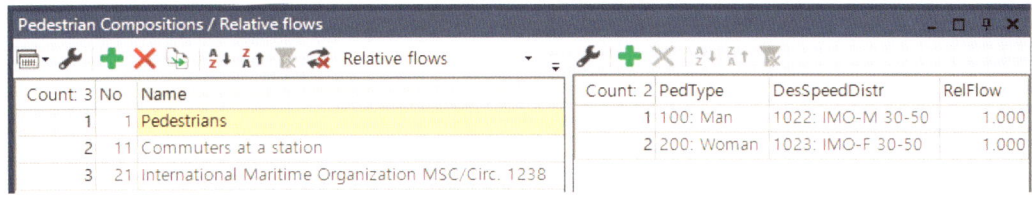

- 구성 2 : Commuters at a station

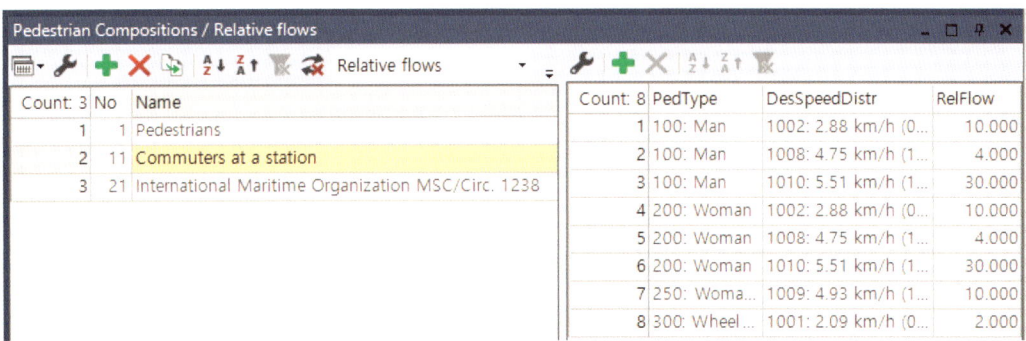

- 구성 3 : International Maritime Organization MSC/Circ. 1238

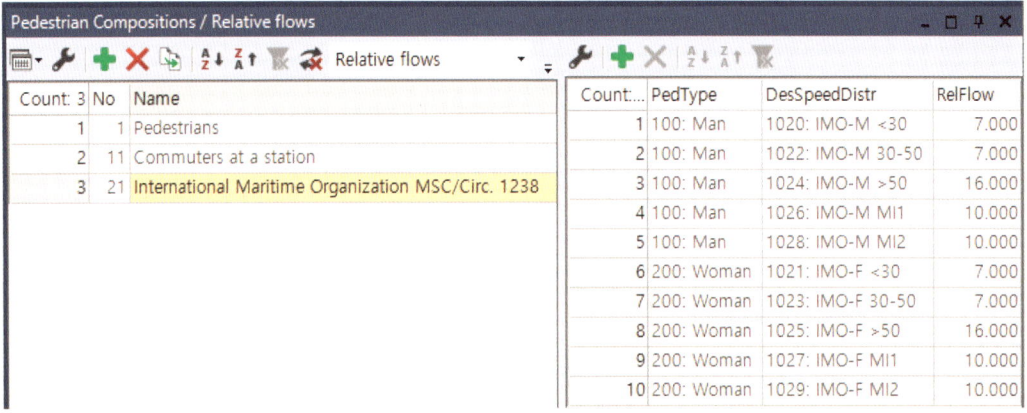

### ▶ 보행자 구성 추가 및 수정 방법

① 보행자 구성 목록을 연다.
  ①-1 [List] 메뉴에서 [Pedestrian Traffic] 〉 [Pedestiran Compositions]을 클릭한다.
  ①-2 [Traffic] 메뉴에서 [Pedestiran Compositions]을 클릭한다.
② 목록의 도구모음에서 기본 데이터가 있는 새 행을 추가한다.
  ②-1 추가 버튼(➕)을 클릭한다.
  ②-2 목록 Window 위에서 우클릭하여 바로가기 메뉴를 연 후 [Add]를 클릭한다.
③ 왼쪽 목록창에서 번호(No)와 이름(Name)을 입력한다.
④ 오른쪽 목록창에서 보행자 구성에 원하는 보행자 종류(PedType : Pedestrian Types)를 할당한다. 여러 개의 보행자 종류를 할당하고자 할 경우, 추가 버튼(➕)을 클릭하여 기본 데이터가 있는 새 행을 추가한다.
⑤ 각 차종별로의 속도(DesSpeedDistr : Desired Speed Distribution)와 구성비(RelFlow :Relative Flow)를 입력한다.

| Count: 3 | No | Name |
|---|---|---|
| 1 | 1 | Pedestrians |
| 2 | 11 | Commuters at a station |
| 3 | 21 | International Maritime Organization MSC/Circ. 1238 |

| Count:... | PedType | DesSpeedDistr | RelFlow |
|---|---|---|---|
| 1 | 100: Man | 1020: IMO-M <30 | 7.000 |
| 2 | 100: Man | 1022: IMO-M 30-50 | 7.000 |
| 3 | 100: Man | 1024: IMO-M >50 | 16.000 |
| 4 | 100: Man | 1026: IMO-M MI1 | 10.000 |
| 5 | 100: Man | 1028: IMO-M MI2 | 10.000 |
| 6 | 200: Woman | 1021: IMO-F <30 | 7.000 |
| 7 | 200: Woman | 1023: IMO-F 30-50 | 7.000 |
| 8 | 200: Woman | 1025: IMO-F >50 | 16.000 |
| 9 | 200: Woman | 1027: IMO-F MI1 | 10.000 |
| 10 | 200: Woman | 1029: IMO-F MI2 | 10.000 |

## 2.9.3. 보행자용 링크(Link) 모델링

링크를 보행자용으로 정의하여 차량과 보행자 간의 상호작용을 모델링할 수 있다. 보행자는 보행자용 링크 상에서 양방향으로 이동할 수 있으며, 이러한 양방향 이동 링크 구축을 위해서는 네트워크 편집기 상의 동일한 위치에 서로 다른 방향의 두 링크를 설치해야 한다.

차량용 링크에 차량 삽입(Vehicle Inputs)을 했던 것과 다르게 보행자용 링크에는 보행자 삽입(Pedestrian Inputs)이 불가능하며, 보행자 경로(Pedestrian Routes)의 시작점과 종료점이 위치할 수 없다.

기존 링크를 보행자용 링크로 정의하거나 새로운 보행자 링크를 삽입할 수 있다. 보행자 링크에서도 앞선 차량 네트워크 구축시와 마찬가지로 신호기(Signal Head), 검지기(Detector), 우선순위 규칙(Priority Rules), 상충구간(Conflict Area)을 배치할 수 있다. 네트워크 편집기 상에 보행자용 링크 삽입 방법은 다음과 같다.

▶ **보행자용 링크(Link) 삽입하기**

① 네트워크 객체 사이드바(Network object sidebar)의 [Links]를 선택하여 활성화시킨다.
② 네트워크 편집기(Network Editor) 상에서 링크가 시작되길 원하는 지점부터 끝나는 지점까지 마우스 우측 버튼을 이용하여 드래그 앤 드롭한다. 링크의 방향은 링크 삽입을 위해 선택한 시작 지점에서 끝 지점 방향으로 흘러간다.
③ 삽입된 링크는 삽입 직후 선택되며, 링크가 선택된 상태에서 이동 방향이 다음 그림과 같이 노란색 화살표로 표시된다.

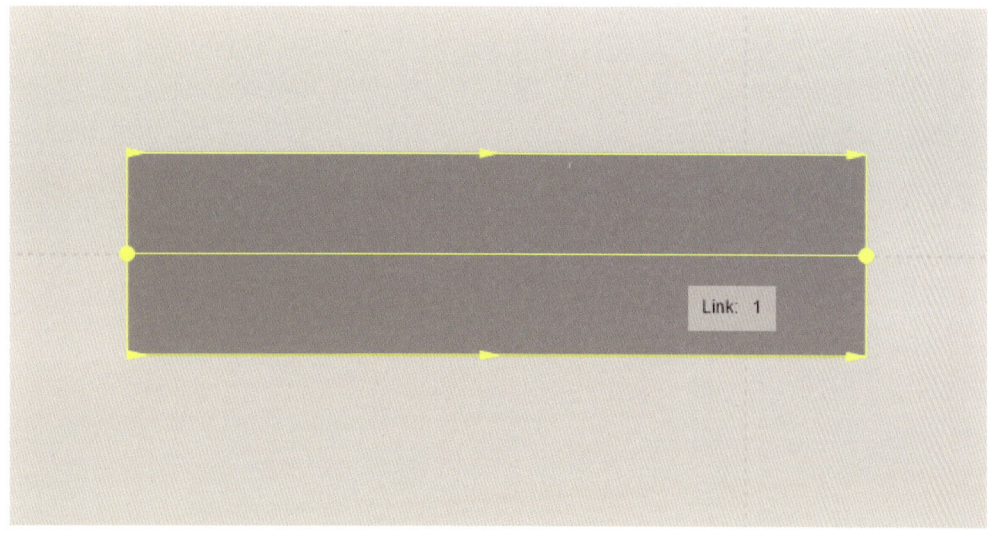

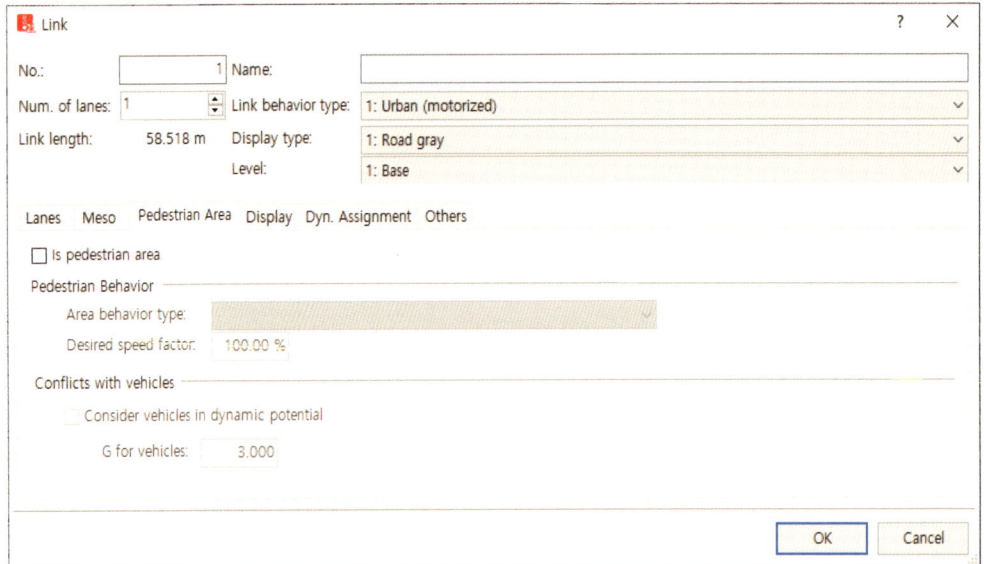

④ 새 링크 삽입 후 바로 Link Window가 열리며, 해당 Window의 'Pedestrian Area 탭'에서 ☑Is pedestrian area를 선택한다. 같은 지점에 위치한 서로 다른 방향의 두 개의 링크가 생성되며, 이는 링크 목록에서 확인 가능하다. 생성된 두 개의 링크는 연동되며, 한 개의 링크를 삭제할 경우 다른 한 개의 링크가 같이 삭제된다.

⑤ 링크 내 보행자 행동 유형(Area behavior type), 희망 속도 계수(Desired speed factor), 보행자와 차량간의 충돌 고려 여부(Consider vehicles in dynamic potential)와 같은 추가 속성을 편집한 후 [OK]를 눌러 마무리한다.

> **Note**
> 
> - ②의 경우 '우클릭 시, 새 객체 생성'이 설정되어 있는 상태에서 배경 이미지를 삽입하는 방법이다. 이 책에서는 '우클릭 시, 새 객체 생성' 설정 상태를 기본으로 설명하고 있으며, 마우스 설정 변경은 [User Preferences]에서 할 수 있다. ('1.5.3. 마우스 설정 변경' 참고)
> - 링크 목록은 [Lists] 메뉴 〉 [Network] 〉 [Links] 또는 네트워크 객체 사이드바 〉 [Links] 우클릭 〉 [Show List]를 통해 열 수 있다.
> - 만일 링크 삽입 후 Link Window가 열리지 않는다면, 다음과 같은 방법으로 설정을 변경할 수 있다.
>   - [Edit] 메뉴 〉 [User Preferences] 〉 [GUI] 〉 [Network Editor] 〉 [Automatic action after object creation] 〉 [Show edit dialog if availabe, show list otherwise] 〉 [OK]

## ▶ 차량과 보행자 간의 상호작용 모델링 1 – 개요

다음과 같은 네트워크 객체를 이용하여 차량 및 보행자 또는 보행자 흐름의 상호 작용을 모델링 할 수 있다.

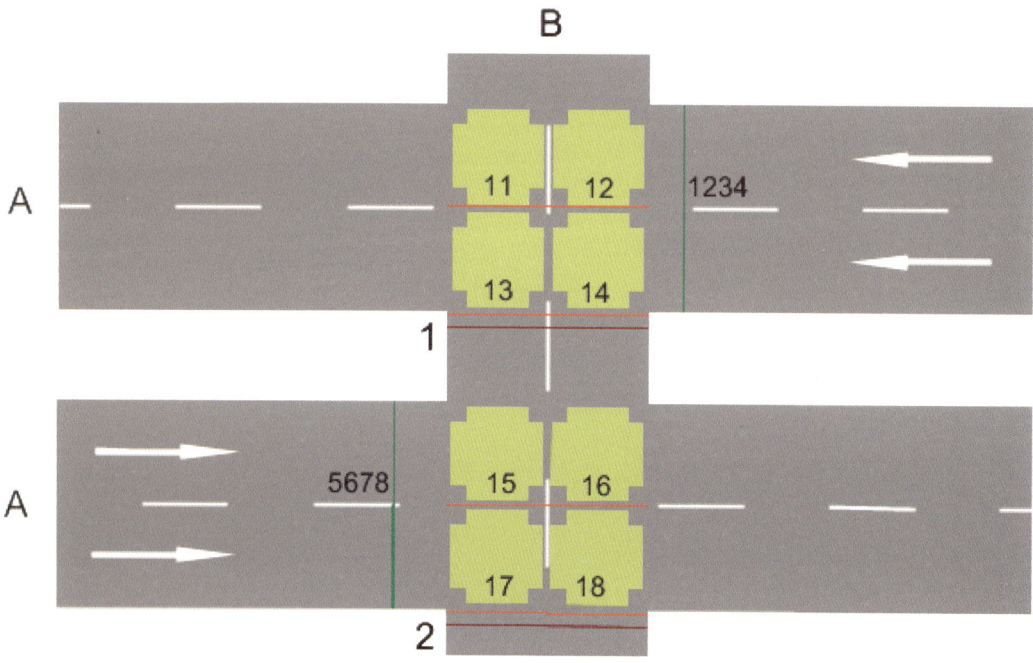

| 구 분 | 설 명 |
|---|---|
| 차량용 링크<br>(Links for vehicles) | 상단의 그림 속 (A) 링크 |
| 보행자용 링크<br>(Links for pedestrians) | 상단의 그림 속 (B) 링크 |
| 신호제어<br>(Signal Control) | 상단의 그림 속 빨간색 실선 |
| 상충구간<br>(Conflict Areas) | 상단의 그림 속 노란색 음영 |
| 검지기<br>(Detectors) | 상단의 그림 속 주황색 실선 |
| 우선순위 규칙<br>(Priority rules) | 상단의 그림 속 녹색 실선 |

### ▶ 차량과 보행자 간의 상호작용 모델링 2 - 신호제어(Signal controls)

① 보행자용 링크가 구축되어 있는지 확인한다.

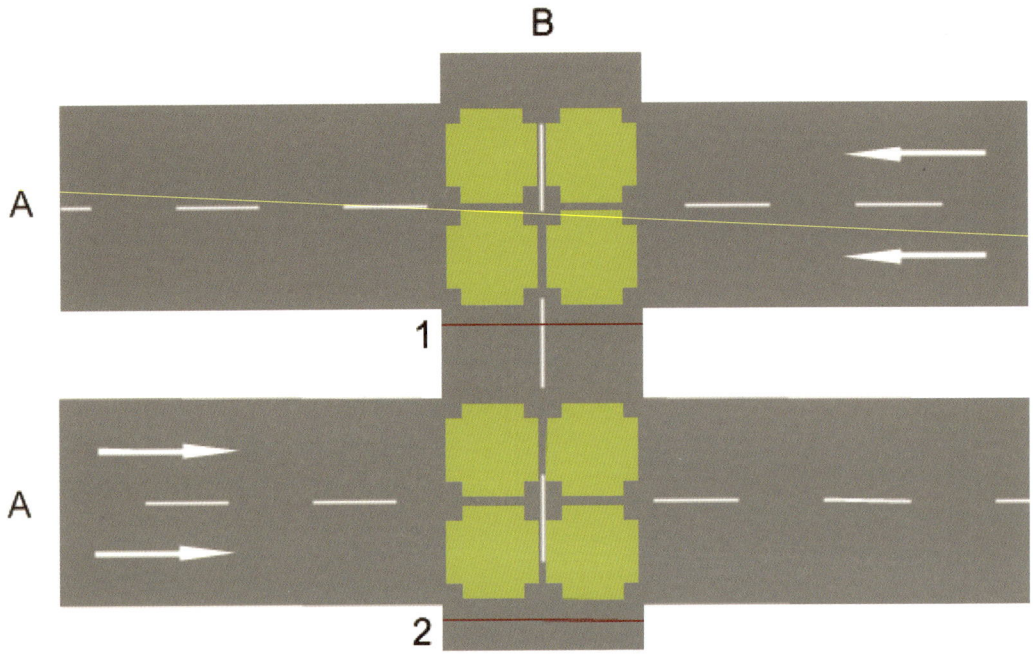

② 신호제어기(Signal Controller)에서 신호 그룹(Signal Group) 및 신호 프로그램(Signal program)을 생성한 후, 하단의 (1), (2)와 같이 원하는 위치에 신호기(Signal Head)를 삽입한다.

③ 신호기가 삽입된 직후 Signal Head Window가 열린다.

④ 정의하고자 하는 신호그룹(SC-Signal group)과 적용하고자 하는 보행자 유형을 선택한다. 만일, 모든 보행자 유형에 대해 해당 신호를 적용하고자 한다면, 'All pedestrian types'를 선택하고, 그렇지 않다면 우측의 상자에서 원하는 유형을 선택한다.

⑤ 추가로 원하는 속성을 변경한 후, [OK] 버튼을 눌러 완료한다.

⑥ (필요시) '③'~'⑤' 과정을 반복하여 겹쳐 있는 대향 방향의 링크에도 신호를 추가한다.

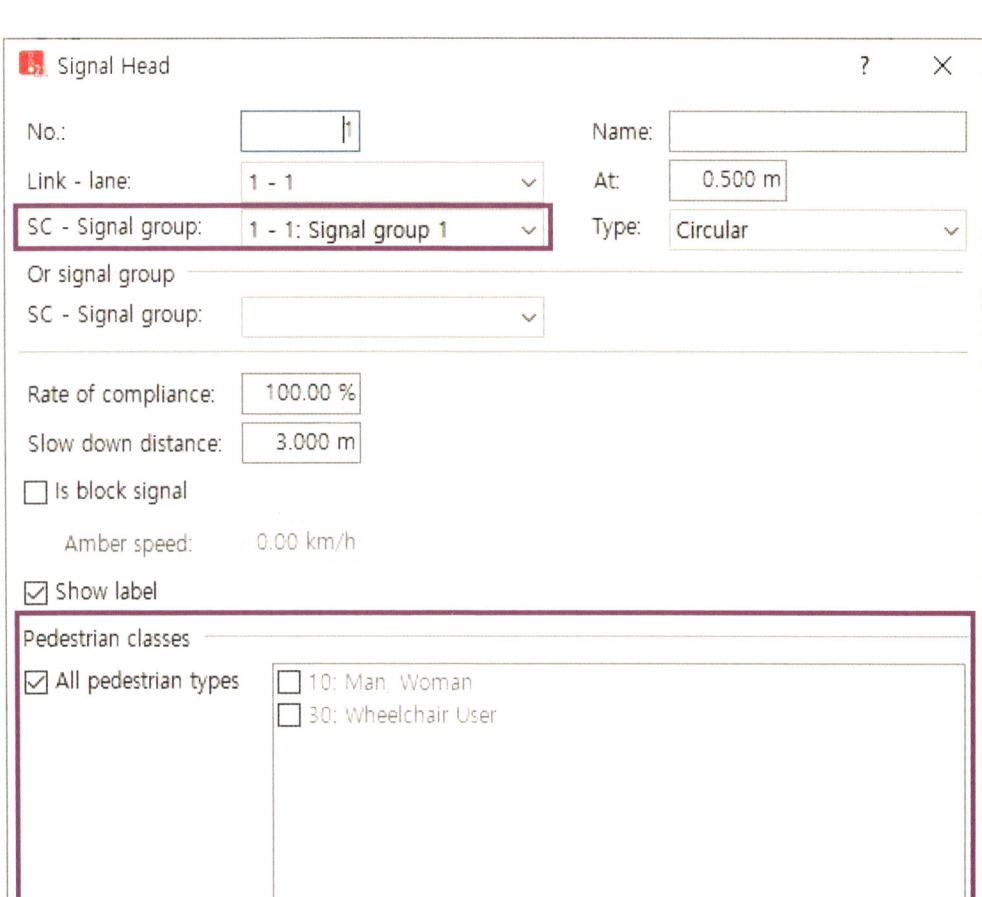

 **TIP**

**겹쳐 있는 대향 방향의 링크로 선택 전환 방법 :**

겹쳐 있는 대향 방향의 링크로 선택 전환 시 [Ctrl] + 우클릭 > [Object At Click Position]을 이용하는 방법도 있으나, [Tab] 버튼을 이용하면 더 간단히 전환할 수 있다.

**Note**

'2.7.1. 신호 프로그램(Signal Program) 생성' 및 '2.7.2. 신호기(Signal Head) 삽입' 참고

## ▶ 차량과 보행자 간의 상호작용 모델링 3 - 상충구간(Conflic Area)

① 보행자용 링크와 차량용 링크가 구축되어 있는지 확인한다.

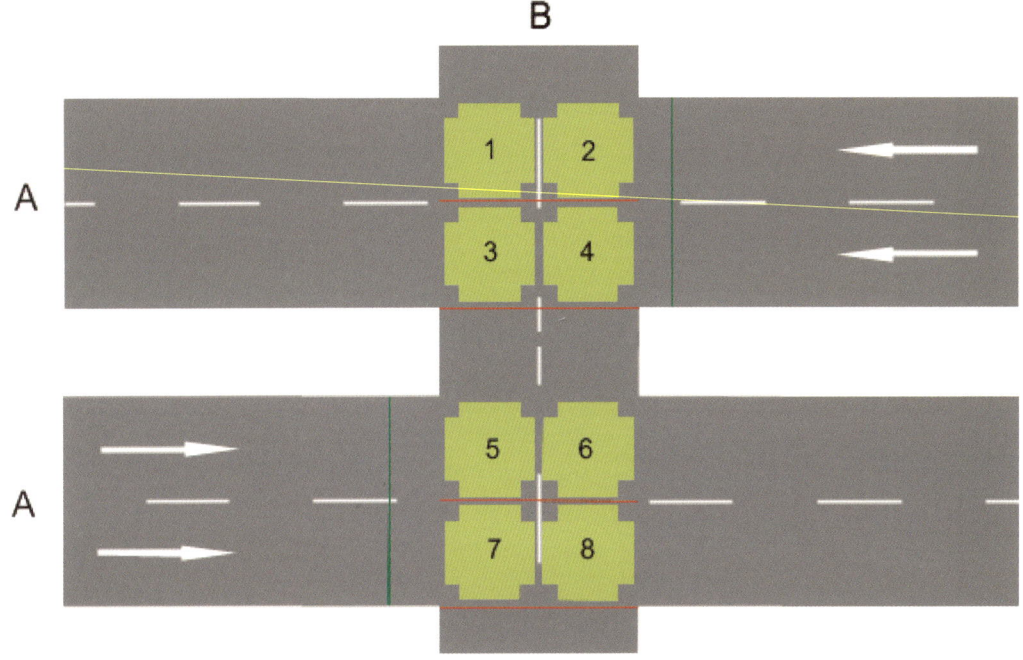

② 네트워크 객체 사이드바(Network object sidebar)에서 [Conflict Areas]를 선택한다. 아직 우선순위를 설정하지 않은 상충구간은 하단 그림의 (1) ~ (8)과 같이 기본적으로 모두 황색으로 표현된다.

③ 우선순위를 변경하고자 하는 상충구간 위에서 우클릭을 하면, 황색+황색 〉 녹색+적색 〉 적색+녹색 〉 적색+적색 순으로 조정되며, 원하는 우선순위가 될 때까지 우클릭하여 우선순위를 선택한다.

④ 필요 시 상충구간 목록에서 속성을 추가 변경한다.

| Count: 2 | Link1 | VisibLink1 | Link2 | VisibLink2 | Status | FrontGapDef | RearGapDef | MinGapBlockDef | MesoCritGap |
|---|---|---|---|---|---|---|---|---|---|
| 1 | 3 | 100.0 | 4 | 100.0 | Passive | 0.5 | 0.5 | 3.0 | 3.5 |
| 2 | 3 | 100.0 | 5 | 100.0 | Passive | 0.5 | 0.5 | 3.0 | 3.5 |

> **Note**
> - 상충구간 설정에 대한 자세한 내용은 '2.6.2. 상충구간(Conflict Areas)' 참고
> - 접근 중인 차량은 상충구간 도달 최소 3m 전까지 보행자를 감지하지 못한다. 이 거리는 차량과 보행자간의 우선순위 관계와 추가정지거리(Additional stop distance) 또는 후면간격(Rear gap)에 따라 달라진다.
>   - 만일, 차량 우선(보행자 대기)인 경우, 다음 값이 적용된다.
>     : '$3m$ + 추가 정지거리(Additional stop distance)'
>   - 만일, 보행자 우선(차량 대기)인 경우, 다음 중 더 큰 값이 적용된다.
>     : '$3m$' 또는 '후면간격(Rear gap) $+ 0.5\text{sec} \times 1.5m/\text{sec}$'

## 2.9.4. 보행자용 요소(Elements) 모델링 1 – 보행자 구역(Pedestrian Area)

▶ **보행자 구역 삽입하기**

보행자 구역(Pedestrian Area)은 직사각형(Rectangular), 다각형(Polygon), 원(Circle)의 형태로 삽입할 수 있으며, 링크와 달리 특정한 방향을 가지지 않는다. 네트워크 편집기 상에 보행자 구역 삽입 방법은 다음과 같다.

① 네트워크 객체 사이드바에서 구역(Areas)을 클릭한다.
② 버튼이 강조 표시되며, 괄호 안에 기본 선택된 구역 모양이 표시된다.

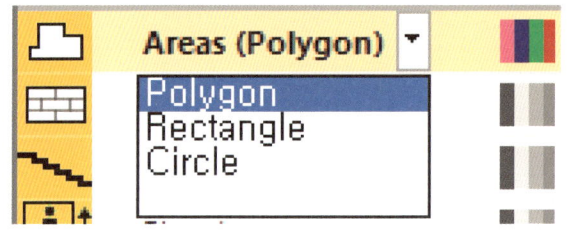

③ 우측의 목록 열기 버튼(▼)을 클릭하여 섹션 모양 목록을 연 후, 원하는 모양을 선택한다.
④ 네트워크 편집기 상의 원하는 시작점에서 종료 지점까지 마우스 우측 버튼을 이용하여 드래그 앤 드롭 한다. ('우클릭 시, 새 객체 생성' 설정 상태)

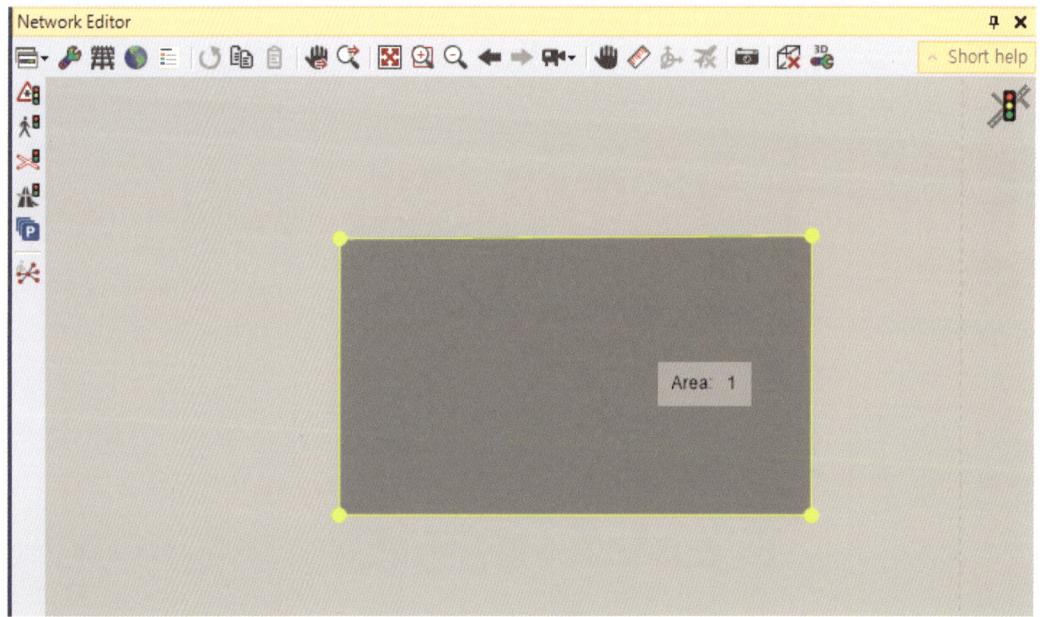

⑤ 보행자 구역이 삽입되면 Pedestrian Area Window가 열린다.
⑥ 원하는 속성을 편집한 후 [OK]를 눌러 마무리한다.

## ▶ 보행자 구역 속성 변경 1 - 개요

보행자 구역(Pedestrian Area) 객체가 삽입되면 자동으로 속성을 정의할 수 있는 Pedestrian Area Window가 열리며, 만일 이미 삽입되어 있는 보행자 구역 객체의 속성을 변경하고자 한다면, 해당 객체를 더블 클릭하여 Window를 열 수 있다.

## ▶ 보행자 구역 속성 변경 2 - 기본 설정

- No. : 보행자 구역의 고유 번호
- Name : 보행자 구역의 이름
- Level : 만일 다층 건물에 속하는 보행자 구역일 경우 원하는 레벨을 선택
- Display type : 보행자 구역의 색상 등 표시 유형
- Pedestrian record active : (선택시) 보행자 기록시 이 구역의 보행자들이 기록됨
- Length : (직사각형 유형에서만 활성화) 직사각형 보행자 구역의 길이
- Width : (직사각형 유형에서만 활성화) 직사각형 보행자 구역의 폭

### ▶ 보행자 구역 속성 변경 3 - Behavior 탭

- **Area behavior type** : 보행 동작 설정. 기본 구성은 다음과 같으며, [Base Data] 메뉴의 [Walking behaviors]에서 추가할 수 있음
  - Elavator (In Cab) : 보행자들이 내부에서 많이 움직이지 않는 상태
  - Elavator (Alighting) : 보행자들이 엘리베이터에서 내리는 상태
- **Desired speed factor** : 구역 내 모든 보행자의 속도 변화 계수. 표준값은 100이며, 최소 10%에서 최대 300%까지 조정 가능함. 원하는 계수를 이용하여 보행자의 속도를 낮추거나 높일 수 있음. 예를 들어 거친 지형에서는 보행 속도를 낮게 설정할 수 있으며, 도로를 매우 빠르게 횡단해야 할 경우에는 보행 속도를 매우 높게 설정할 수 있음
- **Time distribution** : 해당 구역에 들어오는 보행자에게 할당되는 시간 분포를 선택. 대중교통 플랫폼 엣지(Platform edge)나 대기구역(Waiting area)의 경우 시간 분포 할당을 통해 최소 체류 시간(dwell time)을 정의할 수 있음. 정의된 체류시간에 따라 대중교통이 해당 시간이 지나면 출발하게 됨. 대중교통 차량은 모든 하차 승객이 하차하면 출발함. 이는 '최소 체류 시간=0'인 경우에도 적용됨
- **Waiting time is relative to the start of simulation** : 이 옵션을 선택하면, 대기 시간이 시뮬레이션 시작을 나타냄. 보행자는 시뮬레이션 시간이 시간 분포 시간과 일치하면 자신의 경로를 계속함. 옵션을 선택하지 않을 경우, 대기 시간은 보행자가 그 구역에 들어가는 시간을 나타냄. 만일 Is queue 선택(☑)시 이 옵션은 선택 불가함
- **Is queue** : 이 옵션을 선택하면 대기 중인 보행자가 체류 시간 동안 대기열을 만들며, 이 옵션을 선택하지 않을 경우, 하단의 'Approaching method', 'Approaching direct line radius', 'Queue spacing choice', 'Evaluation active'가 비활성화됨
- **Approaching method** : 보행자가 대기행렬에 접근하는 방법을 계산하는데 사용하는 방법으로 'Direct Line'과 'Static Potential' 두 개의 선택지가 있음
  - Direct Line : 보행자들이 일직선으로 줄의 말단으로 접근함. 이 방법은 계산시간을 최소화하지만, 만일 장애물이 있을 경우, 보행자가 차단될 수 있음
  - Static Potential : 보행자가 가능한 한 최단 경로를 택하면서 장애물을 우회할 수 있게 해 줌. 정적 포텐셜은 대기열 끝에 서 있는 보행자의 위치에 기초하여 계산됨
- **Approaching direct line radius** : 'Direct line' 방법이 사용되는 대기행렬의 끝 부분 주위 반경. 설정된 반경 밖에서는 선택한 대기행렬의 방법이 사용됨. (기본값 2.00m)
- **Queue spacing choice** : 대기공간 내 보행자 간격이 정해지는 원칙. Fixed 선택 시 대기행렬에 있는 두 인접 보행자 사이 간격을 설정할 수 있음. (기본값 1.50m)

- **Evaluation active** : 이 옵션과 'Is queue' 옵션이 선택된 경우, 대기행렬에 대한 결과 특성을 출력할 수 있음

▶ 보행자 구역 속성 변경 4 – PT & Elevators 탭

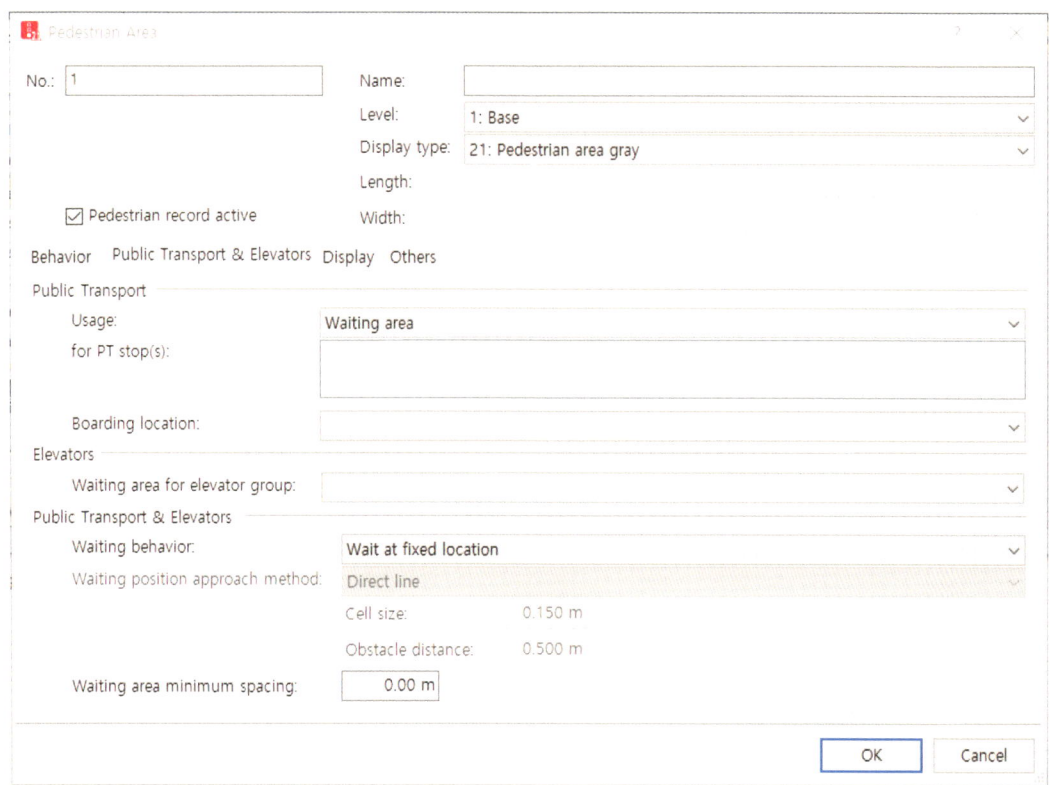

- Usage :
  - None : 대중교통에 사용되지 않는 영역
  - Waiting area : 원하는 대중교통 노선이 할당된 대중교통 정류장에서 탑승하기 위해 보행자가 대기하는 공간. 보행자 구역에 하나 이상의 대중교통 정류장이 할당되면 보행자에게 다음 대중교통 차량을 기다리는 대기공간의 임의 지점을 선택함. 대기공간의 기본 색상은 파란색임
  - Platform edge : 대중교통 노선이 할당된 정류장에 하차할 때 보행자가 이동하는 위치로 하차 승객은 가장 가까운 플랫폼 엣지를 이용함. 만일 이 구역에 대해 정의된 경로가 없을 경우에는 보행자는 네트워크에서 제거됨. 플랫폼 엣지의 기본 색상은 분홍색임
- **for PT stop(s)** : 하나 이상의 대중교통 정류장을 해당 보행자 구역에 할당
- **Boarding location** : 대중교통을 탑승할 위치 설정
- **Waiting area for elevator group** : 엘리베이터 이용을 위한 대기 공간
- **Waiting behavior** : 대중교통 대기공간 및 엘리베이터에서 보행자의 대기 행동 설정

- **Waiting position approach method** : 대기구역의 보행자가 대기 위치로 이동하는 방법으로 'Direct Line'과 'Static Potential' 두 개의 선택지가 있음
    - Direct Line : 보행자들이 일직선으로 줄의 말단으로 접근함. 이 방법은 계산시간을 최소화하지만, 만일 장애물이 있을 경우, 보행자가 차단될 수 있음
    - Static Potential : 보행자가 가능한 한 최단 경로를 택하면서 장애물을 우회할 수 있게 해줌. 정적 포텐셜은 대기열 끝에 서 있는 보행자의 위치에 기초하여 계산됨.
- **Waiting area minimum spacing** : 충분한 여유공간이 있을 경우, 대기공간에서 보행자 사이의 최소 간격

▶ 보행자 구역 속성 변경 5 – Display 탭

- **z-offset** : 3D 디스플레이를 위해 지정된 가장자리까지 Z축 상의 수직 옵셋. 하단의 그림에서 A에 해당함
- **Thickness** : 3D 디스플레이 영역의 두께. 하단의 그림에서 B에 해당함

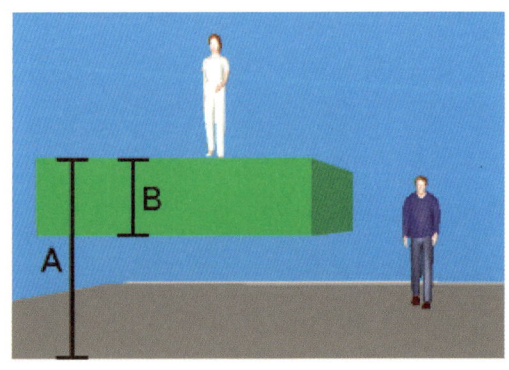

## 2.9.5. 보행자용 요소(Elements) 모델링 2 - 장애물(Obstacles)

▶ **장애물(Obstacles) 삽입하기**

장애물(Obstacles)은 직사각형(Rectangular), 다각형(Polygon), 원(Circle)의 형태로 삽입할 수 있으며, 링크와 같은 특정한 방향을 가지지 않는다. 네트워크 편집기 상에 장애물 삽입 방법은 다음과 같다.

① 네트워크 객체 사이드바에서 장애물(Obstacles)을 클릭한다.
② 버튼이 강조 표시되며, 괄호 안에 구역 모양이 표시된다.

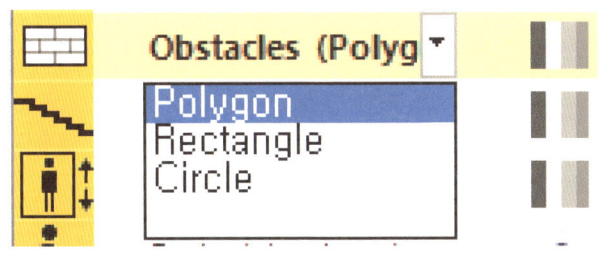

③ 우측의 목록 열기 버튼( ▼ )을 클릭하여 장애물 모양 목록을 연 후, 원하는 모양을 선택한다.
④ 네트워크 편집기 상의 원하는 시작점에서 종료 지점까지 마우스 우측 버튼을 이용하여 드래그 앤 드롭 한다. ('우클릭 시, 새 객체 생성' 설정 상태)

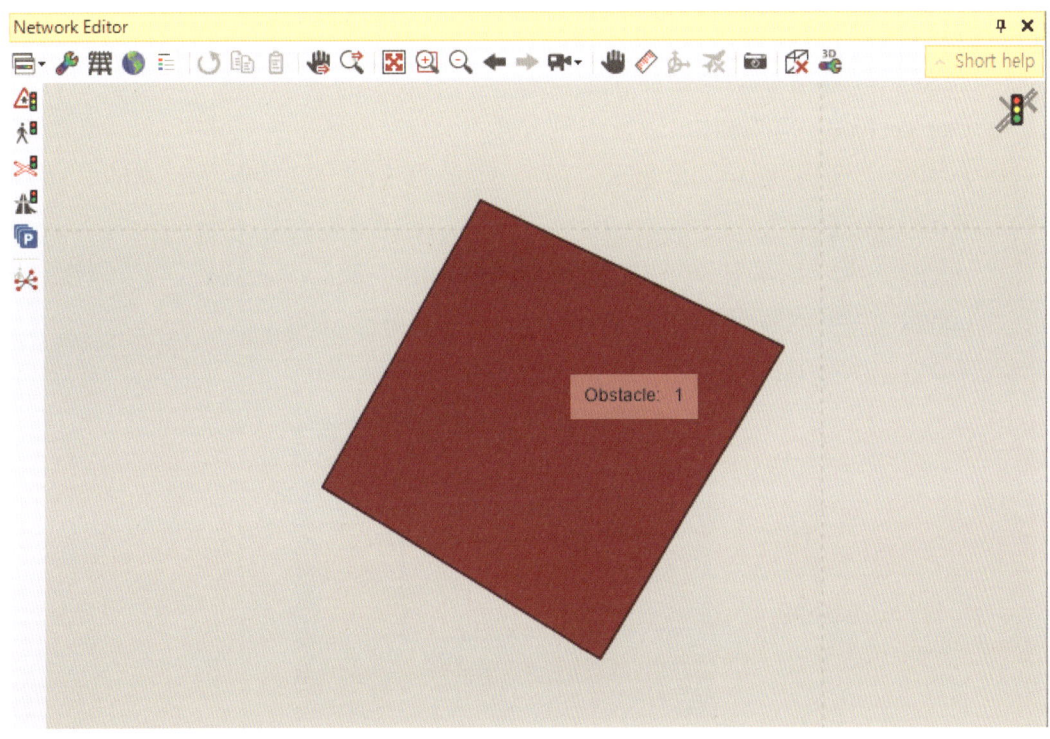

⑤ 장애물이 삽입되면 Obstacle Window가 열린다.
⑥ 원하는 속성을 편집한 후 [OK]를 눌러 마무리한다.

### ▶ 장애물(Obstacles) 속성 변경

보행자 구역(Pedestrian Area) 객체가 삽입되면 자동으로 속성을 정의할 수 있는 Pedestrian Area Window가 열리며, 만일 이미 삽입되어 있는 보행자 구역 객체의 속성을 변경하고자 한다면, 해당 객체를 더블 클릭하여 Window를 열 수 있다.

- No. : 장애물의 고유 번호
- Name : 장애물의 이름
- Level : 장애물을 위치시키고자 하는 레벨
- Display type : 장애물의 색상 등 표시 유형
- z-Offset : 3D 디스플레이를 위해 지정된 가장자리까지 Z축 상의 수직 옵셋. 하단의 그림에서 C에 해당함
- Height : 3D 디스플레이를 위해 설정한 장애물의 높이. 하단의 그림에서 D에 해당함
- Length : (직사각형 유형에서만 활성화) 직사각형 장애물의 길이
- Width : (직사각형 유형에서만 활성화) 직사각형 장애물의 폭

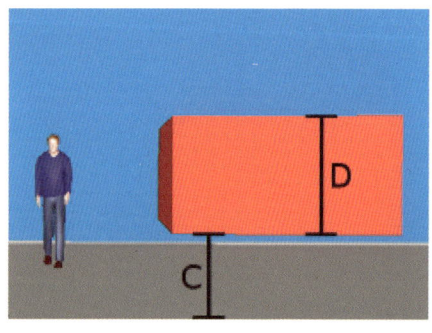

## 2.9.6. 보행자용 요소(Elements) 모델링 3 – 램프(Ramps) & 계단(Stairs)

▶ **램프(Ramps) & 계단(Stairs) 삽입하기**

램프와 계단은 직사각형(Rectangular) 형태로 삽입할 수 있다. 네트워크 편집기 상에 해당 객체를 삽입하는 방법은 다음과 같다.

① 네트워크 객체 사이드바에서 Ramps & Stairs를 클릭하여 활성화시킨다.
② 네트워크 편집기 상의 원하는 시작점에서 종료 지점까지 마우스 우측 버튼을 이용하여 드래그 앤 드롭 한다. ('우클릭 시, 새 객체 생성' 설정 상태)

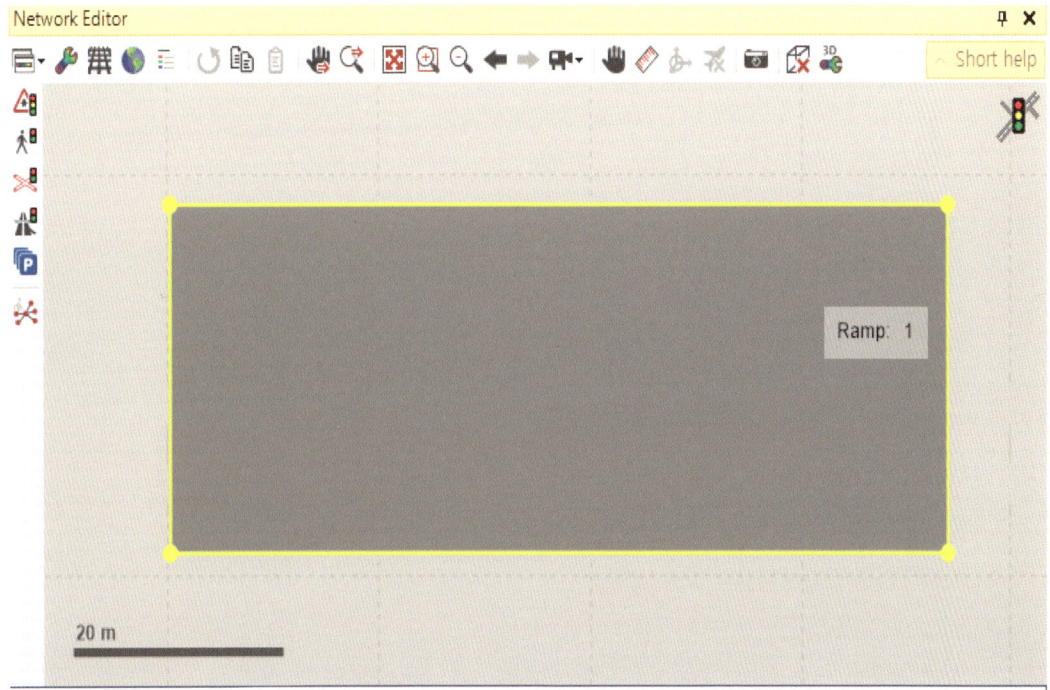

③ 램프(또는 계단)가 삽입되면 Ramps & Stairs Window가 열린다.
④ 원하는 속성을 편집한 후 [OK]를 눌러 마무리한다.

▶ **램프&계단(Ramps & Stairs) 속성 변경하기 1 – 개요**

객체가 삽입되면 자동으로 속성을 정의할 수 있는 Ramps & Stairs Window가 열린다. 만일 이미 삽입된 객체의 속성을 변경하고자 한다면, 해당 객체를 더블 클릭하여 해당 Window를 열 수 있다.

## 램프&계단(Ramps & Stairs) 속성 변경하기 2 – 기본 설정

- No. : 램프(또는 계단)의 고유 번호
- Name : 램프(또는 계단)의 이름
- Start level : 램프(또는 계단)의 시작 지점을 위치시키고자 하는 레벨
- End level : 램프(또는 계단)의 종료 지점을 위치시키고자 하는 레벨
- Display type : 램프(또는 계단)의 색상 등 표시 유형
- Length : 램프(또는 계단)의 길이
- Width : 램프(또는 계단)의 폭
- Height : 3D 디스플레이를 위해 설정한 램프(또는 계단)의 높이
- Type :
    - Ramp : 램프, 경사로
    - Stairway : 계단
    - Moving walkway : 무빙워크
    - Escalator : 에스컬레이터

## ▶ 램프&계단(Ramps & Stairs) 속성 변경하기 3 - Installation 탭

- **Ceiling opening** : 하단의 그림에서 Headroom은 (3), Length는 (4)에 해당
- **Ramp foot** : 하단의 그림에서 Headroom은 (2), Length는 (1)에 해당

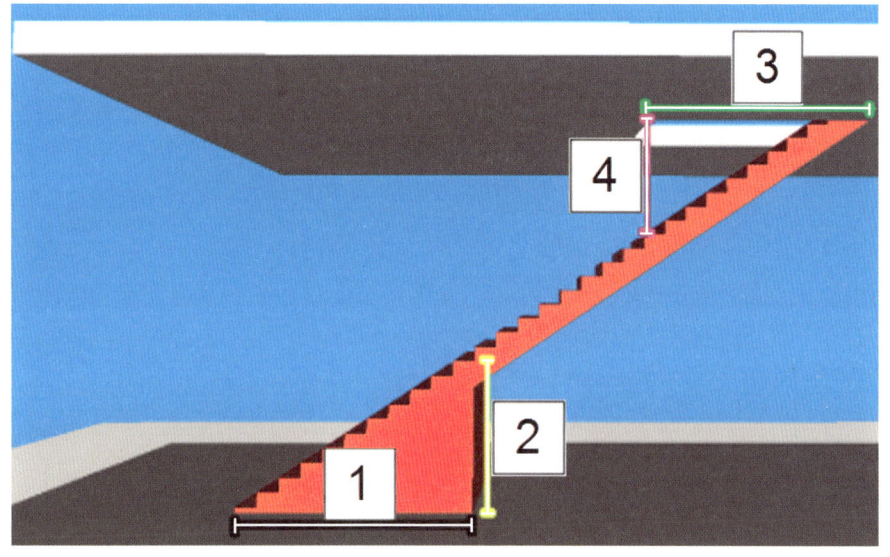

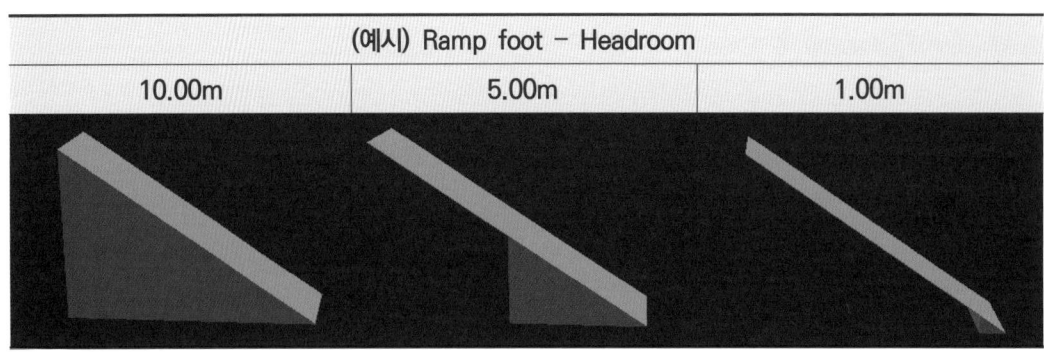

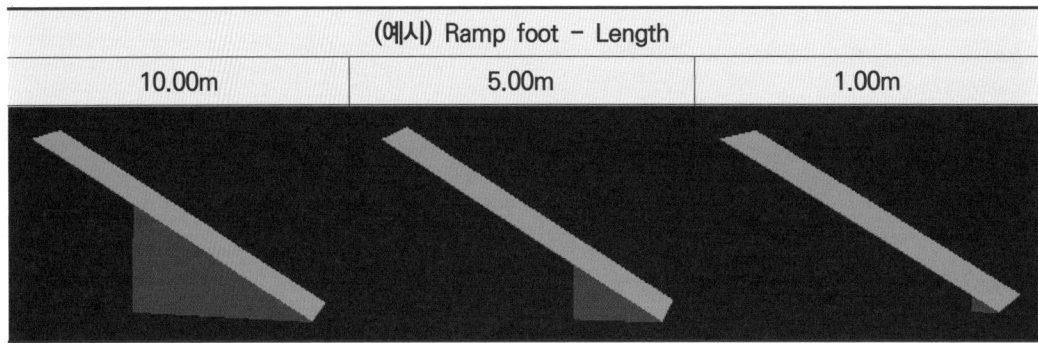

- Ramp foot visible :

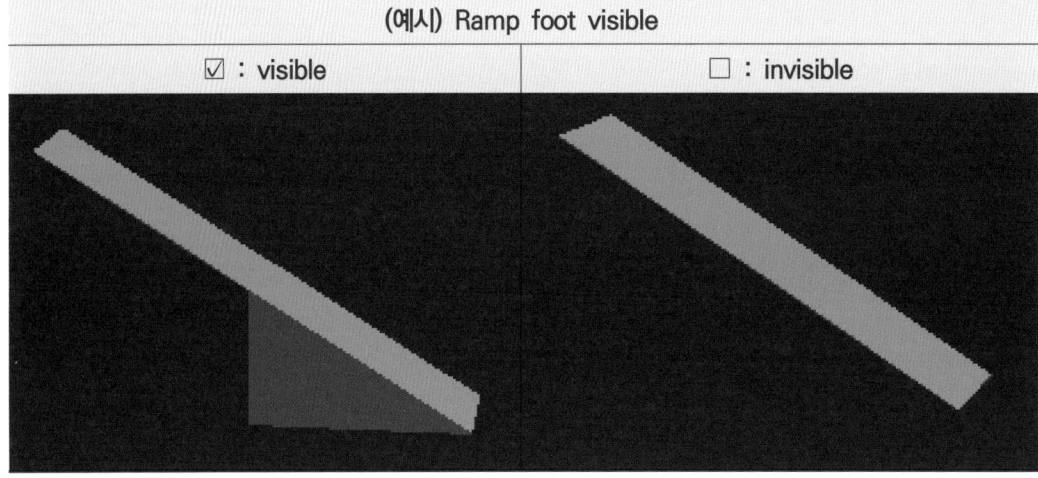

## ▶ 램프&계단(Ramps & Stairs) 속성 변경하기 4 - Design 탭

해당 탭은 유형(Type)에서 계단(Stairway), 무빙워크(Moving walkway) 또는 에스컬레이터(Escalator)가 선택되었을 때 활성화되어 속성을 편집할 수 있다.

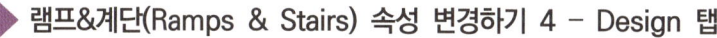

- Define stairway by :
  - Total steps : 계단의 단(step) 수
  - Rise : 단의 높이
  - Going : 단의 길이

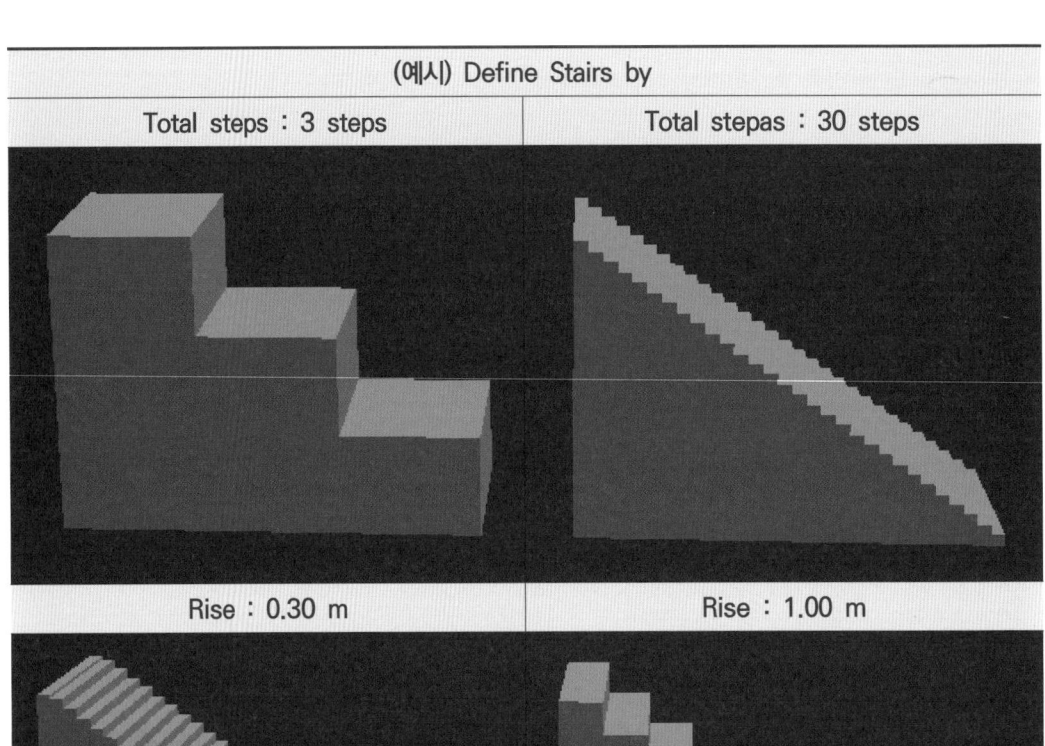
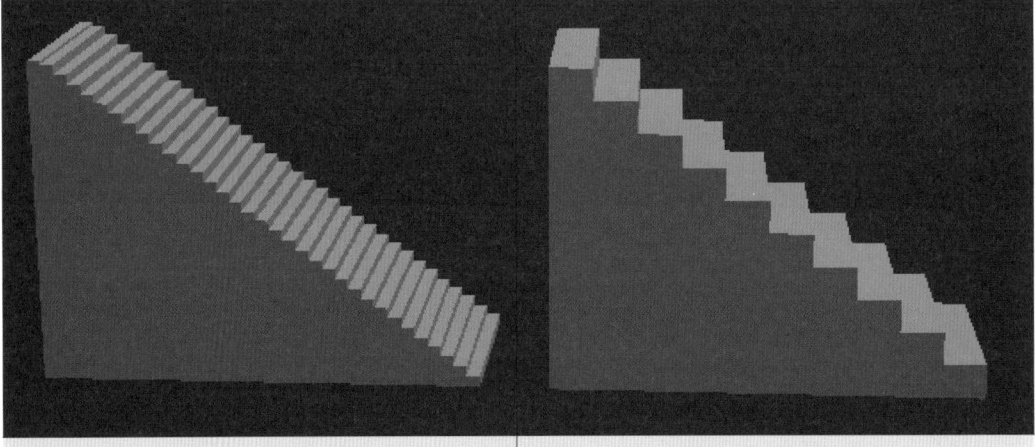

• Geometry :

| 구 분 | 설 명 |
|---|---|
| Straight | 계단의 상단과 하단이 같은 선 상에 위치함. 층계참이 존재하지 않음 |
| Straight with landing | 계단의 상단과 하단이 같은 선 상에 위치함. 1개의 층계참이 존재함 |
| Angle with quarter landing(90°) | 1개의 층계참이 존재하며, 층계참을 기준으로 90°로 휘어짐 |
| U with half landing(180°) | 1개의 층계참이 존재하며, 층계참을 기준으로 180°로 휘어짐 |
| U with 2 quarter landings(180°) | 2개의 층계참이 존재하며, 층계참을 기준으로 90°씩 휘어짐 |

- Landing platforms : 해당 속성은 유형(Type)에서 무빙워크(Moving walkway) 또는 에스컬레이터(Escalator)가 선택되었을 때 활성화되어 편집할 수 있다.

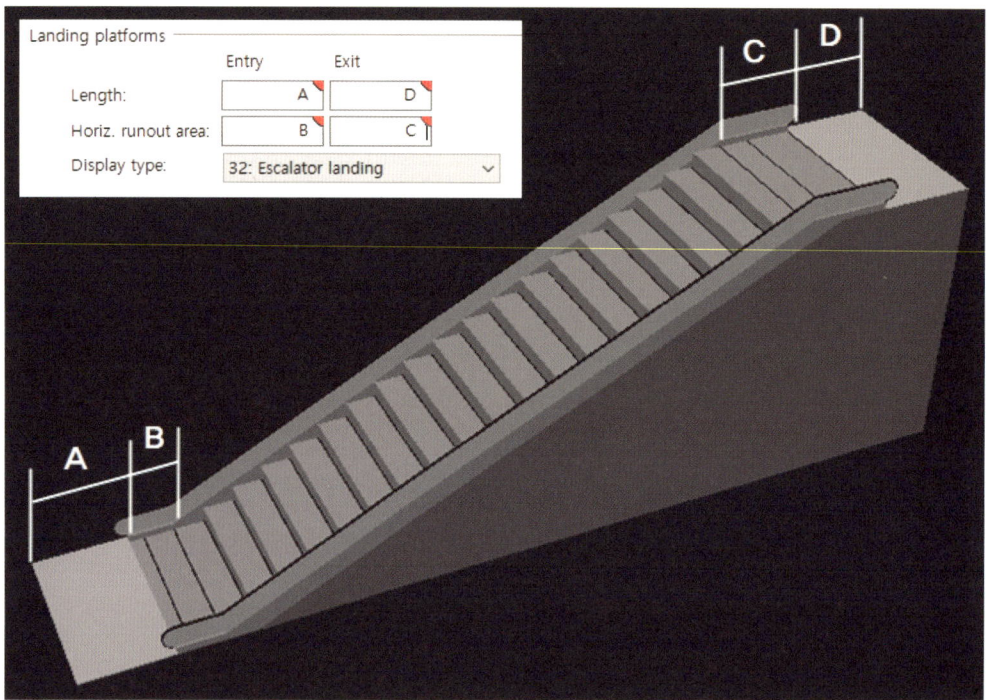

> **Note**
>
> 층계참(層階站, landing)이란 계단 도중에 설치하는 공간으로, 계단의 방향을 바꾼다거나 피난, 휴식 등의 목적으로 설계한다. (토목관련용어편찬위원회. (1997). 토목용어사전, '층계참'.)

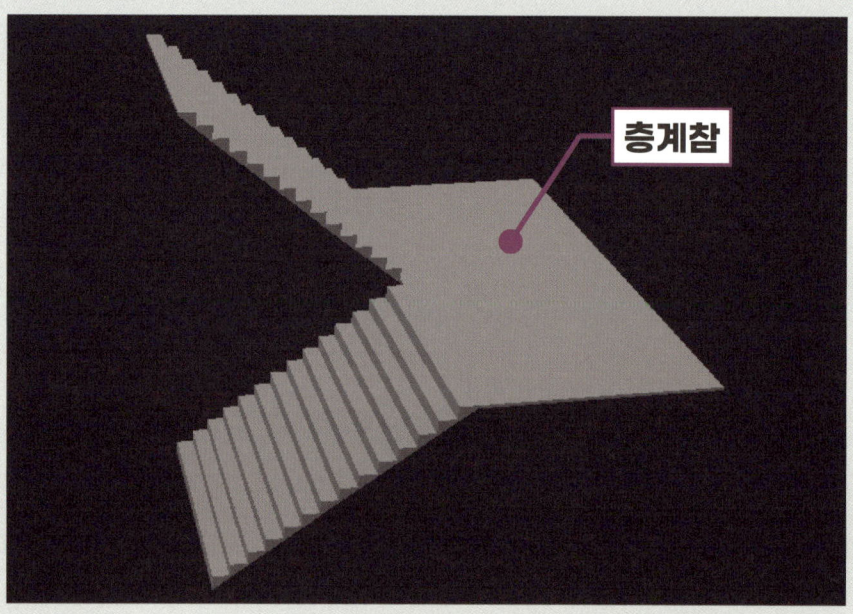

## ▶ 램프&계단(Ramps & Stairs) 속성 변경하기 5 – Width & Balustrade 탭

해당 탭은 유형(Type)에서 무빙워크(Moving walkway) 또는 에스컬레이터(Escalator)가 선택되었을 때 활성화 되어 속성을 편집할 수 있다.

- **Usable width** : 보행자가 걸어다닐 수 있는 공간의 폭
- **Handrail · Balustrade · Socket** : 핸드레일과, 난간, 소켓의 치수 및 디스플레이에 표현되는 방식을 설정할 수 있음
- **Show Balustrade(3D)** : 3D 모드에서 난간의 표현 여부를 설정할 수 있음

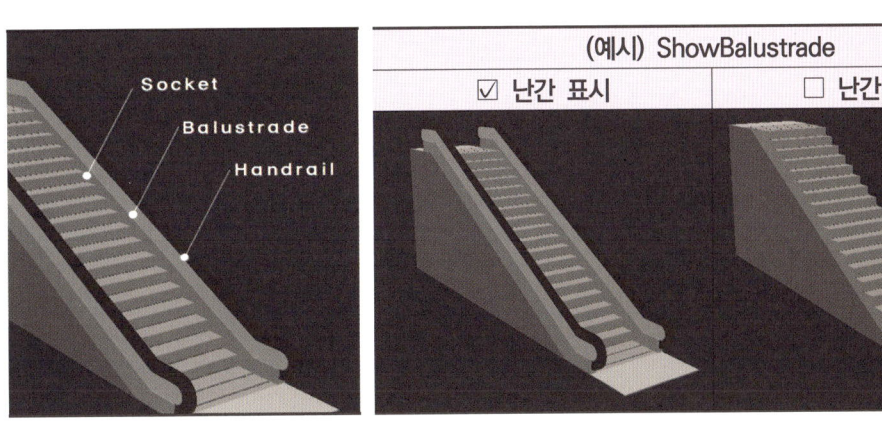

## 램프&계단(Ramps & Stairs) 속성 변경하기 6 – Movement 탭

해당 탭은 유형(Type)에서 무빙워크(Moving walkway) 또는 에스컬레이터(Escalator)가 선택되었을 때 활성화 되어 속성을 편집할 수 있다. 속성을 변경할 경우 시뮬레이션 결과에 영향을 미친다.

- **Treads :**
  - Direction of travel : 에스컬레이터와 무빙워크의 진행 방향 설정
  - Speed : 에스컬레이터와 무빙워크의 진행 속도 설정. 기본 값 0.5m/sec
- **Pedestrians walking :**
  - Share : 에스컬레이터와 무빙워크에서 이동하는 보행자의 점유율
  - Pedestrian classes : 에스컬레이터와 무빙워크에서 이동할 보행자 유형
- **Pedestrians standing :** 보행자의 위치 설정. 좌측, 우측, 랜덤 중 선택 가능

## ▶ 램프&계단(Ramps & Stairs) 속성 변경하기 7 – Display 탭

- z-Offset : 3D 디스플레이를 위한 Z축 상 위치. 시작점과 종료 지점의 위치 설정 필요
- Thickness : 3D 디스플레이를 위한 객체의 두께. 시뮬레이션 결과와 관련 없음

## ▶ 램프&계단(Ramps & Stairs) 속성 변경하기 8 – Behavior 탭

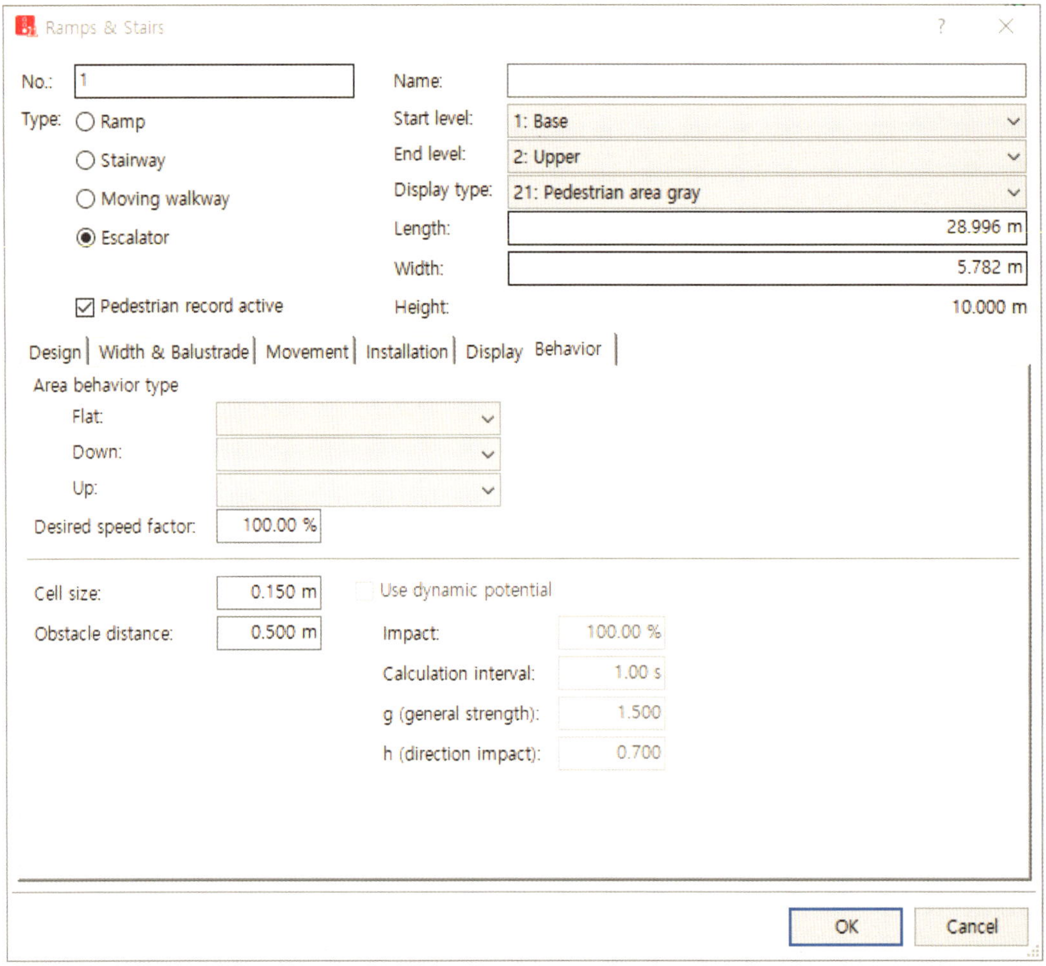

- Area behavior type : 평탄부와 하강부 그리고 상승부에서의 보행자 행동 유형 설정
- Desired speed factor : 해당 객체를 이용하는 모든 보행자에게 적용되는 희망 속도 계수. 보행자의 속도를 기존보다 빠르게 혹은 느리게 변경할 때 사용함. 기본값은 100%이며, 최소 10%에서 최대 300%까지 설정 가능함

## 2.9.7. 보행자 삽입(Pedestrian Input)

보행자 통행 구축은 보행자 구성(Pedestrian Composition) 설정 〉 보행자 삽입(Pedestrian Input) 〉 보행 경로(Pedestrian Route) 설정의 순서로 진행된다. 보행자 구성의 경우 '2.9.2. 보행자 구성(Pedestrian composition) 설정'의 일련의 과정을 통해 설정이 가능하며, 보행자 구성이 완료되었다면 보행자 삽입을 진행한다.

보행자가 Vissim 네트워크 상에 진입하는 시간은 Vissim에 의해 확률적으로 정의된다. 두 보행자 사이의 평균 시간 간격은 시간당 보행량에서 비롯된다. 이 평균 시간 간격은 음지수 분포(Negative exponential distribution)의 평균값으로 사용된다. Vissim은 포아송 분포(Poisson distribution)와 이 분포에서 시간 간격을 구한다. 실제 시나리오에서 입력 시간은 포아송 분포를 기준으로 Vissim에서 보다 더 큰 변동성을 가질 수 있다. 보행자는 차량과 달리 링크 상에 삽입이 불가능하며, 보행자 구역(Pedestrian Area)에 삽입할 수 있다. 보행자 삽입 방법은 다음과 같다.

① 네트워크 객체 사이드바(Network object sidebar)에서 [Pedestrian Input]을 클릭한다.
② 보행자를 삽입하고자 하는 보행자 구역 위에서 우클릭한다. 보행자 삽입 객체는 파란색 점으로 표현이 되며, 보행자 구역의 색상은 회색에서 초록색으로 변화한다. ('우클릭 시, 새 객체 생성' 설정 상태)

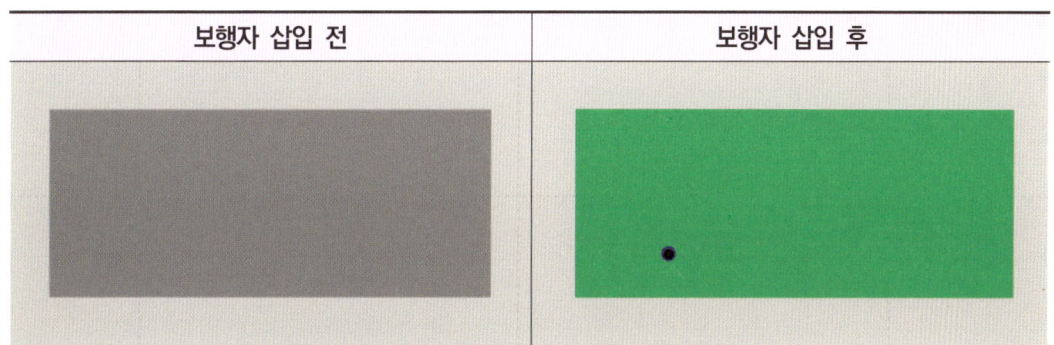

③ 보행자가 삽입되면 즉시 Pedestrian Inputs 목록이 열린다.

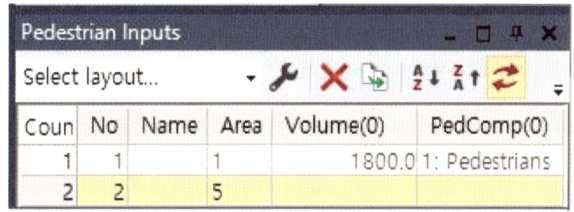

④ 번호(No), 이름(Name), 보행량(Volume), PedComp(보행자 구성)을 설정한다.

## 2.9.8. 보행자 경로(Pedestrian Route) 설정

보행자 경로는 대체로 차량의 경로 설정과 유사하다. 시작점, 도착 지점으로 이루어진 차량의 경로와 마찬가지로 시작점과 도착 지점으로 이루어진다. 또한, 차량의 우회전 구축 시와 같이 원하는 커넥터 및 링크 이용을 위해 경로 중간에 포인트를 추가할 수 있는 것과 마찬가지로, 보행자 경로에서 경유 지점(중간 목적지) 설정 가능하다.

보행자 경로는 위에서 다룬 바와 같이 세 가지 포인트(시작점, 경유 지점, 도착 지점)로 나뉘며, 각각 포인트가 네트워크 편집기 상에 표현되는 형태와 설정 가능한 위치 등은 다음과 같다. 보행자 경로의 시작점은 빨간 원형 포인트로 표현되며, 보행자 영역 내에 위치해야 한다. 보행자 경로의 도착 지점은 하늘색 사각형 포인트로 표현되며, 보행자 영역 또는 램프 내에 위치할 수 있다. 도착 지점으로 설정된 구역(보행자 영역 또는 램프)은 기존에 설정된 색상에서 빨간색으로 변화한다. 도착 지점에 도달한 후 추가로 설정된 경로가 없을 시, 보행자는 해당 구역에서 이동을 멈추고 Vissim 네트워크 상에서 사라진다. 보행자 경로의 경유 지점은 노란색 원형 포인트로 표현되며, 보행자 영역 또는 램프 내에 위치할 수 있다. 세 가지 포인트들은 노란색 실선으로 이어진다.

보행자 경로는 정적(Static)과 부분적(Partial)으로 구분된다. 정적 보행자 경로는 위에서 다룬 바와 같이 시작점에서 경유 지점을 거쳐 도착 지점으로 보행자를 이동시킨다. 반면, 부분적 경로는 보행자의 국지적 분포에 도움을 준다. 경로 설정 시 네트워크 객체 사이드바(Network object sidebar)에서 원하는 유형을 선택하여 네트워크 편집기 상에 설정할 수 있다. 보행자 네트워크 구축시 주로 정적 경로를 사용하며, 설정 방법은 다음과 같다.

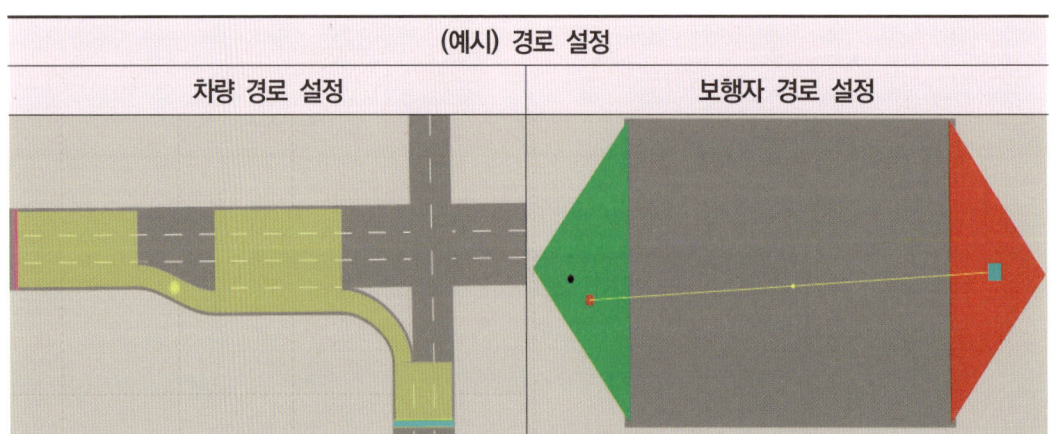

(예시) 경로 설정

① 네트워크 객체 사이드바에서 [Pedestrian Routes] 〉 [Static]을 클릭한다.
② 보행자 영역 위의 원하는 시작점에서 우클릭을 하여, 시작점을 지정한다. ('우클릭 시, 새 객체 생성' 설정 상태)
③ 한 개의 시작점에서 다양한 목적 지점을 설정할 수 있다. 먼저 첫 번째 목적 지점에서 우클릭하여, 경로 설정을 완료한다.
④ 이어서 두 번째 목적 지점에서 우클릭하여 다음 경로 설정을 완료한다. 다음 그림은 한 개의 시작점에서 두 개의 경로가 설정된 모습이다.

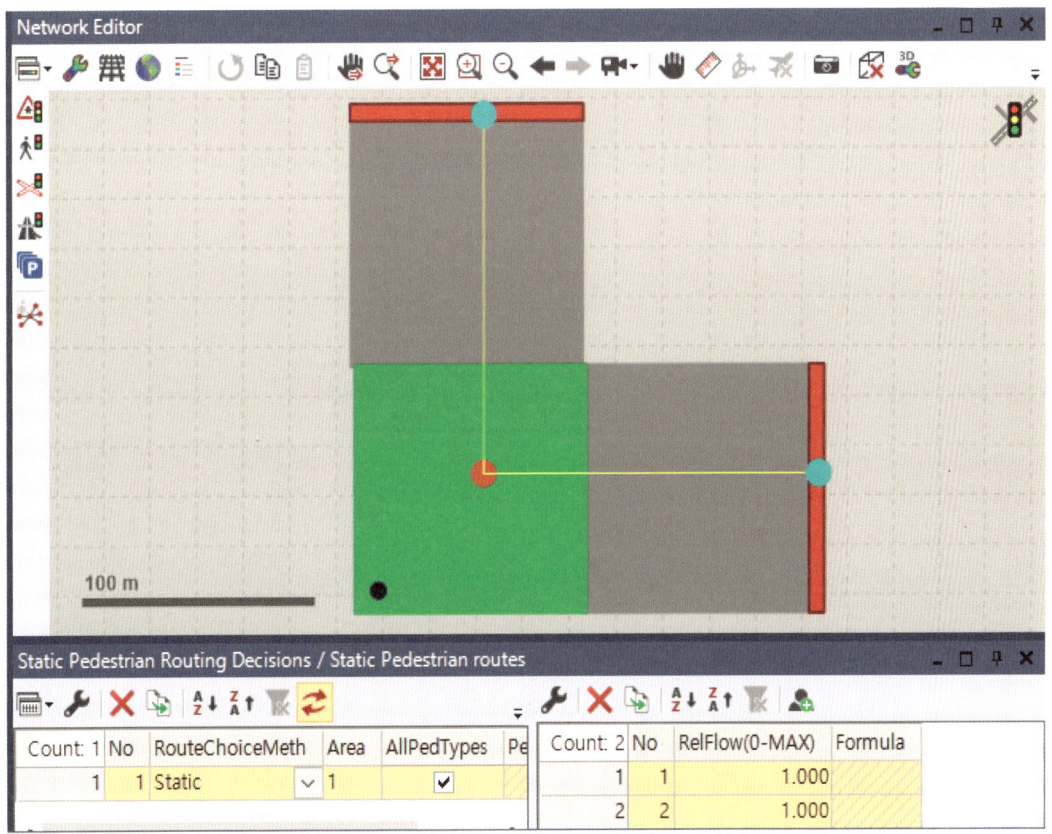

⑤ 경로 설정을 완료하면, 왼쪽에는 Static Pedestrian Routing Decision 목록이, 오른쪽에는 Static Pedestrian routes 목록이 연결 목록으로 열린다. 왼쪽 목록 창에서 번호(No)와 보행자유형(PedClasses)를 수정한다.
⑥ 오른쪽 목록창에서 각각 경로에 대한 비율(RelFlow)을 지정한다.

## 2.9.9. 보행자의 대중교통(PT) 이용 설정

Vissim에서는 다음의 예시와 같이 네트워크상의 보행자가 대중교통을 이용하도록 모델링할 수 있다.

**예시** ▶ 보행자의 대중교통 이용 설정

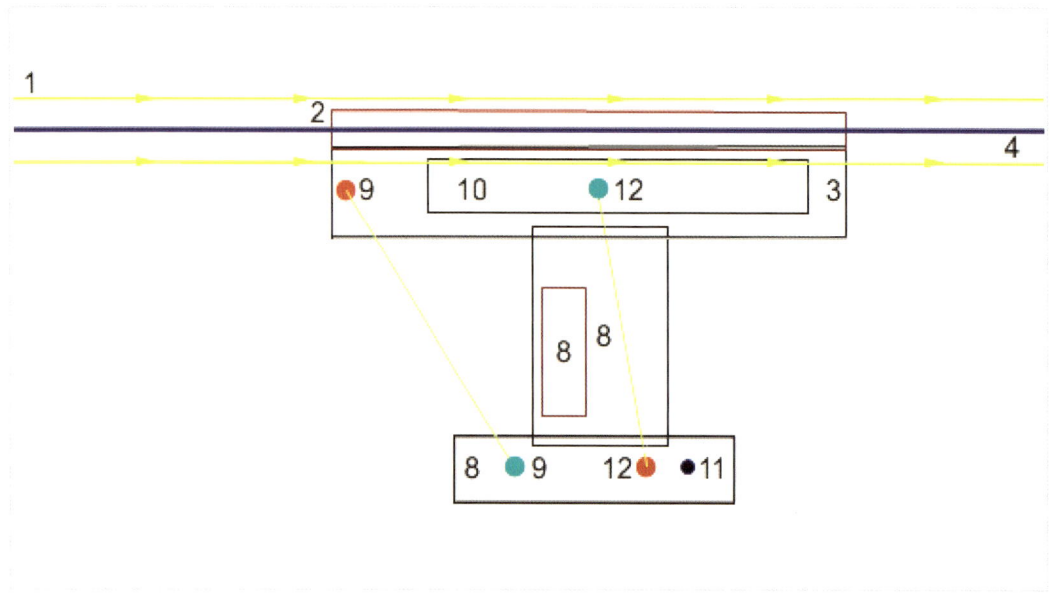

① 링크(Link)를 삽입한다. ('2.3.1. 차량/보행자 링크(Link) 구축' 참고)
② 대중교통 정류장(Public Transport Stop)을 삽입한다. ('2.5.1. 대중교통 정류장(PT stops) 구축' 참고)
③ 대중교통 정류장 옆에 보행자 영역(Area)과 플랫폼 엣지(Platform Edge)를 삽입한다. ('2.9.4. 보행자용 요소(Elements) 모델링 1 – 보행자 구역(Pedestrian Area)' 및 '2.5.3. 대중교통 플랫폼 엣지(Platform Edge)와 정류장 베이(Stop Bay) 구축' 참고)
④ 대중교통 노선(Public Transport Line)을 삽입한다. ('2.5.4. 대중교통노선(PT Line) 구축' 참고)
⑤ 대중교통 정류장의 파라미터(parameter)를 위해, PT Line Stop Window를 연다. 해당 Window는 네트워크 객체 사이드바(Network Objects Sidebar)] 〉 [Public Transport Line] 우클릭 〉 [Show List] 〉 [연결 목록(Coupled List) 상자] 〉 [Line Stops] 〉 [Line Stops] 리스트 우클릭 〉 [Edit]을 통해 열 수 있다.
⑥ ☑Active를 선택한 후, 하차율(Alighting percentage)과 하차 위치(Alighting location) 그리고 승/하차 가능한 위치(Boarding/Alighting Possible)를 지정한다.

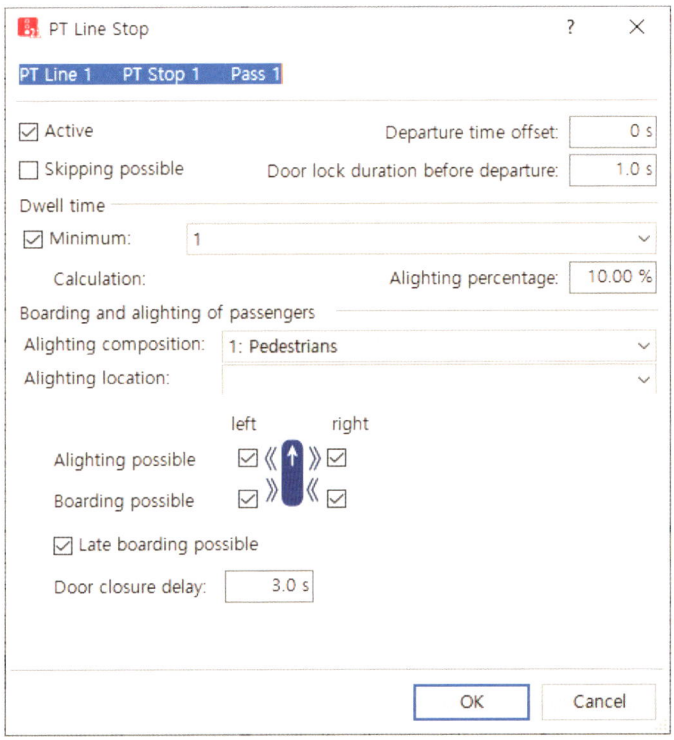

⑦ 필요시, 체류시간(Dwell time), 문 닫힘 지연시간(Door closure delay) 등 추가 옵션을 변경한다.

⑧ 보행자 영역(Area), 램프(Ramp), 장애물(Obstacle)과 같이 원하는 객체들을 이용하여 정류장의 형상을 구축한다. ('2.9.4. 보행자용 요소(Elements) 모델링 1 – 보행자 구역(Pedestrian Area)', '2.9.5. 보행자용 요소(Elements) 모델링 2 – 장애물(Obstacles)', '2.9.6. 보행자용 요소(Elements) 모델링 3 – 램프(Ramps) & 계단(Stairs)' 참고)

⑨ 플랫폼 엣지에서 하차 승객이 가야할 위치까지 보행자 경로(Pedestrian Route)를 하나 이상 설정한다. ('2.9.8. 보행자 경로(Pedestrian Route) 설정' 참고)

⑩ 보행자 영역을 이용하여 대중교통 이용자들이 이용할 대기 공간을 삽입한다.

⑪ 탑승 승객 설정을 위해 보행자를 입력(Pedestrian Input)한다. ('2.9.7. 보행자 삽입(Pedestrian Input)' 참고)

⑫ 보행자를 입력한 부분부터 탑승 승객의 대기 공간까지 보행자 경로를 설정한다.

하차율은 총 승객 중 하차할 승객의 비율이다.

$$하차율 = \frac{하차\ 승객수}{총\ 승객수}$$

## 2.9.10. 섹션(Section) 삽입

보행자 구역(area) 평가시 하나 이상의 섹션이 네트워크 상에 삽입되어 있어야 한다. 보행자 구역 위에 섹션을 배치하면 보행자 구역의 데이터를 기록할 수 있다. 섹션을 다각형(polygon), 직사각형(rectangle), 원형(circle)으로 정의할 수 있으며, 섹션 삽입 방법은 다음과 같다.

▶ Section 삽입 방법

① 네트워크 객체 사이드바에서 섹션(section)을 클릭하여 활성화시킨다.
② 버튼이 강조 표시되며, 괄호 안에 기본 설정된 섹션의 모양이 표시된다.

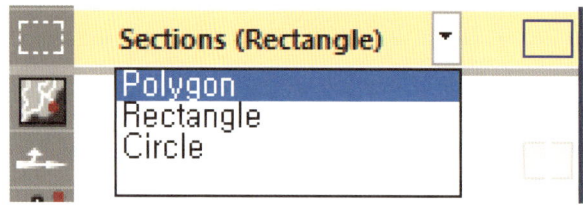

③ 우측의 목록 열기 버튼( ▼ )을 클릭하여 섹션 모양 목록을 연 후, 원하는 모양을 선택한다.
④ 네트워크 편집기 상의 원하는 시작점에서 종료 지점까지 마우스 우측 버튼을 이용하여 드래그 앤 드롭 한다. ('우클릭 시, 새 객체 생성' 설정 상태)

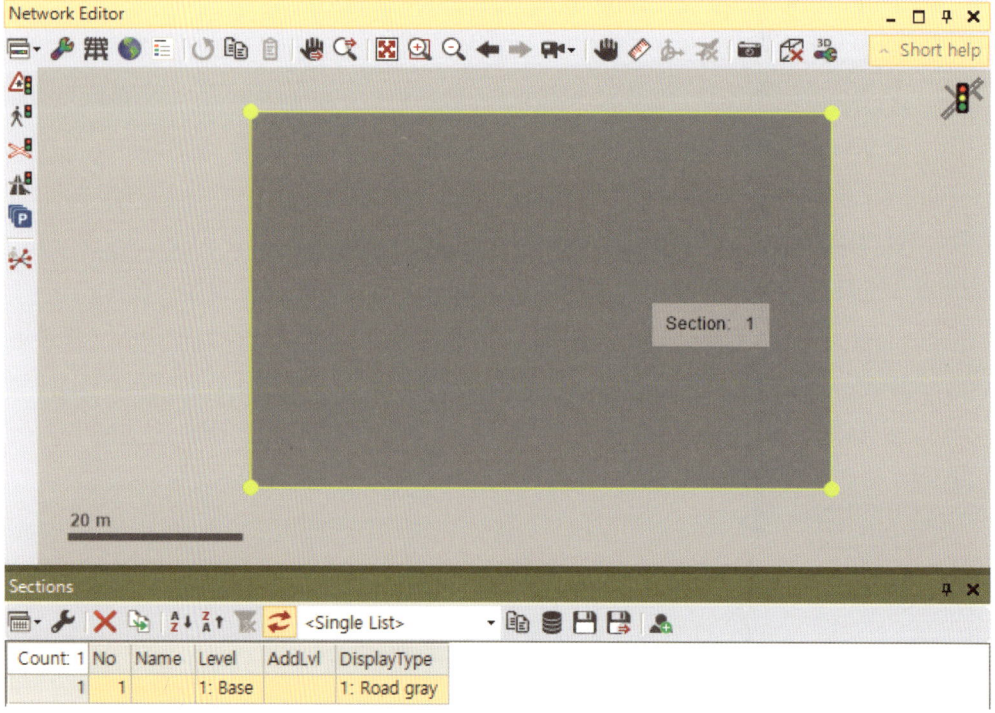

⑤ 섹션을 삽입하면 섹션 리스트가 열린다. 이 리스트는 두 개의 연결 목록(Coupled list)을 갖는다.
- Area measurements
- Points

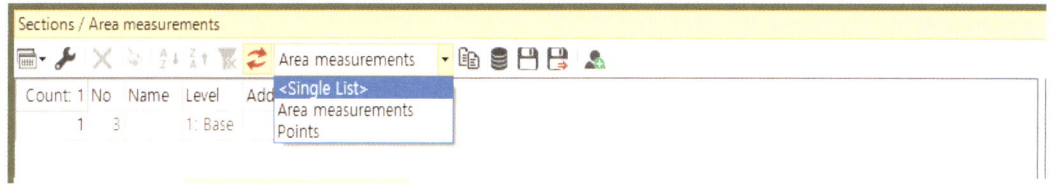

### ▶ Section 속성 설정 방법

리스트에서 다음 내용 중, 원하는 내용을 수정한다.

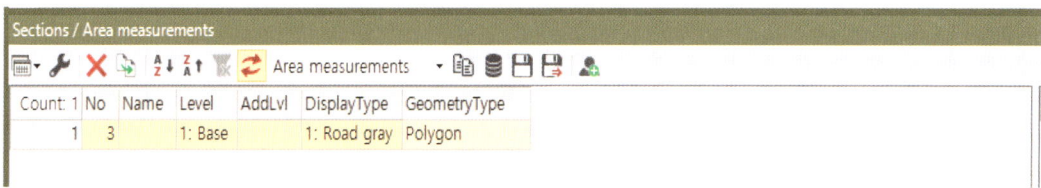

- Display type(디스플레이 유형) : 섹션 색상 설정
- AddLvl(추가 레벨) :
  - 추가 레벨을 선택한 경우 : 해당 커넥터에 있는 차량 및/또는 해당 램프에 있는 보행자만 해당 레벨을 섹션의 추가 레벨과 연결하는 것으로 기록되며, 추가 레벨 선택은 애니메이션 기록, 면적 측정, 차량 및 보행자 기록 등에 영향을 미침
  - 추가 레벨을 선택하지 않은 경우 : 동일 레벨에 있는 램프 및 커넥터를 기록함
- GeometryType : 섹션의 타입이 표시됨(Polygon, Rectangular 등)

Memo

실무자를 위한 Vissim Manual

Chapter 03

# 시뮬레이션

# Chapter 03 시뮬레이션

## 3.1. 시뮬레이션 실행

### 3.1.1. 시뮬레이션 파라미터(Simulation parameters) 정의

시뮬레이션 실행 전, 시뮬레이션 파라미터를 설정해야 한다. 시뮬레이션 파라미터는 Simulation parameters Window에서 설정 가능하며, 해당 Window는 [Simulation] 메뉴의 [Parameters]를 선택하여 띄울 수 있다.

Simulation parameters Window에서 설정 가능한 시뮬레이션 파라미터와 해당 파라미터에 대한 설명은 다음과 같다.

| 파라미터(parameters) | 설 명 |
|---|---|
| Period | 시뮬레이션 실행 시간 |
| Start time | 시뮬레이션 시작 시간 |
| Start date | 시뮬레이션 시작 일 |
| Simulation resolution | 시뮬레이션 초당 시간 단계 수 |
| Random Seed | 랜덤 시드를 변경하여 트래픽 흐름을 변경. 이를 통해 네트워크 내 차량 도착의 확률적 변화를 시뮬레이션할 수 있음 |
| Number of runs | 시뮬레이션 수행 횟수 |
| Random seed increment | 시뮬레이션을 여러 회 수행할 때, 랜덤 시드간의 차이 |
| Dynamic assignment volume increment | 지정된 값으로 정의된 각 시뮬레이션 실행(실행 수 상자)을 사용하여 출발지 매트릭스의 총 수요를 증가시킴 |
| Simulation speed | 시뮬레이션 속도를 관장하며, 이 속도는 시뮬레이션 결과에 영향을 미치지 않음. 시뮬레이션 실행 중에도 속도를 변경할 수 있음<br>◉ Factor : 1.0 입력시 정 시간에 맞춰 실행되며, 2.0 입력시 2배 속도로 실행됨<br>◉ Maximum : 시뮬레이션 속도를 최대로 실행함 |
| Break at | 설정한 시뮬레이션 시간에 단일 단계 모드(Single step mode)로 자동 전환함. 이 옵션을 사용하여 원하는 특정 시뮬레이션 시간에 교통 상태를 볼 수 있음 |

## 3.1.2. 시뮬레이션 실행 및 정지

시뮬레이션은 연속 모드와 단일 단계 모드로 실행할 수 있다. 연속 모드의 경우 도구모음의 연속 모드 토글키(▶) 또는 단축키 [F5]를 이용하여 실행 가능하며, 단일 단계 모드의 경우 도구모음의 단일 단계 모드 토글키(▶|) 또는 단축키 [F6]를 이용하여 실행 가능하다. 이외에도 시뮬레이션 정지, 퀵 모드(Quick mode) 실행 등 시뮬레이션 관련 토글키와 단축키는 다음과 같다.

| 토글키/단축키 (Toggle Key/Hotkey) | | 기 능 |
|---|---|---|
| ▶ | F5 | 시뮬레이션 연속 실행(Simulation continuous) |
| ▶| | F6 | 시뮬레이션 단일 단계 실행(Simulation single step) |
| | SpaceBar | 단일 단계 실행 모드에서 다음 단계 실행시 |
| ■ | Esc | 시뮬레이션 정지(Stop simulation) |
| ⊙ | Ctrl + Q | 퀵 모드(Quick mode) |
| ★ | Ctrl + N | 단순 네트워크 디스플레이(Simple network display) |
| Pause at: | | (원하는 시간에) 시뮬레이션 일시정지(Simulation pause at) |
| ⎯⎯⎯ | | 시간 간격(Time Interval) |
| | + | 시뮬레이션 속도 증가 |
| | - | 시뮬레이션 속도 감소 |
| | * | 시뮬레이션 최대 속도 |
| | / | 마지막으로 설정한 시뮬레이션 속도로 변경 |

> **Note**
> 해당 기능들에 대한 자세한 설명은 '1.4.3. 도구모음(Toolbar)' 참고

## 3.1.3. 시뮬레이션 실행 데이터 표시

Vissim에서는 시뮬레이션 실행 데이터를 기록하며, [Lists] 메뉴 〉 [Results] 〉 [Simulation Runs]을 통해 결과 목록에 시뮬레이션 실행 데이터를 띄워 확인할 수 있다. 해당 목록을 통해 확인 가능한 시뮬레이션 실행 데이터는 다음과 같다.

- **No.** : 시뮬레이션 실행 횟수
- **Timestamp** : 시뮬레이션 시작 일시
- **RandSeed** : 랜덤시드 값
- **StartTm** : 시뮬레이션 시작 시간
- **SimEnd** : 시뮬레이션 종료 시간

## 3.1.4. 네트워크 상 차량(Vehicle in Network) 목록 표시

시뮬레이션을 실행하는 동안 네트워크 내 차량(Vehicle in Network) 목록에 네트워크 상의 개별 차량에 대한 데이터를 표시할 수 있다. 해당 목록은 [List] 메뉴 > [Result] > [Vehicle in Network] 또는 네트워크 객체 사이드바(Network object sidebar)의 [Vehicle in Network] 바로가기 메뉴 > [Show List]를 통해 열 수 있다. 목록을 통해 확인할 수 있는 차량의 정보는 다음과 같다.

- No : 차량번호
- VehType : 차종
- Lane : 차량이 위치한 링크 번호 및 차로 번호
- Pos : 링크 시작부터 링크에 포함된 거리
- Speed : 차량의 속도
- DesSpeed : 차량의 속도 분포
- Acceleration : 차량의 가/감속 (감속시 음수로 표현)
- LnChg : 차량의 차로 변경 방향
- DestLane : 차량의 목적지 차로
- PTLine : 대중교통의 노선번호
- PTDwellTmCur : 대중교통의 현재 체류 시간

## 3.1.5. 네트워크 상 보행자(Pedestrian in Network) 목록 표시

네트워크 내 차량(Vehicle in Network) 목록과 마찬가지로 시뮬레이션을 실행하는 동안 네트워크 내 보행자(Pedestrian in Network) 목록에 네트워크 상의 개별 보행자에 대한 데이터를 표시할 수 있다. 해당 목록은 [List] 메뉴 〉 [Result] 〉 [Pedestrian in Network] 또는 네트워크 객체 사이드바(Network object sidebar)의 [Pedestrian in Network] 바로가기 메뉴 〉 [Show List]를 통해 열 수 있다. 목록을 통해 확인할 수 있는 보행자의 정보는 다음과 같다.

- **No** : 보행자 번호
- **PedType** : 보행자 유형
- **Length** : 2D/3D 모형 배분에 따른 보행자의 앞 뒤 길이
- **Width** : 2D/3D 모형 배분에 따른 보행자의 폭
- **Height** : 2D/3D 모형 배분에 따른 보행자의 키(높이)
- **Level** : 보행자가 이동하는 레벨
- **ConstrElNo** : 보행자가 이동하는 구역, 램프, 계단의 번호
- **ConstrElType** : 보행자가 이동하는 구역, 램프, 계단의 유형
- **CoordCenter** : 보행자의 좌표
- **DesSpeed** : 보행자의 희망 속도
- **Speed** : 보행자의 실제 속도
- **PTState** : 대중교통 상태(없음, 대기, 접근, 하차)
- **MotionState** : 보행자의 특정 행동 지속 시간

## 3.2. 메시지 및 오류 처리

시뮬레이션 시행 시 오류가 발생할 수 있다. 이러한 경우, 메시지 Window나 파일을 통해 오류를 파악한 후, 해당 부분을 네트워크 상에서 편집하여 해결할 수 있다. 만일 시뮬레이션의 지속을 방해하지 않는 수준의 오류라면 시뮬레이션이 완료된 후 오류 메시지 창이 열리며, 시뮬레이션 실행이 불가능한 수준의 오류라면 시뮬레이션이 실행되지 않고 메시지 창이 열린다. 시뮬레이션 오류는 '(네트워크 파일 명).err' 파일에 기록되며, 해당 파일은 시뮬레이션을 반복하여 실행시 덮어쓰기 된다.

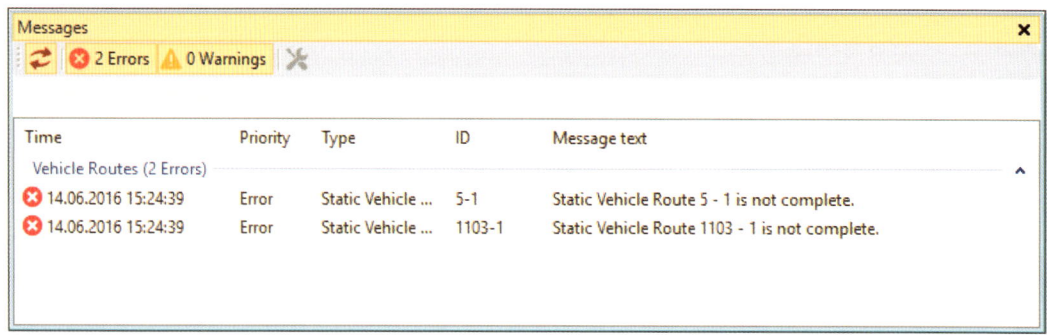

다음은 Vissim 상에서 발생할 수 있는 런타임 에러 예시이다.

**예시 ▶ Vissim에서 발생하는 런타임 에러**

- 개인교통수단의 설정된 차량 경로(Vehicle Route)와 경로 상 첫 번째 커넥터와의 간격이 매우 짧음
- 개인교통수단의 차량 경로 설정(Vehicle Route Decision)이 완료되지 않았음
- 대중교통수단의 진입 링크와 경로 상 첫 번째 커넥터와의 간격이 매우 짧음
- 희망 속도 결정(Desired Speed Decisions) 객체와 커넥터와의 간격이 매우 짧음
- 링크의 용량 부족으로 입력한 교통량이 모두 처리되지 않음
- 차로 변경 대기시간의 최대치(기본 설정 : 60sec)를 넘겨 네트워크에서 차량이 제거됨

**✏ Note**

런타임 에러(run-time error, 實行時間誤謬)란 실행 시간 오류라고도 하며, 프로그램 실행 중에 나타나 실행에 있어 영향을 미치는 오류를 말한다. (한국정보통신기술협회. (2006). 정보통신용어사전.)

실 무 자 를 위 한 Vissim Manual

Chapter 04

평가

# Chapter 04 평가

## 4.1. 평가 수행 개요

네트워크 구축에 사용된 객체에 따라 다양한 데이터가 시뮬레이션 중에 생성된다. 데이터 유형 및 원하는 용도에 따라 평가 내용을 List 또는 Window에 표시하고, 텍스트 파일 또는 데이터베이스 파일에 저장할 수 있다. 이러한 데이터를 표시하거나 저장하려면 시뮬레이션 시작 전 원하는 평가를 선택하고 구성해야 한다.

결과 데이터의 관리 및 평가를 위한 기본 설정을 수행할 수 있는 Evaluation Configuration Window는 [Evaluation] 메뉴의 [Configuration]을 선택해 열 수 있으며, 해당 Window는 다음과 같은 내용으로 구성되어 있다.

▶ **Result Management 탭**

결과 관리에서 결과 속성(Result Attributes) 또는 직접 출력(Direct Output)을 구성하기 전에 결과 데이터를 관리하기 위한 기본적인 설정을 한다.

- Keep result attributes of previous simulation runs
  - None : 이전 시뮬레이션의 결과 속성을 유지하지 않음
  - of current run only : 이전 시뮬레이션의 결과 속성을 이번 시뮬레이션 시행시에만 유지
  - of all simulation runs : 이전 시뮬레이션의 결과 속성을 모든 시뮬레이션 시행시 유지
  - ☑ Automatically add new columns in lists : 결과 목록에 새 열 자동 추가
- Automatic list export destination
  - File : 결과 목록을 파일로 내보냄
  - Database : 결과 목록을 데이터베이스로 내보냄

▶ **Result Attributes 탭**

속성 목록 또는 결과 목록에 표시할 평가 내용을 선택한다.

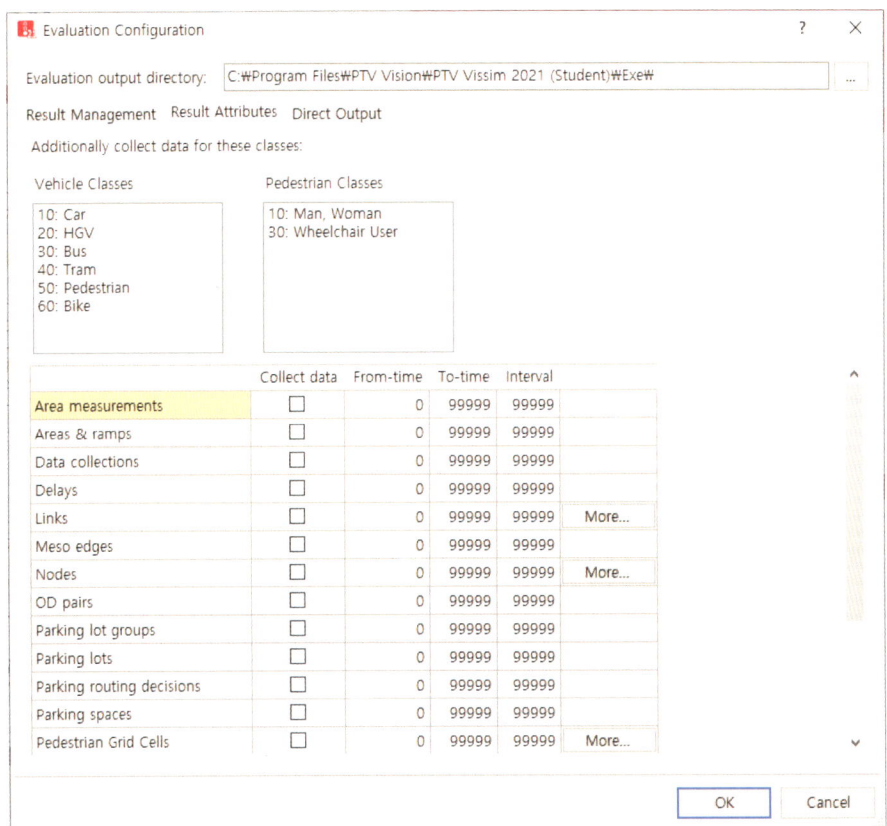

- Collect data : 결과를 얻고 싶은 평가항목을 선택
- From-time : 결과를 얻고자 하는 시작 지점의 시뮬레이션 시간
- To-time : 결과를 얻고자 하는 종료 지점의 시뮬레이션 시간
- Interval : 데이터가 집계되는 시간 간격

## ▶ Direct Output 탭

파일이나 데이터베이스에 저장할 평가 내용을 선택한다.

- **Write to file** : 결과를 파일로 저장하고자 하는 평가항목을 선택
- **Write to database** : 결과를 데이터베이스에 저장하고자 하는 평가항목을 선택
- **From-time** : 결과를 내보내고자 하는 시작 지점의 시뮬레이션 시간
- **To-time** : 결과를 내보내고자 하는 종료 지점의 시뮬레이션 시간

### ※ TIP

시뮬레이션 시작 시에는 네트워크가 모두 비어있는 상태이다. 하지만, 현실과 가까운 시뮬레이션 분석값을 얻기 위해서는 차량 및 보행자가 네트워크 상에서 충분한 흐름을 보이는 시점부터 분석값이 기록되어야 한다. 이에 시뮬레이션 실행 시간을 측정하고자 하는 시간보다 길게 설정한 후, 분석값의 기록 시작 시간을 네트워크상 차량 및 보행자가 충분한 흐름을 보이는 시점으로 설정한다.

- 시뮬레이션 실행 시간은 [Simulation] 메뉴 > [Parameters] > [General] 탭 > [Period]에서 설정 가능하다.

- 분석 값의 기록 시작 시간은 [Evaluation] 메뉴 > [Configuration] > [Result Attributes] 탭 및 [Direct Output] 탭의 'From-time'에서 설정 가능하다.

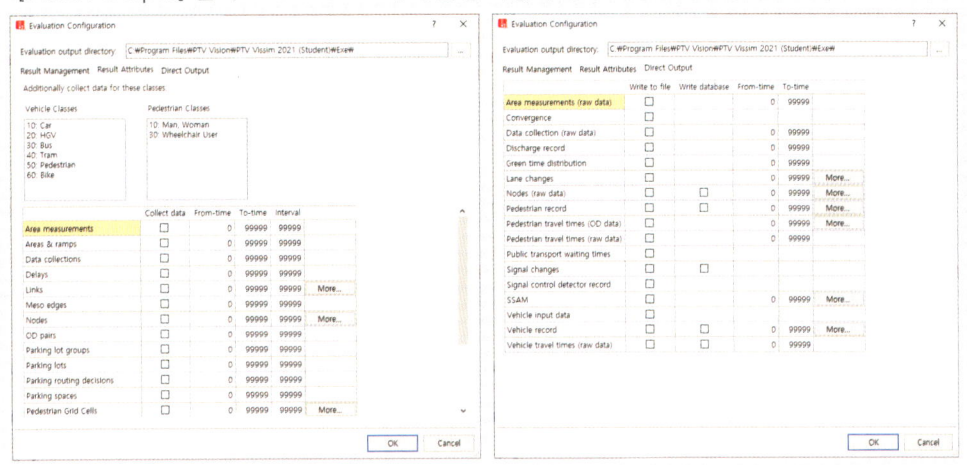

ex. 한 시간 시뮬레이션 분석을 진행할 경우
 - 시뮬레이션 실행 시간 4600sec 지정
 - 분석값 기록 시작 시간 1000sec, 분석값 기록 종료 시간 4600sec 지정

## 4.2. 평가 결과 확인

시뮬레이션을 통해 얻은 다양한 데이터는 결과 목록으로 확인 가능하다. 결과 목록을 여는 방법은 다음과 같이 두 가지 방법이 있다.

① [Lists] 메뉴 〉 [Result]
② [Evaluation] 메뉴 〉 [Result]

Vissim 프로그램 내에서 목록으로 확인할 수 있는 결과들은 다음과 같다.

- Simulation Runs
- Network Performance(Vehicles/Pedestrians) Results
- Vehicles in Network
- Vehicles in Results
- Data Collection Results
- Delay Results
- Link Resuls
- Node Results
- OD Pair Results
- Paths
- Queue Result
- Vehicle Travel Time Results
- Parking Lot Group Results
- Parking Lot Reults
- Parking Space Results
- Parking Routing Decision Results
- Meso Lane Results
- Meso Edge Results
- Pedestrians in Network
- Area Results
- Area Measurement Results
- Ramp Results
- Pedestrian Travel Time Results

위의 평가 항목 중 Vehicle Travel Time Results, Node Results, Data Collection Results는 가로 및 교차로 평가 시 주로 사용되는 평가 항목으로, 원하는 구간(또는 지점)에 별도의 네트워크 객체(Network Objects)를 추가하여 분석 및 평가할 수 있다.

## 4.3. 주요 평가 항목 관련 결과 얻기

### 4.3.1. Vehicle Travel Time Result

▶ **Vehicle Travel Time Result 개요**

이 평가 항목은 차량이 지정한 구간을 통행하는데 걸린 시간을 측정한 결과로, 이를 통해 지정한 구간의 통행속도와 지체시간(최적값과의 차이) 값을 얻을 수 있다. 이 결과 값을 얻기 위해서는 네트워크 객체(Network Objects) 중 차량 통행 시간(Vehicle Travel Time)을 링크 또는 커넥터 위에 삽입하여야 하며, 방법은 다음과 같다.

① 네트워크 객체 사이드바(Network object sidebar)에서 [Vehicle Travel Times]를 선택하여 활성화시킨다.
② 통행시간을 측정하고자 하는 시작점의 링크(또는 커넥터)의 위에서 우클릭하여 삽입한다.
③ 통행시간을 측정하고자 하는 종료 지점의 링크(또는 커넥터)의 위에서 우클릭하여 삽입한다.
④ 다음과 같이 삽입된 시작점은 분홍색 실선으로, 종료 지점은 하늘색 실선으로 표시된다.

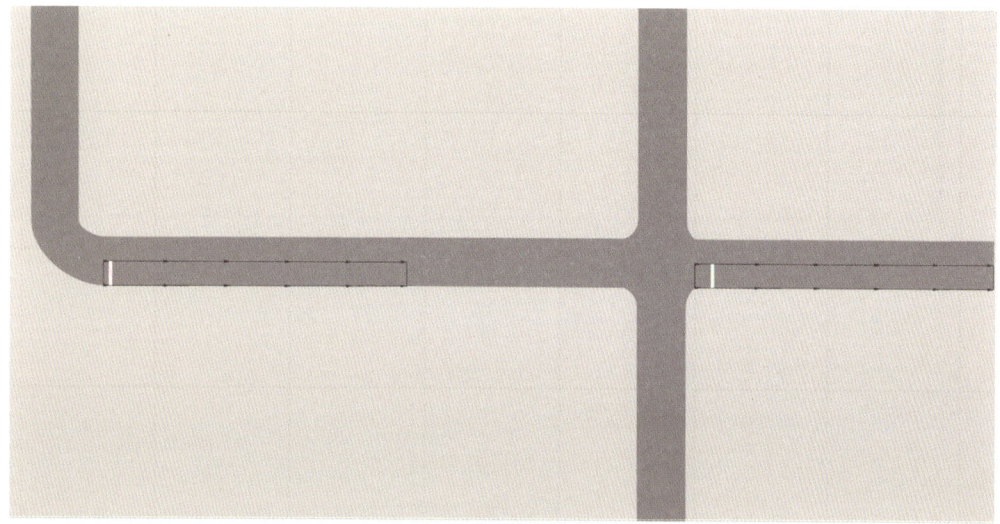

📝 **Note**

- 위의 ②,③의 경우 '우클릭 시, 새 객체 생성'이 설정되어있는 상태에서 배경 이미지를 삽입하는 방법이다. 이 책에서는 '우클릭 시, 새 객체 생성' 설정 상태를 기본으로 설명하고 있으며, 마우스 설정 변경은 [User Preferences]에서 할 수 있다. ('1.5.3. 마우스 설정 변경' 참고)
- Vehicle travel time 객체 삽입 방법에 대한 자세한 내용은 '2.4.3 차량 경로(Vehicle Route) 설정' 참고

삽입한 객체는 목록을 통해 확인 및 수정 가능하며, 차량 통행시간 객체 목록은 다음과 같이 구성되어 있다.

| Count | No | StartLink | StartPos | EndLink | EndPos | Dist |
|---|---|---|---|---|---|---|
| 1 | 1 | 88 | 17.680 | 87 | 53.000 | 135.40 |
| 2 | 2 | 52 | 1.000 | 24 | 36.369 | 157.89 |
| 3 | 10007 | 99 | 1.000 | 53 | 1.500 | 179.39 |
| 4 | 10012 | 91 | 1.000 | 63 | 1.500 | 562.24 |
| 5 | 10091 | 89 | 1.000 | 104 | 1.500 | 228.26 |
| 6 | 10092 | 104 | 1.000 | 22 | 1.500 | 169.83 |
| 7 | 12002 | 42 | 1.000 | 139 | 1.500 | 1362.74 |
| 8 | 12010 | 42 | 1.000 | 99 | 1.500 | 533.10 |
| 9 | 13004 | 7 | 1.000 | 35 | 1.272 | 49.82 |
| 10 | 13014 | 108 | 1.000 | 15 | 1.500 | 177.92 |
| 11 | 14008 | 15 | 1.000 | 20 | 1.500 | 70.81 |
| 12 | 14013 | 189 | 1.000 | 7 | 1.500 | 185.89 |
| 13 | 20006 | 140 | 1.000 | 50 | 1.500 | 470.74 |
| 14 | 20009 | 144 | 1.000 | 22 | 1.500 | 832.35 |
| 15 | 20012 | 140 | 1.000 | 63 | 1.500 | 1396.86 |
| 16 | 20041 | 144 | 1.000 | 66 | 1.063 | 461.28 |

- No : 통행시간 측정을 위해 설치한 Vehicle travel time 객체의 번호
- StartLink(Start link) : 시작 링크
- StartPos(Start position) : 시작 링크에서의 위치
- EndLink(End link) : 종료 링크
- EndPos(End position) : 종료 링크에서의 위치
- Dist(Distance traveled) : 시작 지점부터 종료 지점까지의 거리. 통행시간 측정 거리

### ▶ Vehicle Travel Time Result 확인 방법 1 : 목록을 통해

지정한 구간의 통행시간은 목록을 통해 확인 가능하며, 차량 통행시간 결과 목록은 다음과 같이 구성되어 있다.

| Coun | SimRun | TimeInt | VehicleTravelTimeMeasurement | Vehs(All) | TravTm(All) |
|---|---|---|---|---|---|
| 1 | 1 | 1000-4600 | 1 | 99 | 35.51 |
| 2 | 1 | 1000-4600 | 2 | 99 | 42.37 |
| 3 | 1 | 1000-4600 | 10007 | 2166 | 15.35 |
| 4 | 1 | 1000-4600 | 10012 | 1152 | 132.69 |
| 5 | 1 | 1000-4600 | 10091 | 84 | 31.48 |
| 6 | 1 | 1000-4600 | 10092 | 28 | 19.94 |
| 7 | 1 | 1000-4600 | 12002 | 1916 | 197.54 |
| 8 | 1 | 1000-4600 | 12010 | 2102 | 98.94 |
| 9 | 1 | 1000-4600 | 13004 | 389 | 12.06 |
| 10 | 1 | 1000-4600 | 13014 | 592 | 37.47 |
| 11 | 1 | 1000-4600 | 14008 | 884 | 5.12 |
| 12 | 1 | 1000-4600 | 14013 | 479 | 23.70 |
| 13 | 1 | 1000-4600 | 20006 | 1204 | 57.07 |
| 14 | 1 | 1000-4600 | 20009 | 303 | 97.69 |
| 15 | 1 | 1000-4600 | 20012 | 671 | 292.79 |
| 16 | 1 | 1000-4600 | 20041 | 483 | 42.04 |
| 17 | 1 | 1000-4600 | 40002 | 381 | 124.05 |

- SimRun(Simulation run) : 시뮬레이션 실행 횟수
- TimeInt(Time interval) : 데이터가 집계되는 기간
- VehTravTmMeas(Vehicle travel time measurement) : 통행시간 측정을 위해 설치한 Vehicle travel time 객체의 번호
- Vehs(Vehicles) : 기록된 차량 수. 즉, 교통량.
- TravTm(Travel time) : 네트워크 내 차량들의 평균 통행 시간

### Vehicle Travel Time Result 확인 방법 2 : 파일을 통해

[Evaluation 메뉴] 〉 [Configuration] 〉 [Evaluation Configuration Window] 〉 [Direct Output 탭] 〉 [Vehicle travel times(raw data)] 〉 [☑ Write to file] 선택 시, Vehicle Travel Time에 대한 Raw data가 확장자명 *.rsr 파일로 저장된다. Raw data 파일은 다음과 같은 내용으로 구성되어 있다.

```
File:      C:\Program Files\PTV Vision\PTV Vissim 2021\Examples Demo\Manual\lux3_
10.inpx
Comment:   Manual, SC 3-10
Date:      03.01.2021 12:23:33
PTV Vissim 2021.00-00* [72269]

  Time;     No.;    Veh;  VehType;   TravTm;   Delay;
  75.7;    4031;     3;      402;      4.8;     0.0;
  99.2;    4102;     2;      402;     39.2;     0.0;
 106.0;    4041;     3;      402;     18.5;     0.0;
 118.8;    4092;     2;      402;     13.1;     0.0;
 124.2;9063035;    15;       11;    113.8;     0.0;
 126.4;    4051;     3;      402;     19.9;     1.3;
 127.6;9063035;    23;       16;    112.5;     0.6;
 137.2;4035051;     3;      402;     65.1;     1.1;
 140.3;9063035;    94;       15;     81.4;     1.7;
 145.2;    4102;    72;      401;     73.2;     1.3;
..
```

- **File** : 파일의 경로 및 이름
- **Comment** : 시뮬레이션 파라미터의 설명(선택사항)
- **Date** : 평가 일시
- **PTV Vissim** : 버전번호, 서비스 팩 번호, 빌드 번호
- **Data block** :
  - Time : 측정된 시뮬레이션 시간 [sec]
  - No : 이동시간 측정 번호
  - Veh : 차량 번호
  - VehType : 차량 유형 번호
  - TravTm : 통행 시간 [sec]
  - Dist : 거리 [m]
  - Delay : 지체 [sec], 최적(이상적, 이론적) 시간과의 차이

## 4.3.2. Node Result

▶ **Node Result 개요**

이 평가 항목은 주로 교차로 분석 시 사용되며, 이를 통해 지체, 대기행렬, 배기가스 배출량 등의 값을 얻을 수 있다. 이 결과 값을 얻기 위해서는 네트워크 객체(Network Objects) 중 노드(Nodes)를 네트워크 상에 삽입하여야 하며, 방법은 다음과 같다.

① 네트워크 객체 사이드바(Network object sidebar)에서 [Nodes]를 선택하여 활성화시킨다.
② 우클릭 시 모서리가 추가되며, 평가 대상 교차로를 대상으로 다각형 모양의 노드를 구축한다.
   ('우클릭 시, 새 객체 생성' 설정 상태)
③ 모서리를 모두 추가했으면 마우스 우측 버튼을 더블 클릭하여 노드 삽입을 마친다.
④ 노드가 추가되면 Node Window가 열리고, [OK] 버튼을 눌러 삽입을 완료한다.

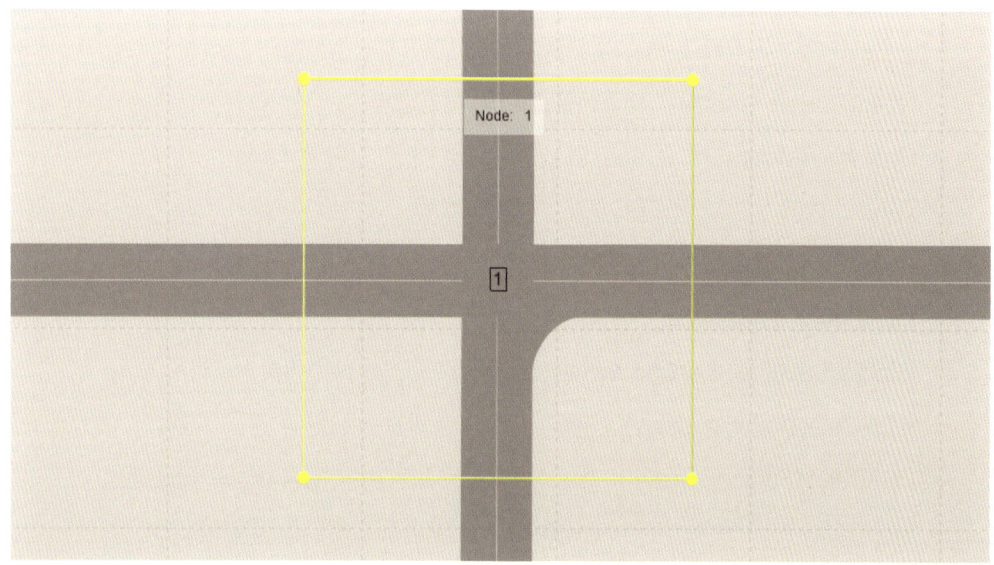

노드와 노드는 서로 교차해서는 안되며, 노드가 겹치는 네트워크파일 *.inpx를 열거나 인접 노드와 겹치는 노드를 추가 생성하면 오류 메시지가 나타난다.

## Node Result 확인 방법 1 : 목록을 통해

노드 평가 결과는 목록을 통해 확인 가능하며, 다음과 같이 구성되어 있다.

- SimRun(Simulation run) : 시뮬레이션 실행 횟수
- TimeInt(Time interval) : 데이터가 집계되는 기간
- Movement : 노드 번호와 시작 및 종료 링크의 번호와 위치, 즉, 경로를 나타냄
  - 'NodeNo'-'StartLink'@'StartPos'-'EndLink'@'EndPos'
  - '노드번호'-'시작링크 번호'@'시작링크에서의 위치'-'종료링크 번호'@'종료링크에서의 위치'
- QLen(Queue length) : 대기행렬 길이의 평균값
- QLenMax(Maximum queue length) : 대기행렬 길이의 최대값
- Vehs : 해당 경로를 통과한 차량수. 즉, 교통량
- Pers : 해당 경로를 통과한 차량의 탑승자 수 (교통량 × 평균 점유율)
- LOS(Level of Service) : 서비스수준
- LOSVal(Level of Service value) : 서비스수준 체계에 따른 1~6까지 숫자
- VehsDelay(Vehicle delay) : 해당 경로를 통과한 차량들의 평균 지체
- PersDelay(Person delay) : 해당 경로를 통과한 차량 탑승자들의 평균 지체
- StopDelay : 시작 지점부터 노드를 벗어날 때까지 노드 내 정지지체
- Stops : 시작 지점부터 노드를 벗어날 때까지 노드 내 정지 수
- EmissionsCO : 배출된 일산화탄소의 양 [g]
- EmissionsNOx : 배출된 질소산화물의 양 [g]
- EmissionsVOC : 배출된 휘발성유기화합물의 양 [g]
- FuelConsumption : 연료 소비량 [US liquid gallon]

## ▶ Node Result 확인 방법 2 : 파일을 통해

[Evaluation 메뉴] 〉 [Configuration] 〉 [Evaluation Configuration Window] 〉 [Direct Output 탭] 〉 [Nodes(raw data)] 〉 [☑ Write to file] 선택 시, Node에 대한 Raw data가 확장자명 *.knr 파일로 저장된다. Raw data 파일은 다음과 같은 내용으로 구성되어 있다.

```
Node evaluation (raw data)

File:     C:\Users\Public\Documents\PTV Vision\PTV Vissim 2021\Examples
Demo\example.inpx
Comment:  Example, SC 3-10
Date:     03.01.2021 12:23:33
PTV Vissim 2021.00-00* [72269]
VehNo; VehType; TStart; TEnd; StartLink; StartLane; StartPos; NodeNo; Movement;
FromLink; ToLink; ToLane; ToPos; Delay; StopDelay; Stops; No_Pers;
    2;    100;         1.7;       7.0;         4;                   1;    0.000;
1;    S-N;       4;       4;                    1;  77.268;        0.0;         0.0;
0;      1;
    3;    100;         3.0;       8.2;         4;                   1;    0.000;
1;    S-N;       4;       4;                    1;  77.268;        0.0;         0.0;
0;      1;
    1;    100;         1.1;       9.5;         1;                   1;   11.013;
1;   SW-NE;      1;       1;                    1; 144.237;        0.0;         0.0;
0;      1;
..
```

- **File** : 파일의 경로 및 이름
- **Comment** : 시뮬레이션 파라미터의 설명(선택사항)
- **Date** : 평가 일시
- **PTV Vissim** : 버전번호, 서비스 팩 번호, 빌드 번호
- **Data block** :
  - Veh : 차량 번호
  - VehType : 차량 유형 번호
  - StartTime : 차량이 노드에 진입하는 시간
  - End at : 차량이 노드를 빠져나가는 시간
  - StartLink : 차량이 노드에 도착한 링크 번호
  - StartLane : 차량이 노드에 도착한 차로 번호
  - StartPos : 차량이 노드에 도착한 링크 시작 지점 위치
  - NodeNo : 노드 번호
  - Movement : 차량이 노드를 통과하여 이동하는 기본 지점
  - FromLink : 노드와 연결되는 링크 번호

- ToLink : 차량이 노드를 빠져나가는 링크 번호
- ToLane : 차량이 노드를 빠져나가는 차로 번호
- ToPos : 차량이 노드를 빠져나가는 링크 종료 지점의 위치
- Delay : 시작 지점부터 노드를 벗어날때까지 노드를 통과하는데 걸린 지체 시간
- StopDelay : 시작 지점부터 노드를 벗어날 때까지 노드 내 정지지체
- Stops : 시작 지점부터 노드를 벗어날 때까지 노드 내 정지 수
- No_Pers : 차량 탑승자 수

## 4.3.3 Data Collection Result

▶ **Data Collection Result 개요**

이 평가항목은 네트워크 객체(Network Objects) 중 데이터 수집 지점(Data Collection Points)을 기반으로 하며, 도로 위에 부착되는 루프 검지기(Loop detector)와 유사하여, 지점을 통과한 차량 수, 가속도, 차량 길이 등의 값을 얻을 수 있다. 데이터 수집 지점 삽입 방법은 다음과 같다.

① 네트워크 객체 사이드바(Network object sidebar)에서 [Data Collection Points]를 선택하여 활성화시킨다.
② 원하는 위치의 링크 또는 커넥터의 위에서 우클릭하여 삽입한다. ('우클릭 시, 새 객체 생성' 설정 상태)

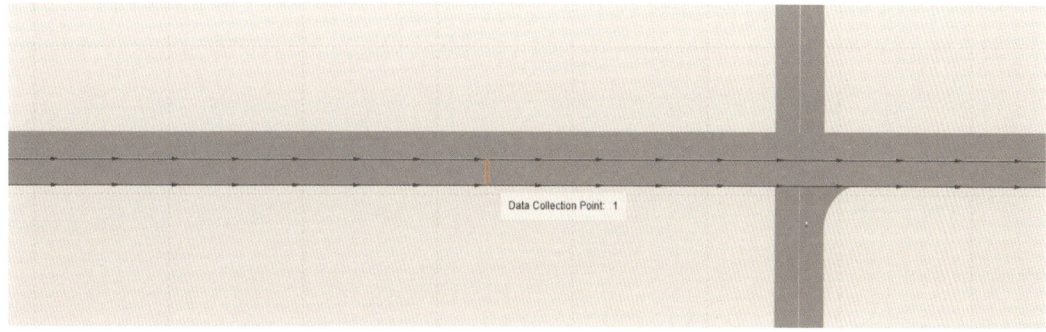

▶ **Data Collection Result 확인 방법 1 : 목록을 통해**

데이터 수집 지점 평가결과는 목록을 통해 확인 가능하며, 다음과 같이 구성되어 있다.

| Coun | SimRun | TimeInt | DataCollectionMeasurement | Acceleration(All) | Dist(All) | Length(All) | Vehs(All) | Pers(All) | QueueDelay(All) | Speed(All) |
|---|---|---|---|---|---|---|---|---|---|---|
| 1 | 23 | 0-4200 | 141 | 0.15 | 563.70 | 11.23 | 5 | 5 | 1.36 | 57.01 |
| 2 | 23 | 0-4200 | 149 | -0.06 | 19.49 | 4.90 | 27 | 67 | 0.00 | 60.49 |

- **SimRun(Simulation run)** : 시뮬레이션 실행 횟수
- **TimeInt(Time interval)** : 데이터가 집계되는 기간
- **DataCollMeas(Data Collection Measurement)** : 데이터 수집 지점 번호 및 해당 데이터 수집 지점의 이름
- **Acceleration** : 차량의 평균 가속도 [m/s²]

- Dist(Distance) : 차량 운행 거리 [m]
- Length : 차량의 평균 길이 [m]
- Vehs(Vehicles) : 총 차량 수
- Pers(Persons) : 총 차량 탑승자 수
- QueueDelay : 차량이 대기열이 정체된 채 소요된 시간 [sec]
- Speed : 데이터 수집 지점에서 차량의 평균 속도 [km/h]
- SpeedAvgArith(Arithmetic mean of speed) : 차량 속도의 산술 평균 [km/h]
- SpeedAvgHarm(Harmonic mean of speed) : 차량 속도의 조화 평균 [km/h]
- OccupRate(Occupancy rate) : 시뮬레이션 마지막 단계에서의 시간 점유율 [0% bis 100%]

### ▶ Data Collection Result 확인 방법 2 : 파일을 통해

[Evaluation 메뉴] > [Configuration] > [Evaluation Configuration Window] > [Direct Output 탭] > [Data collection(raw data)] > [☑ Write to file] 선택 시, Data Collection Points에 대한 Raw data가 확장자명 *.mer 파일로 저장된다. Raw data 파일은 다음과 같은 내용으로 구성되어 있다.

```
Measurement protocol (raw data)

File:     C:\Users\Public\Documents\PTV Vision\PTV Vissim 2021\Examples
Demo\lux3_10.inpx
Comment:  Luxembourg, SC 3-10
Date:     03.01.2021 12:23:33
PTV Vissim 2021.00-00* [72269]

Data collection point   3131: Link     46 Lane 1 at    179.168.
Data Collection Point   3151: Link  10065 Lane 1 at      2.568 m.
Data Collection Point   3211: Link     42 Lane 1 at    197.590 m.
Data Collection Point   3231: Link     49 Lane 1 at    197.617 m.
Data Collection Point   3311: Link  10063 Lane 1 at      6.208 m.
Data Collection Point   3321: Link  10062 Lane 1 at      5.514 m.
Data Collection Point   3351: Link  10064 Lane 1 at      3.096 m.
...

Measurement; t(enter); t(leave); VehNo; Type; Line; v[km/h]; a[m/s2]; Occ;
Pers; tQueue; VehLength[m];
    6311    16.95    -1.00    10   17   0     7.9   -2.83   0.05   1  0.0   4.55
    6311    -1.00    17.60    10   17   0     6.0   -2.83   0.00   1  0.0   4.55
    6312    19.90    -1.00    15   11   0     5.3   -2.68   0.10   1  0.0   4.11
    6321    20.03    -1.00    14   14   0    13.5   -0.99   0.07   1  0.0   4.11
    6321    -1.00    20.34    14   14   0    13.2   -0.99   0.04   1  0.0   4.11
    6312    -1.00    20.94    15   11   0     2.6   -2.68   0.04   1  0.0   4.11
...
```

- File : 파일의 경로 및 이름
- Comment : 시뮬레이션 파라미터의 설명(선택사항)
- Date : 평가 일시
- PTV Vissim : 버전번호, 서비스 팩 번호, 빌드 번호
- Data block :
    - t(enter) : 차량의 앞면이 데이터 수집 지점을 통과한 시간
    - t(leave) : 차량의 뒷면이 데이터 수집 지점을 통과한 시간
    - VehNo : 차량 번호
    - Type : 차량 유형 번호
    - Line : PT 라인, PT 차량 형식에 한함, 그렇지 않으면 = 0
    - v : 속도 [km/h]
    - b : 가속도 [m/s²]
    - Occ(Occupancy) : 점유율, 차량이 이 시뮬레이션에서 데이터 수집 지점 위에서 보낸 시간 [s]
    - Pers : 총 차량 탑승자 수
    - tQueue(Queue time) : 차량이 대기열이 정체된 채 소요된 시간 [sec]
    - VehLength(Vehicle length) : 차량 길이 [m]

## 4.4. 차트 작성

### 4.4.1. 차트 작성 개요

시뮬레이션 결과, 네트워크 객체(Network Object) 속성 등과 같은 데이터에 대해서 차트로 시각화할 수 있다. 데이터 비교 또는 데이터 분석 요구 사항에 따라 꺾은선형 차트 또는 막대형 차트를 만들 수 있으며, 차트의 기초로 원하는 네트워크 객체 유형, 기본 데이터 유형 또는 결과 데이터 유형뿐만 아니라 선택한 유형의 객체와 객체의 속성을 하나 이상 선택한다.

속성값은 Y축에 표시된다. 데이터 계열 그래픽 파라미터(data series graphic parameters)를 사용하여 다음 예시와 같이 선형 차트를 막대 차트와 결합하여 표현할 수 있다.

**예시** 결합 차트 작성

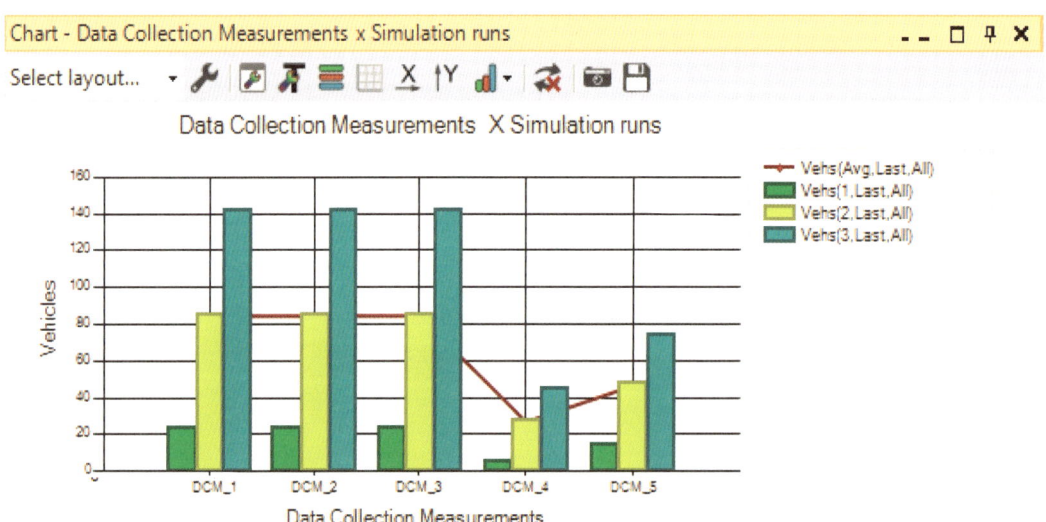

## 4.4.2. 차트 작성 방법

▶ **네트워크 객체 사이드바의 바로가기 메뉴 기반으로 차트 작성하기**

① 네트워크 객체 사이드바(Network object sidebar)에서 원하는 네트워크 객체 유형을 우클릭하여 바로가기 메뉴(Shortcut menu)를 연다.

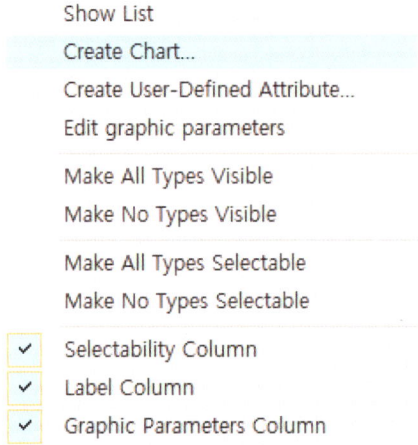

② 바로가기 메뉴에서 [Create Chart] 클릭하면 다음과 같은 Create chart Window가 열린다. 해당 Window에서 원하는 데이터를 선택하고 차트를 구성할 수 있다.

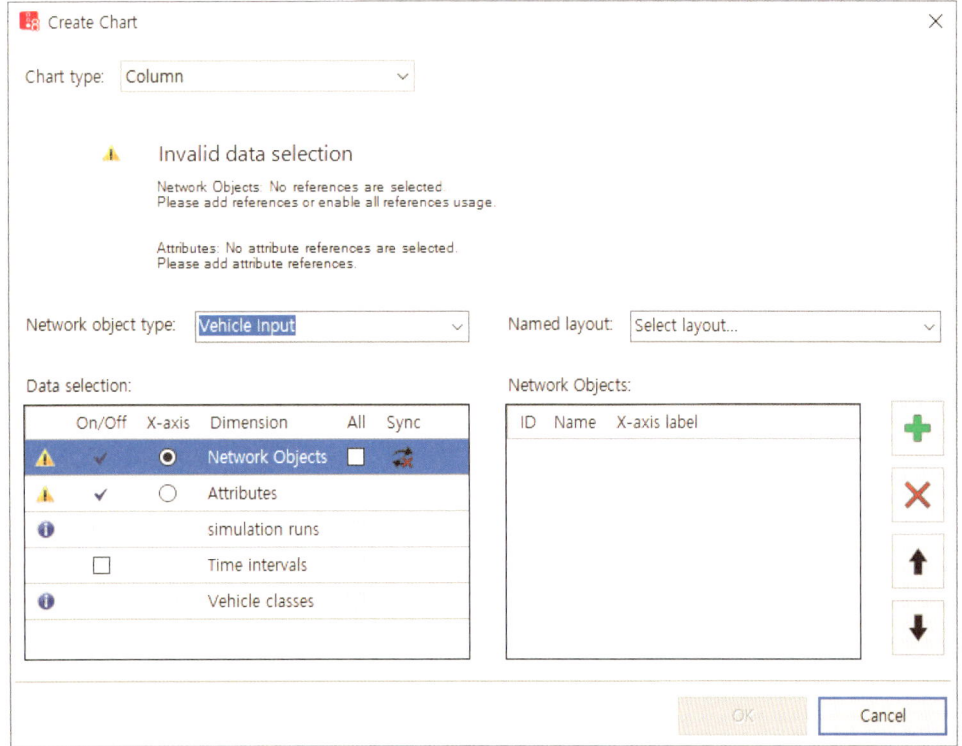

### ▶ 목록에 표시된 데이터 기반으로 차트 작성하기

① 네트워크 객체, 기본 데이터 또는 결과 속성의 원하는 목록을 연다.

② 차트를 작성하고자 하는 항목을 선택한 후, 우클릭하여 바로가기 메뉴를 연다.

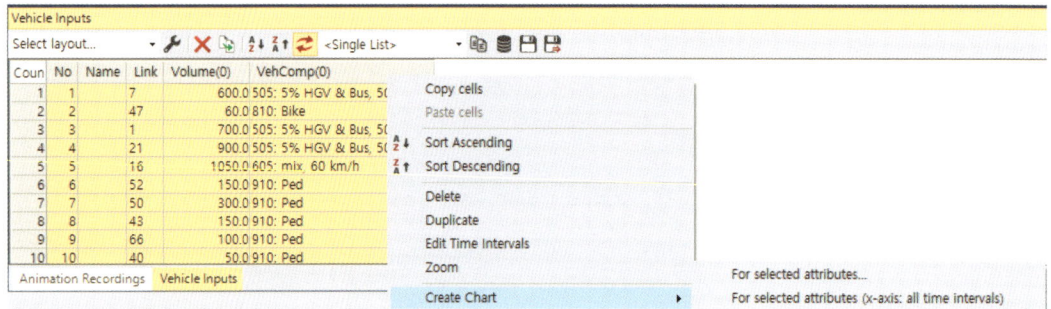

③ 바로가기 메뉴에서 [Create Chart] 클릭하면 다음과 같은 그래프가 표현된다.

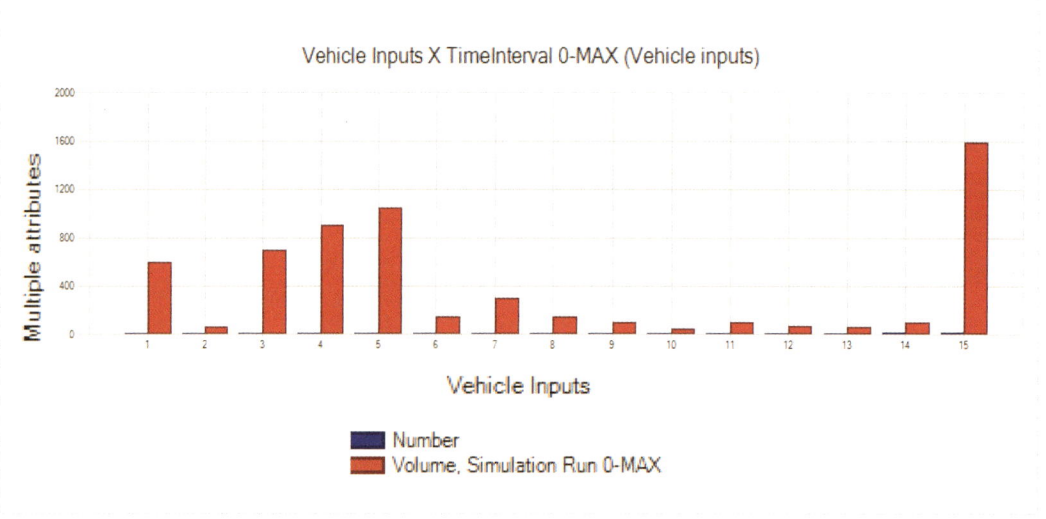

## ▶ 모든 데이터 직접 선택하여 차트 작성하기

① [View] 메뉴에서 〉 [Create Chart...]를 클릭한다.

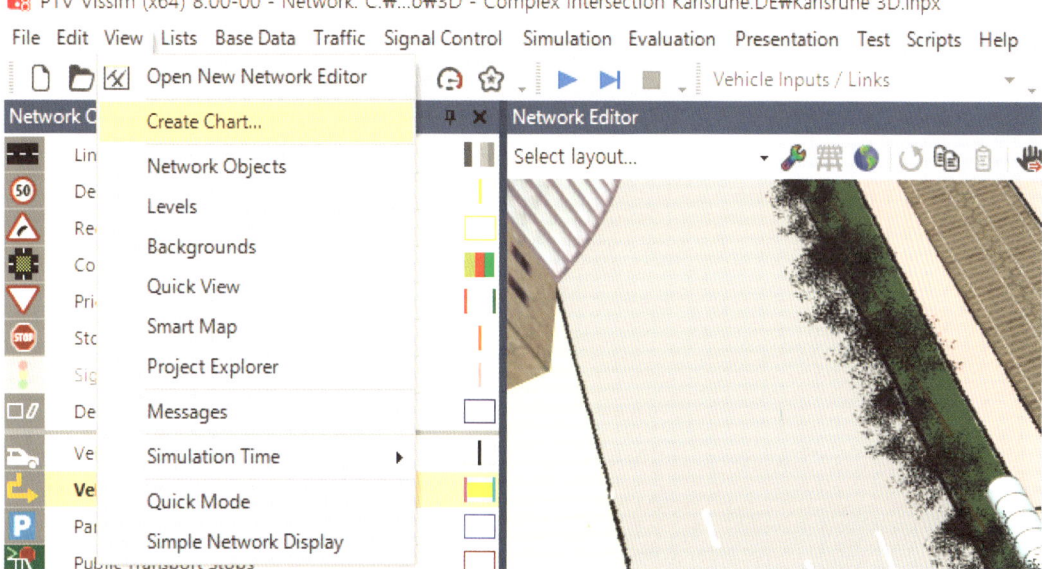

② Create Chart Window가 열린다. 해당 Window에서 원하는 데이터를 선택하고 차트를 구성할 수 있다.

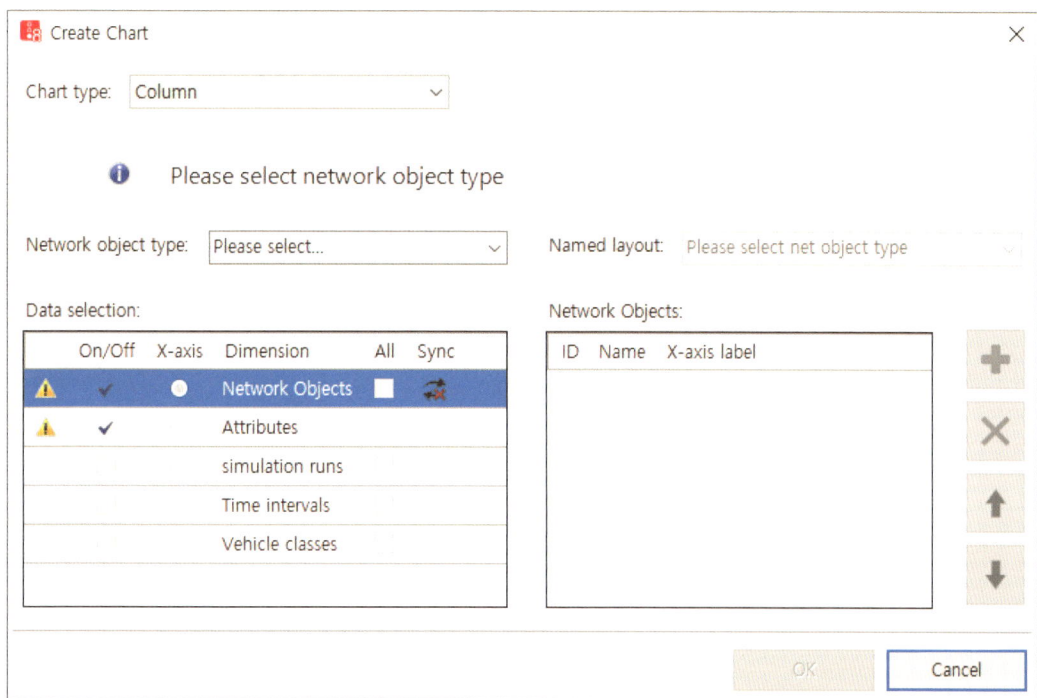

### ▶ 차트 구성하기

① [Chart type] 목록 상자에서 원하는 항목을 선택한다.

② [Network object type] 목록 상자에서 원하는 항목이 선택되었는지 확인한다.

③ 오른쪽 영역에서 선택한 네트워크 객체 유형에 대해 네트워크 객체 차원의 객체를 추가하려면 다음 4단계를 수행한다.

　③-1 [Network Objects] 〉 [Dimention]을 클릭한다.

　③-2 ➕ 버튼을 클릭하면 선택창이 열린다.

　③-3 원하는 객체를 선택한다.

　③-4 [OK] 버튼을 눌러 완료하면, 선택한 객체가 오른쪽 영역에 표시된다.

④ 만약, X축에 객체 이름을 표시하지 않으려면 X축 레이블 열(X-axis label)에 선택한 이름을 입력한다.

⑤ [Attributes] 〉 [Dimension]에 대해 지난 단계를 반복한다. 선택한 특성이 오른쪽 영역에 표시되고, 차트 미리보기가 표시된다. 그 다음 선택한 객체와 속성을 원하는 시뮬레이션 실행, 시간 간격, 차종 또는 보행자 종류로 제한할 수 있다. 선택한 네트워크 객체 유형, 기본 데이터 유형 또는 결과 데이터 유형에 원하는 차원과 관련된 속성이 있는 경우에만 이러한 속성을 선택할 수 있다.

⑥ 원하는 차원에 대해 다음 4단계를 반복한다.

　⑥-1 [Data selection] 목록 상자의 차원에서 [On/Off] 옵션이 선택되어 있는지 확인한다.

　⑥-2 ➕ 버튼을 클릭하면 선택창이 열린다.

　⑥-3 원하는 객체를 선택한다.

　⑥-4 [OK] 버튼을 눌러 완료한다.

⑦ [Data selection] 목록에서 X축에 객체를 표시할 차원의 X축을 선택한다. 선택한 객체가 오른쪽 영역에 표시되고, 차트 미리보기가 표시된다.

⑧ [OK] 버튼을 눌러 완료하면 차트가 표시된다.

**예시** 차트 미리보기

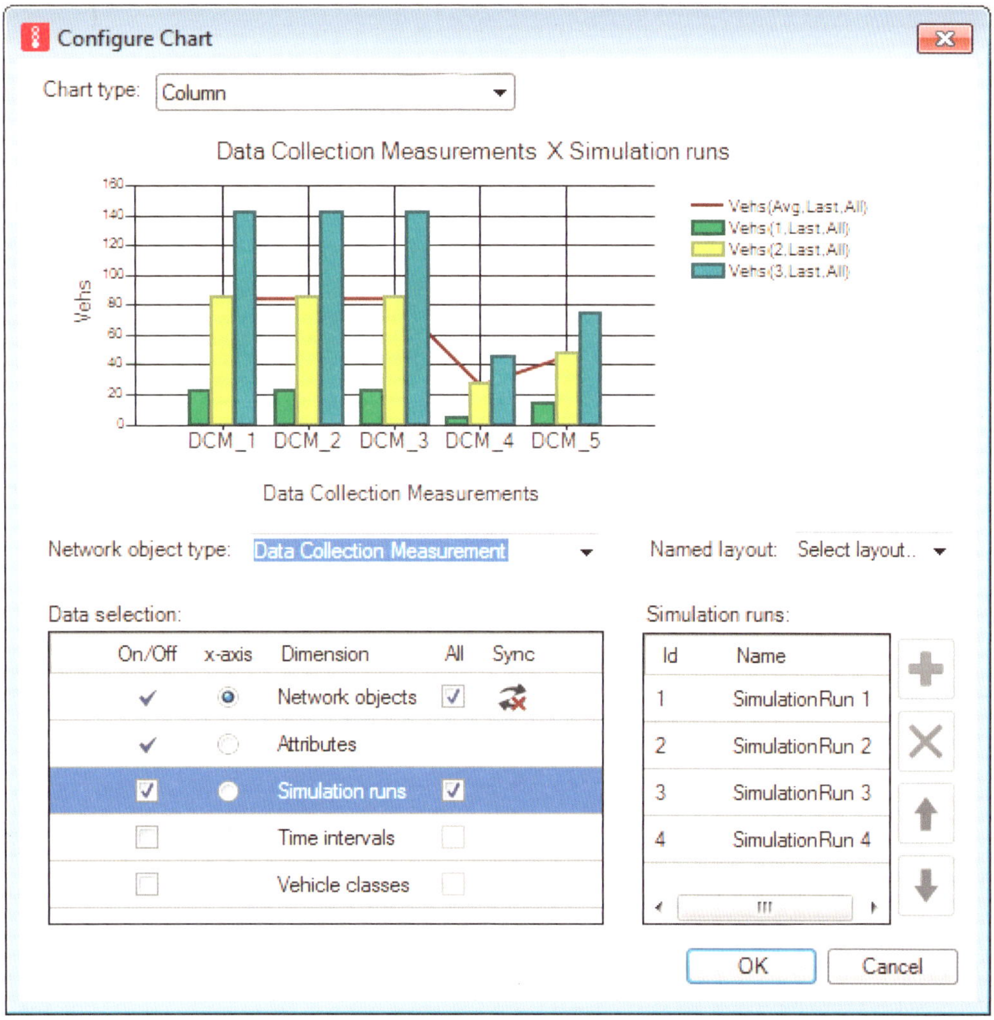

**예시** 생성된 차트

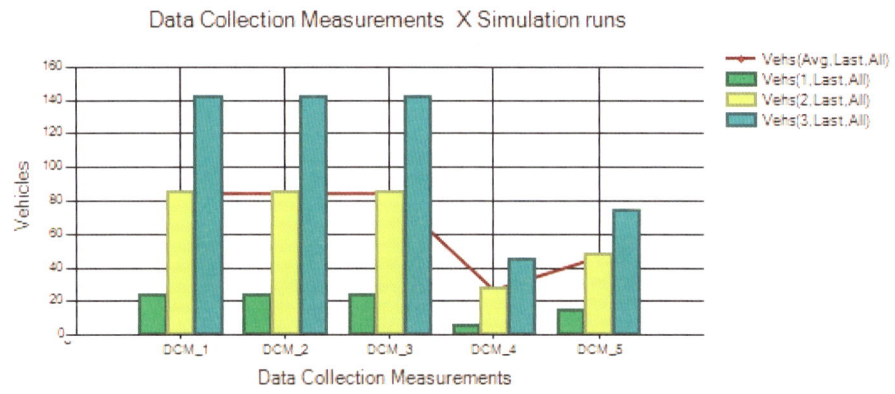

### 4.4.3. 차트 도구모음(Chart toolbar)

차트 도구모음의 형태와 항목별 세부사항은 다음과 같다.

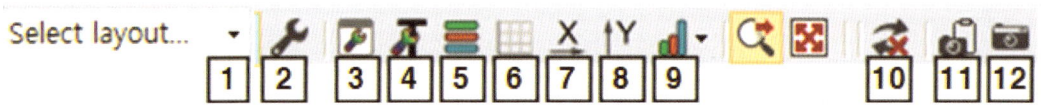

| | 구 분 | 설 명 |
|---|---|---|
| ① | 차트 레이아웃 선택<br>(Chart layout selection) | 명명된 차트 레이아웃 저장 및 선택 |
| ② | 차트 구성<br>(Configure Chart) | 차트 만들기 Window를 열고 데이터를 선택 |
| ③ | Window 그래픽 매개 변수 편집<br>(Edit Window graphic parameters) | 그래픽 파라미터를 사용하여 차트의 다양한 요소가 표시되는 방법을 정의 |
| ④ | 제목 그래픽 매개변수 편집<br>(Edit title graphic parameters) | |
| ⑤ | 범례 그래픽 매개 변수 편집<br>(Edit legend graphic parameters) | |
| ⑥ | 도면 영역 그래픽 매개변수 편집<br>(Edit drawing area graphic parameters) | |
| ⑦ | X축 그래픽 매개변수 편집<br>(Edit X-axis graphic parameters) | |
| ⑧ | Y축 그래픽 매개변수 편집<br>(Edit Y-axis graphic parameters) | |
| ⑨ | 데이터 계열 그래픽 파라미터 편집<br>(Edit data series graphic parameters) | |
| ⑩ | 동기화<br>(Synchronization) | 차트는 모든 네트워크 편집기 및 동기화 목록과 동기화됨. 차트에서 막대 또는 네트워크 객체를 선택하거나 선택 취소하면 다른 창에서도 선택 또는 선택 취소되며 그 반대의 경우도 마찬가지임 |
| ⑪ | 클립보드에 이미지 복사<br>(Copying an image to the clipboard) | |
| ⑫ | 이미지 내보내기(스크린샷)<br>(Export image (Screenshot)) | |

실무자를 위한 Vissim Manual

Chapter 05

# 시뮬레이션 녹화

# Chapter 05 시뮬레이션 녹화

프레젠테이션에 대한 시뮬레이션을 다음 데이터 형식으로 기록하고 파일에 저장할 수 있다.

| 구 분 | 파일 형식 |
|---|---|
| 3D 비디오 파일 | *.avi |
| 애니메이션 파일 | *.ani |
| 이미지 파일 | *jpg, *.png, *.tiff, *.bmp, *.gif |

 Note

비디오 파일에는 많은 메모리가 필요하다. 녹화 계획에 따라 사용 가능한 메모리 공간이 충분한지 확인 후 작업을 시작한다.

## 5.1. 비디오 파일(AVI file)로 녹화하기

### 5.1.1. 카메라 위치(Camera position) 저장

시뮬레이션을 AVI 파일로 녹화하기 위해서는 먼저 카메라 위치(Camera position)를 저장해야 한다. 카메라 위치 저장 방법 및 저장된 카메라 위치 확인 방법은 다음과 같다.

▶ **Camera position selection 상자 이용 시**

① 네트워크 편집기 도구모음(Network Editor toolbar)에서 2D 모드 또는 3D 모드 중 녹화를 원하는 모드로 전환한다.
② 네트워크 편집기 상에 원하는 카메라 위치 또는 구도에 맞춰 네트워크 뷰를 설정한 후, 네트워크 편집기 도구 모음에서 Camera position selection 상자를 클릭한다.
③ 해당 창에 지정하고자 하는 이름을 입력한 후, [ENTER]를 눌러 완료한다.

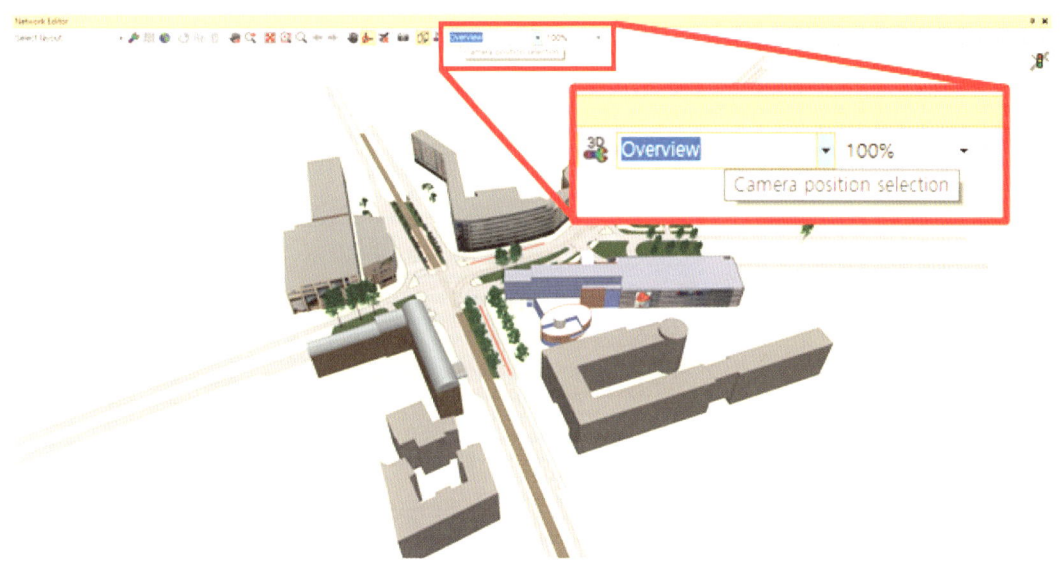

## ▶ Camera position selection 버튼 이용 시

① 네트워크 편집기 도구모음에서 2D 또는 3D 중 녹화를 원하는 모드로 전환한다.
② 네트워크 편집기 도구 모음에서 Camera position selection 버튼(📹▾)을 클릭한다.
③ [Add] 클릭 후, 지정하고자 하는 이름을 입력한 후, [ENTER]를 눌러 완료한다.

## ▶ Camera position 확인 방법

저장한 카메라 위치는 [Lists 메뉴] > [Graphics & Presentation] > [Camera Positions]를 선택해 다음과 같이 목록의 형태로 확인할 수 있다.

| Coun | No | Name | Pos | YawAngle | PitchAngle | RollAngle | FOV | FocLen |
|---|---|---|---|---|---|---|---|---|
| 1 | 1 | Camera position 001 | 944.666 7374.750 105.868 | 154.000 | 53.000 | 0.000 | 45.0 | 43.5 |
| 2 | 2 | Camera position 002 | 942.072 7415.030 67.694 | 191.000 | 47.000 | 0.000 | 45.0 | 43.5 |
| 3 | 3 | Camera position 003 | 903.655 7416.060 4.085 | 242.000 | 3.000 | 0.000 | 45.0 | 43.5 |
| 4 | 4 | Camera position 004 | 947.641 7422.110 2.558 | 181.000 | 11.000 | 0.000 | 45.0 | 43.5 |
| 5 | 5 | Camera position 005 | 1021.060 7482.550 17.234 | 223.000 | 14.000 | 0.000 | 45.0 | 43.5 |
| 6 | 6 | Camera position 006 | 1078.570 7457.090 22.927 | 181.000 | 11.000 | 0.000 | 45.0 | 43.5 |
| 7 | 7 | Camera position 007 | 985.256 7424.800 18.852 | 178.000 | 18.000 | 0.000 | 45.0 | 43.5 |
| 8 | 8 | Camera position 008 | 951.154 7434.970 2.782 | 62.000 | 4.000 | 0.000 | 45.0 | 43.5 |
| 9 | 9 | Camera position 009 | 948.009 7461.290 0.742 | 46.000 | 2.000 | 0.000 | 45.0 | 43.5 |
| 10 | 10 | Camera position 010 | 943.650 7456.330 22.960 | 285.000 | 73.000 | 0.000 | 45.0 | 43.5 |
| 11 | 11 | Camera position 011 | 948.061 7454.010 10.552 | 212.000 | 18.000 | 0.000 | 45.0 | 43.5 |
| 12 | 12 | Camera position 012 | 886.403 7433.880 2.500 | 168.000 | 0.000 | 0.000 | 45.0 | 43.5 |
| 13 | 13 | Camera position 013 | 889.236 7434.320 3.056 | 212.000 | 8.000 | 0.000 | 45.0 | 43.5 |
| 14 | 14 | Camera position 014 | 838.163 7463.630 37.664 | 297.000 | 38.000 | 0.000 | 45.0 | 43.5 |
| 15 | 15 | Camera position 015 | 837.695 7391.500 5.597 | 64.000 | 1.000 | 0.000 | 45.0 | 43.5 |
| 16 | 16 | Camera position 016 | 864.842 7406.290 77.199 | 79.000 | 88.000 | 0.000 | 45.0 | 43.5 |

## 🌟 TIP

3D 모드로 시뮬레이션 실행 중, 원하는 차량 또는 보행자를 선택(더블 클릭)하여 운전자/보행자 시각으로 카메라 위치를 저장할 수 있다.

**예시 ▶ 차량 시각**

**예시 ▶ 보행자 시각**

## 5.1.2. 스토리보드(Storyboads)와 키프레임(Keyframes) 정의

스토리보드(storyboads)를 사용하여 시뮬레이션 녹화에 대한 기본 설정(해상도, 프레임 레이트, 저장옵션 등)을 정의할 수 있다. 스토리보드에는 하나 이상의 키프레임(Keyframe)을 할당하여야 하며, 여러 키프레임을 조합한 후 순서대로 경과시킬 수 있다. 각 키프레임에는 앞서 저장한 카메라 위치를 지정해야한다. 단, 2D 모드와 3D 모드의 카메라 위치가 있는 키프레임은 스토리보드에서 함께 사용할 수 없다. 키프레임을 사용하여 스토리보드를 정의하는 방법은 다음과 같다.

① 원하는 모드(2D 또는 3D)를 선택했는지 확인한다.
② [Presentation] 메뉴에서 [Storyboads]를 클릭하여 목록을 연다.

③ 목록의 도구모음에서 추가 단추(➕)를 클릭하여 기본 데이터가 있는 새 행을 삽입한다.
④ 다음과 같은 속성을 설정/변경한다.

| 속 성 | 설 명 |
|---|---|
| No | 스토리보드 번호 |
| Name | 스토리보드 이름 |
| Resolution | 해상도(픽셀 단위) 해상도(x) × 해상도(y)(예: 1920 × 1080(Full HD) |
| ResX | 수평 해상도(x), (예: 1,280) |
| ResY | 수직 해상도(y), (예: 780) |
| RecAVI | 이 옵션 선택시(☑) 스토리 보드에 대한 AVI 녹화를 함 |
| Filename | AVI 파일의 경로 및 파일 이름 |
| Framerate | 프레임 속도(fps), 기본 초당 20개의 이미지 |
| RealTmfact | 실시간 인자 = 프레임레이트/시뮬레이션 해상도(기본값 2.0) |
| NetLayout | 스토리보드 시작 부분에 대해 명명된 네트워크 편집기 레이아웃 선택 |
| ShowPrev | 이 옵션 선택시(☑) 시뮬레이션을 기록하는 동안 창에 미리 보기를 표시할 수 있음 |
| PrevZoomFact | 미리보기에 대한 미리보기 확대/축소 비율(기본값 1) |

⑤ 연결 목록(Coupled list) 상자에서 Keyframes를 선택하여 오른쪽에 목록을 띄운다.

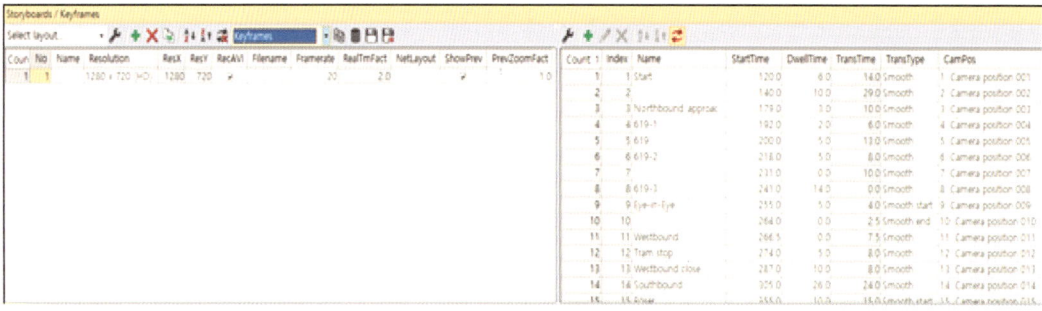

⑥ 왼쪽 목록에서 키프레임을 정의할 스토리보드를 클릭한다.
⑦ 오른쪽 목록의 도구 모음에서 추가 버튼을 클릭하여 기본 데이터가 있는 새 행이 삽입하면, 다음과 같은 키프레임 창이 열린다.

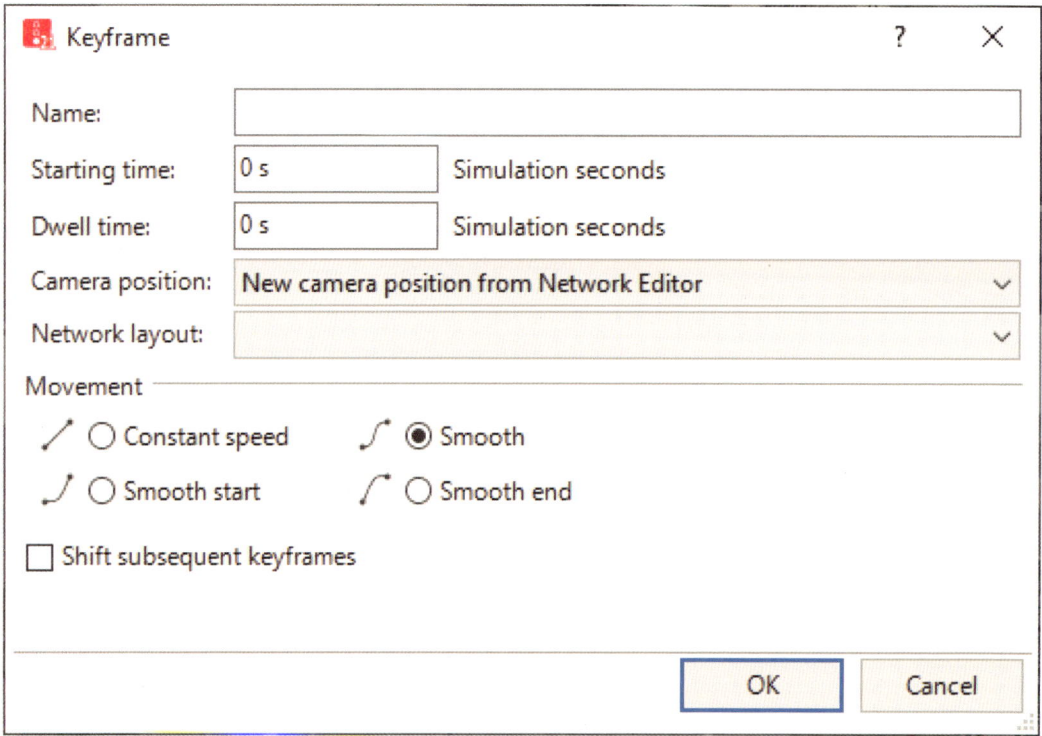

⑧ 키프레임의 이름, 시작 시간, 카메라 위치 등과 같은 속성을 설정/변경한다. (자세한 내용은 다음 페이지 표 참고)
⑨ [OK] 버튼을 눌러 설정을 완료한다.

- 키프레임 속성

| 속성 | 설명 |
|---|---|
| Name | 키프레임의 이름 |
| StartTime | 키프레임을 시작하는 시간 |
| DwellTime | 이 키프레임 위치에서 시뮬레이션을 보는 기간 |
| CamPos | 카메라 위치를 선택 |
| NetLayout | 키프레임의 시작 부분에 대해 명명된 네트워크 편집기 레이아웃을 선택 |
| TransTime | 두 키 프레임 간의 전환 시간<br>- 현재 키 프레임의 StartTime과 DwellTime의 차이와 다음 키 프레임의 StartTime의 차이로 자동 계산됨 |
| TransType | 이동 섹션에서 키프레임의 현재 카메라 위치와 다음 카메라 위치 사이의 이동을 정의<br>- Constant speed : 일정한 속도에서 위치 변경<br>- Smooth : 키프레임 위치에 가까운 동작은 느리지만, 키프레임과 키프레임 사이에는 더 빠르게 진행<br>- Smooth start : 키프레임 위치에서는 속도가 증가하는 상태로 시작하여 다음 키프레임까지 일정한 속도로 이동<br>- Smooth end : 키프레임 위치에서는 일정한 속도로 시작되며 다음 키프레임 위치를 향해 서서히 느려짐 |
| Shift subsequent Keyframes | 이 옵션 선택시(☑) 선택한 키 프레임에 대한 현재 설정에 따라 모든 후속 키 프레임의 StartTime을 이동함 |

> **Note**
>
> 연결 목록에 대한 자세한 설명은 '1.4.10. 목록(List)과 연결 목록(Coupled list)' 참고

### 5.1.3. 스토리보드 구성 미리보기

AVI 기본 속도인 초당 20프레임 또는 최대 속도로 앞서 구성한 스토리보드의 구성을 미리 볼 수 있으며, 방법은 다음과 같다.

① [Presentation] 메뉴에서 [Storyboads]를 클릭하여 목록을 연다.
② 연결 목록 상자에서 Keyframes를 선택하여 오른쪽에 목록을 띄운다.
③ 오른쪽 목록에서 선택한 키 프레임을 우클릭하여 바로가기 메뉴를 연다.
④ AVI 속도로 미리보기를 하고자 하면 [Preview with AVI speed]를 시뮬레이션 속도로 미리보기를 하고자 하면 [Preview with simulation speed]를 선택한다.
⑤ 미리보기를 취소하거나 닫으려면 우측 상단의 닫기 버튼(X)을 클릭한다.

## 5.1.4. 비디오 파일 녹화 시작하기

카메라 위치, 키프레임, 스토리보드 설정이 되었다면, 녹화를 위한 준비가 완료된 것이다. 이제 녹화를 시작해보자. 녹화 시작 방법은 다음과 같다.

① 스토리보드 목록에서 선택한 스토리보드를 클릭하고 ☑RecAVI를 선택한다.
② [Presentation] 메뉴에서 [Record AVI]를 선택한다.
③ 시뮬레이션을 시작한다. 만일 현재 네트워크 파일에 대한 녹화를 시작한 적이 없다면, Video Compression Window가 열린다.

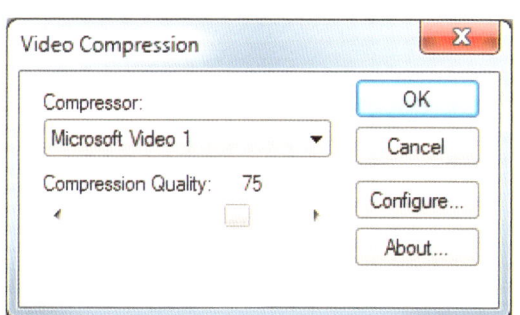 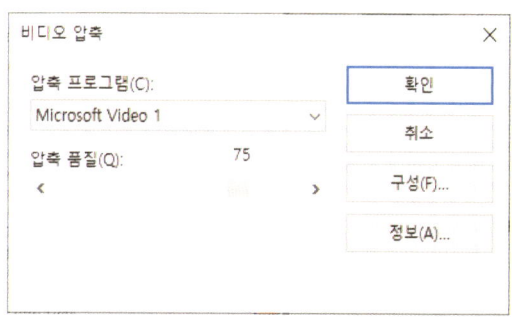

④ 원하는 압축프로그램과 압축 품질을 선택후 [OK] 또는 [확인] 버튼을 누른다.
⑤ 시뮬레이션 실행이 종료되기 전에 AVI 녹화를 중지하려면 [Presentation] 메뉴에서 〉[☐ Record AVI]를 선택한다.
⑥ 시뮬레이션을 중지하려면 Simulation 도구 모음에서 Stop 버튼( ■ )을 클릭한다.

### 📝 Note

*.avi 파일의 기록은 3D 모드의 시뮬레이션보다 상당히 오래 걸릴 수 있으며, 특히 [Presentation] 메뉴 〉 [3D-Anti-Aliasing]을 선택한 경우 그러하다. (컴퓨터 사양마다 속도의 차이가 있음을 참고)
  └ Anti-aliasing : 계단 현상 발생을 줄여주는 기능. 각 점들 사이의 밝기를 조절하여 흐릿하게 나타냄으로써 부드럽게 보일 수 있도록 함.

## 5.2. 애니메이션 파일(ANI file)로 녹화하기

차량 및 보행자에 대한 시뮬레이션 실행을 애니메이션 파일(*.ani)에 저장할 수 있다. 그 다음 Vissim에서 애니메이션 파일을 사용할 수 있다. 애니메이션 파일은 시뮬레이션 된 차량이나 보행자의 그래픽 표현만 포함하므로 애니메이션은 실제 시뮬레이션보다 상당히 빠르게 실행된다. 평가(Evaluation)는 애니메이션에서 사용할 수 없다.

애니메이션은 다음과 같은 애니메이션 표시에 필요한 네트워크 객체의 속성값을 기록한다.
  ① 차량 : 위치, 방향 지시등, 색상, 3D 모형, 상태
  ② 보행자 : 위치, 3D 상태, 색상, 3D 모형
  ③ 신호기 : 상태

스크립트 파일을 사용하여 이러한 속성 값들을 편집할 수 있으나, 다른 네트워크 객체의 속성 값은 기록되지 않으며 스크립트 파일을 통해 편집할 수 없다.

### 5.2.1. 애니메이션 녹화하기

다음과 같은 방법으로 애니메이션을 녹화할 수 있다.

① [Presentation] 메뉴에서 [Animation Recordings]를 선택하여 애니메이션 녹화 목록을 연다. 애니메이션 녹화 목록은 다음 그림과 같다.

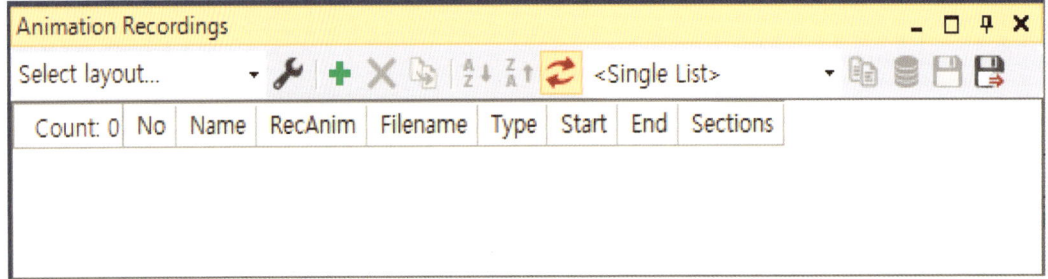

② 목록의 도구모음에서 추가 단추(➕)를 클릭하여 기본 데이터가 있는 새 행을 삽입한다.
③ 애니메이션 이름, 파일명, 유형, 녹화 시작시간, 녹화 종료시간 등과 같은 속성을 설정/변경 한다. (자세한 내용은 다음 페이지 표 참고)
④ [Presentation] 메뉴에서 [☑ Record Animations]을 선택한다.
⑤ 시뮬레이션을 시작하면, 시뮬레이션이 실행되는 동안 데이터가 *.ani 또는 *.ani.txt 파일에 기록된다.
⑥ 애니메이션 녹화를 중지하려면 [Presentation] 메뉴에서 [☑ Record Animations]을 선택 한다.

⑦ 시뮬레이션을 중지하려면 Simulation 도구 모음에서 Stop 버튼()을 클릭한다.

• 애니메이션 속성

| 속 성 | 설 명 |
|---|---|
| No | 고유번호 |
| Name | 애니메이션 이름 |
| RecAnim | 이 옵션 선택시(☑) 프레젠테이션 메뉴에서 애니메이션 녹화를 선택할 때 애니메이션이 녹화됨 |
| Filename | 시뮬레이션을 애니메이션으로 저장할 *.ani 또는 *.ani.txt 파일의 '이름 |
| Type | 파일 저장 유형 설정<br>  - For Export (*.ani.txt): 애니메이션을 텍스트 파일로 저장<br>  - Replay(*.ani): 재생할 수 있는 ANI 파일에 애니메이션을 저장<br>  - For Web (*.zip): 인터넷에서 애니메이션을 표시하는 데 사용할 수 있는 ZIP 파일에 애니메이션을 저장 |
| Start | 녹화 시작 시간 |
| End | 녹화 종료 시간<br>여러 애니메이션 녹화를 정의하는 경우 중복이 발생하지 않도록 주의해야 함 |
| Sections | 기록할 섹션 수<br>  - No number : 전체 네트워크가 기록됨 |

## 5.2.2. 애니메이션 실행하기

애니메이션 파일(*.ani)을 사용하여 시뮬레이션 애니메이션을 실행할 수 있다. Vissim에서 애니메이션 파일을 실행하려면, 먼저 해당 Vissim 네트워크를 열어야한다. 자세한 방법은 다음과 같다.

① [Presentation] 메뉴에서 [Animation with ANI file]을 선택한다.

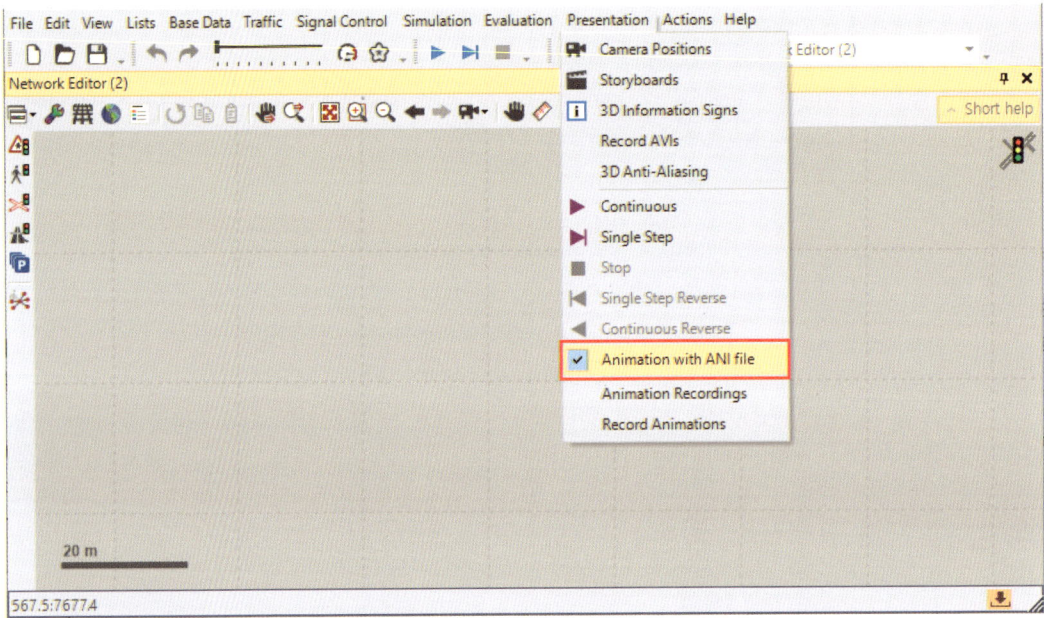

② [Presentation] 메뉴에서 다음과 같은 버튼 중 원하는 버튼을 선택하여 재생 또는 정지한다.

| 기 능 | 설 명 |
| --- | --- |
| ◀ | 애니메이션 연속 역재생(Animation continuous reverse) |
| ◀❙ | 애니메이션 단일 단계 역재생(Animation single step reverse) |
| ▶ | 애니메이션 연속 재생(Animation continuous) |
| ❙▶ | 애니메이션 단일 단계 재생(Animation single step) |
| ■ | 애니메이션 정지(Stop animation) |

## 5.3. 스크린샷 캡처 및 이미지 내보내기

현재 네트워크 편집기의 스크린샷을 캡처하여 이미지로 내보낸 후 원하는 파일 형식의 그래픽 파일로 저장할 수 있다. 이 기능은 시뮬레이션 실행 중에도 가능하며, 자세한 방법은 다음과 같다.

① 네트워크 편집기 도구 모음에서 이미지 내보내기(스크린샷) 버튼(  )을 클릭한다.

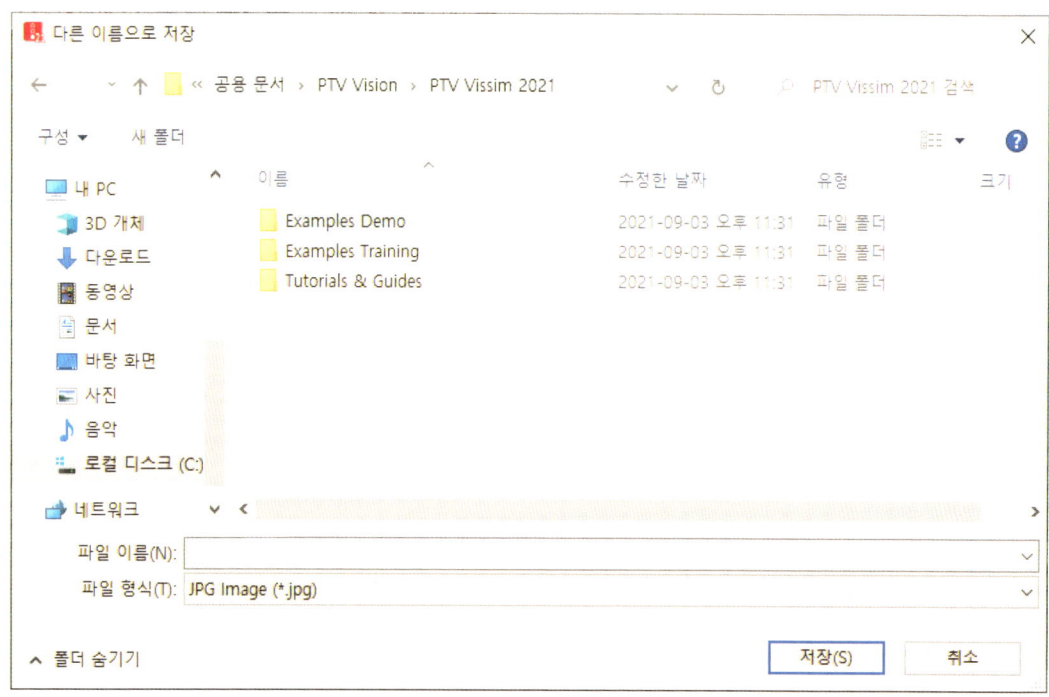

② Save as Window(또는 다른 이름으로 저장 창)이 열리면, 원하는 내용을 변경한다.
   - File name (파일 이름, N) : 그래픽 파일의 이름
   - File type (파일 형식, T) : 그래픽 파일의 파일 형식. 기본적으로 *.jpg가 선택됨
③ 저장하고자 하는 위치를 선택한 후, 저장(Save) 버튼을 클릭한다.
④ Screenshot Parameters Window가 열리면, 원하는 내용을 변경한다(자세한 내용은 다음 페이지 표, 그림 참고).
⑤ [OK] 버튼을 눌러 설정을 완료한다.

• 스크린샷 파라미터

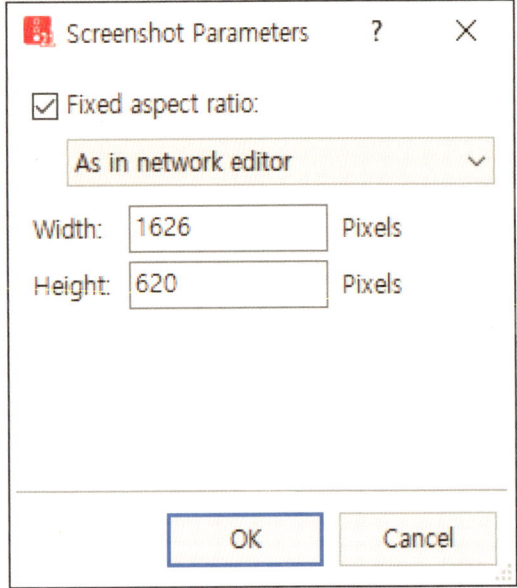 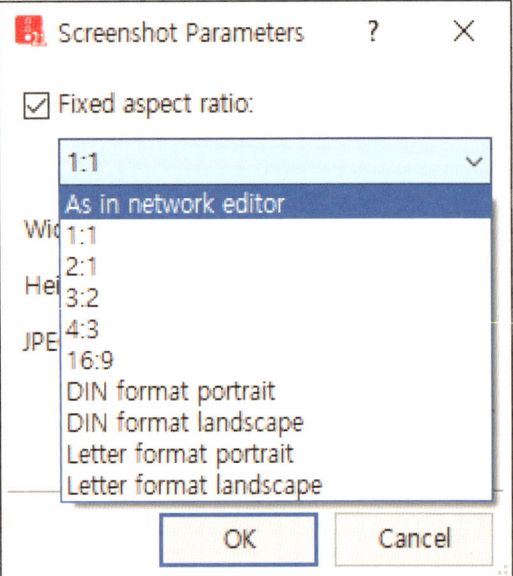

| 구 분 | 설 명 |
|---|---|
| Fixed aspect ratio | ☑ 이 옵션을 선택할 경우, 미리 정의된 너비(Width) × 높이(Height) 비율을 선택할 수 있음<br>　└ As in network editor 선택 시, 프로그램 인터페이스의 네트워크 편집기에 표시되는 것과 동일한 크기로 저장됨<br>☐ 이 옵션을 선택하지 않을 경우, 원하는 비율을 직접 입력할 수 있음 |
| JPEG quality | 이미지 품질 조정을 통해 파일 크기를 조정한다. 기본 값(Default value)은 100%임 |

실무자를 위한 Vissim Manual

# 부록

## Chapter

# 부록1  네트워크 구축 및 시뮬레이션 과정 한눈에 보기

다음은 네트워크 구축, 시뮬레이션에 필요한 사항 설정 그리고 시뮬레이션을 시작하기 위한 가장 중요한 과정들이다.

### Quick Start

① Vissim 프로그램을 실행하고, 새 네트워크 파일을 저장한다.
② 시뮬레이션 파라미터를 정의한다('3.1.1. 시뮬레이션 파라미터(Simulation parameters) 정의' 참고).
③ 차량 구성 및 유형을 정의한다('2.4.1. 차량 구성(Vehicle Composition) 설정' 참고).
④ 배경 이미지를 삽입한다('2.2. 배경 이미지(Background Image) 삽입' 참고).
⑤ 배경 이미지의 위치를 설정하고 스케일을 조정한다.
⑥ 차로 및 횡단보도 구축을 위해 링크 및 커넥터를 삽입한다('2.3.1. 차량/보행자 링크(Link) 구축' 참고).
⑦ 네트워크의 끝점에 차량을 입력한다('2.4.2. 차량 삽입(Vehicle Input)' 참고).
⑧ 차량의 경로를 설정한다('2.4.3. 차량 경로(Vehicle Route) 설정' 참고).
⑨ 회전구간, 속도제한구간 등에 대해 희망 속도를 정의한다('2.4.4. 희망 속도(Desired Speed) 변경' 참고).
⑩ 비신호교차로의 우선순위를 설정한다('2.6.1. 우선순위 규칙(Priority Rules) 설정' 및 '2.6.2. 상충구간(Conflict Areas) 설정' 참고).
⑪ 비신호교차로에서 정지 표지를 삽입한다('2.6.3. 정지표지(Stop Signs) 삽입' 참고).
⑫ 신호 프로그램을 생성한다('2.7.1 신호 프로그램(Signal Program) 생성' 참고).
⑬ 신호기를 삽입한다('2.7.2. 신호기(Signal Head) 삽입' 참고).
⑭ RTOR(Right-turn on red)을 설정한다('2.6.3. 정지표지(Stop Signs) 삽입' 참고).
⑮ 신호교차로의 우선순위를 설정한다('2.6.1. 우선순위 규칙(Priority Rules) 설정' 및 '2.6.2. 상충구간(Conflict Areas) 설정' 참고).
⑯ 대중교통 정류장을 삽입한다('2.5. 단거리 대중교통(PT:Public Transportation) 구축' 참고).
⑰ 대중교통 노선을 구축한다.
⑱ 이동시간, 지체 등의 평가를 위한 설정을 한다('4.1. 평가 수행 개요' 및 '4.3. 주요 평가 항목 관련 결과 얻기' 참고).
⑲ 시뮬레이션을 실행한다('3.1.2. 시뮬레이션 실행 및 정지' 참고).
⑳ 평가 결과를 확인한다('4.2. 평가 결과 확인' 및 '4.3. 주요 평가 항목 관련 결과 얻기' 참고).

# Chapter 부록2 이전 버전 대비 주요 변경 사항

Vissim은 버전 업데이트를 거듭하며 여러 기능이 개선되었고, 새로운 기능이 추가되었다. 이러한 변화들로 인해 같은 분석이라도 이전 버전과 결과값이 달라질 수 있다. 다음은 Vissim 2022(SP01) 버전부터 Vissim 7 버전까지의 이전 버전 대비 주요 변경 사항을 요약한 내용이다. 이전 버전과 비교한 자세한 변경 사항이 알고 싶다면, 릴리즈 노트(Release note)를 통해 확인할 수 있다. 릴리즈 노트는 [파일 탐색기] > [로컬 디스크(C:)] > [PTV Vision] > [PTV Vissim*version] > [Doc] > [언어 선택] [ReleaseNotes_Vissim_선택한 언어.pdf]를 통해 확인할 수 있다.

| 연번 | 버전명 | 페이지 | 연번 | 버전명 | 페이지 |
|---|---|---|---|---|---|
| 1 | Vissim 2022(SP01) | 204 | 16 | Vissim 2020(SP00) | 207 |
| 2 | Vissim 2021(SP09) | 204 | 17 | Vissim 11.00-00 | 208 |
| 3 | Vissim 2021(SP07) | 204 | 18 | Vissim 11.00-08 | 208 |
| 4 | Vissim 2021(SP06) | 204 | 19 | Vissim 11.00-07 | 208 |
| 5 | Vissim 2021(SP04) | 204 | 20 | Vissim 11.00-05 | 208 |
| 6 | Vissim 2021(SP03) | 205 | 21 | Vissim 11.00-04 | 209 |
| 7 | Vissim 2021(SP02) | 205 | 22 | Vissim 11.00-02 | 209 |
| 8 | Vissim 2021(SP01) | 205 | 23 | Vissim 11.00-01 | 209 |
| 9 | Vissim 2021(SP00) | 205 | 24 | Vissim 11.0011 | 209 |
| 10 | Vissim 2020(SP09) | 206 | 25 | Vissim 10 | 210 |
| 11 | Vissim 2020(SP08) | 206 | 26 | Vissim 9.00-03 | 210 |
| 12 | Vissim 2020(SP04) | 206 | 27 | Vissim 9 | 210 |
| 13 | Vissim 2020(SP03) | 206 | 28 | Vissim 8 | 210 |
| 14 | Vissim 2020(SP02) | 207 | 29 | Vissim 7 | 211 |
| 15 | Vissim 2020(SP01) | 207 | | | |

### ▶ Vissim 2022(SP01) 이전 버전과 비교한 변경 사항

- 차량 시뮬레이션(vehicle simulation) :
  - 차로 변경(lane changes), 동일 차로에서의 앞지르기(overtaking) 및 인접 차로 관찰의 상호 작용을 개선함
- 평가(evaluations) :
  - 후진 차량의 지연을 항상 0이 되도록 변경함
  - 모든 시간 단계(time-step)와 감속구간(reduced speed area)에 대한 보정 계산에서 차량의 음의 지체가 방지됨

### ▶ Vissim 2021(SP09) 이전 버전과 비교한 변경 사항

- 차량 시뮬레이션(vehicle simulation) :
  - 그룹 내 차량의 속도와 가속도는 선두 차량과 마지막 차량 사이에서 보간됨

### ▶ Vissim 2021(SP07) 이전 버전과 비교한 변경 사항

- 중시적 시뮬레이션(mesoscopic simulation) :
  - 하류 커넥터의 차로 변경 거리가 다시 메조 엣지(meso edge)로 연장되는 경우, 메조 차량(meso vehicles)은 (출구 노드에서) 해당 엣지에 대한 차로를 선택할 때, 해당 링크까지의 모든 메조 엣지에서 차로 선호도를 미리 고려함

### ▶ Vissim 2021(SP06) 이전 버전과 비교한 변경 사항

- 중시적 시뮬레이션(mesoscopic simulation) :
  - 합류 차량에 대한 메조 패널티(meso penalty)가 추가됨

### ▶ Vissim 2021(SP04) 이전 버전과 비교한 변경 사항

- 중시적 시뮬레이션(mesoscopic simulation) :
  - 링크(link)의 부분 평가(segment evaluation) 시 계산 방법이 개선됨

▶ **Vissim 2021(SP03) 이전 버전과 비교한 변경 사항**

- **보행자 시뮬레이션(pedestrian simulation) :**
  - 그리드 셀(grid cell) 크기보다 작은 영역의 장애물(obstacle) 및 구역(area)은 이전 버전과 비교하여 시뮬레이션 결과가 변경될 수 있음
  - 네트워크에 새로 삽입된 보행자와 보행자가 없는 대기열(queue) 또는 대기 구역(waiting area)에 바로 연결되어있는 보행자는 첫 시간 단계(first time-step)부터 대기열의 끝부분 또는 대기 구역으로 이동함
- **차량 시뮬레이션(vehicle simulation) :**
  - 여러 차로가 있는 링크에서 역방향으로 진출하는 주차장(parking lots)과 관련된 사항이 개선됨

▶ **Vissim 2021(SP02) 이전 버전과 비교한 변경 사항**

- **파일 관리(file management) :**
  - 특수문자(special character)는 거의 모든 텍스트 출력 파일에서 UTF-8로 인코딩됨. 이 파일 중 일부에는 시작 부분에 BOM이 기록되어 있음
- **ANM 가져오기(import) :**
  - ANM 파일에 0.1km/h 미만의 차이가 나는 희망 속도(desired speed) 유형들이 있는 경우, 가져오기 중에 생성된 네트워크가 이전 버전의 네트워크와 다를 수 있음

▶ **Vissim 2021(SP01) 이전 버전과 비교한 변경 사항**

- **보행자 시뮬레이션(pedestrian simulation) :**
  - 보행자 구역(pedestrian area)이나 램프(ramp)에 부분적으로만 있거나 장애물(obstacle)에 의해 부분적으로 점유된 그리드 셀은 더 이상 걸을 수 있는 지면으로 간주되지 않음
  - 램프의 그리드 셀 탐지(detection of grid cell)가 변경됨

▶ **Vissim 2021(SP00) 이전 버전과 비교한 변경 사항**

- **DriverModel.DLL interface :**
  - Exe\DriverModelData\ 하위 디렉터리는 더이상 필요하지 않음. 이 하위 디렉터리에 대한 절대 경로가 더이상 DLL로 전달되지 않으며, 하위 디렉터리에 대한 경로를 전달해야 하는 DLL이 더 이상 작동하지 않을 수 있음

▶ **Vissim 2020(SP09) 이전 버전과 비교한 변경 사항**

- **차량 시뮬레이션(vehicle simulation) :**
  - 경로(route)나 그룹 데이터를 포함하는 결과 속성(result attribute)의 경우, 차량 기록은 시간 단계(time-step)의 종료, 즉 차량이 경로 결정(routing decision)의 마커(marker)를 통과했을 때 및/또는 해당되는 경우 그룹의 선두 차량이 Vissim 네트워크를 벗어났을 때의 값을 표시함

▶ **Vissim 2020(SP08) 이전 버전과 비교한 변경 사항**

- **차량 시뮬레이션(vehicle simulation) :**
  - 인접 차로 관찰 특성이 선택된 주행 동작(driving behavior)은 이전 버전과 다른 시뮬레이션 결과를 초래할 수 있음. 양쪽 인접 차로에서 차량과의 최소 횡방향 거리를 동시에 유지할 수 없는 상황에서는 차량이 더 이상 왼쪽으로 이동하지 않음

▶ **Vissim 2020(SP04) 이전 버전과 비교한 변경 사항**

- **중시적 시뮬레이션(mesoscopic simulation) :**
  - 미시적 시뮬레이션(microscopic simulation)을 위해 선택된 섹션(section)에는 해당 레벨의 링크(link) 및 커넥터(connetor)가 포함됨

▶ **Vissim 2020(SP03) 이전 버전과 비교한 변경 사항**

- **차량 시뮬레이션(vehicle simulation) :**
  - 차량이 다차로 링크(multi-lane link)에서 0.1m/s 이하의 희망 속도(desired speed)로 주행할 때, 다차로 링크에 상충구간(conflict area)이 있는 네트워크에서 인접 차로의 상호작용 객체를 계산할 때 상충구간은 더 이상 계산되지 않음
  - 상충구간은 차량이 커넥터(connector)를 통해 상충구간 내에서 링크(link)를 벗어날 때 영향을 미침
  - 차량이 후진할 수 있는 주차 공간이 있는 네트워크에서 초기화 속도와 시뮬레이션 속도가 더 높아짐

▶ **Vissim 2020(SP02) 이전 버전과 비교한 변경 사항**

- 데이터 모델(data model) :
  - 일부 Z 좌표(Z-coordinate) 속성의 단위는 네트워크 설정(m 또는 ft)에서 선택한 짧은 길이 단위에 해당함. 이러한 이유로 Z 좌표의 속성에 액세스하는 COM 스크립트가 이전 버전과 다른 결과를 생성할 수 있음

▶ **Vissim 2020(SP01) 이전 버전과 비교한 변경 사항**

- 중시적 시뮬레이션(mesoscopic simulation) :
  - 황색-적색을 가진 신호 그룹에 대한 사항이 개선됨
- 차량 시뮬레이션(vehicle simulation) :
  - 역방향으로 빠져나가고 들어오는 커넥터(connector)가 여러 개 있는 주차장(parking lot)에 대한 사항이 개선됨. 주차장에서 후진하는 차량들이 방향을 바꾸기 위해 조금 더 빠른 시간 내에 멈춤

▶ **Vissim 2020(SP00) 이전 버전과 비교한 변경 사항**

- 네트워크 평가(network evaluation) :
  - 메소 그래프(meso graph)를 변경하면 이전 버전과 비교하여 마지막 소수점 이하 위치에 다른 결과가 나타날 수 있음
- 주행 동작 매개 변수(driving behavior parameter) :
  - 정적 장애물(static obstacle)에 대한 정지 거리(standstill distance) 속성은 최소 0.01m의 값을 가짐
- 차량 시뮬레이션(vehicle simulation) :
  - 다차로 링크(multi-lane link)에서 차량의 최대 속도가 희망속도(desired speed) 아래로 떨어지는 경우 시뮬레이션은 이전 버전과 비교하여 결과가 변경될 수 있음
- 시스템 요구사항(system requirement) :
  - Vissim은 Microsoft에서 지원하는 경우, 일반적으로 시스템 요구 사항 이외의 다른 버전의 Microsoft Windows 운영 체제(operating system)에서도 실행할 수 있음

## ▶ Vissim 11.00-00 이전 버전과 비교한 변경 사항

- **보행자 시뮬레이션(pedestrian simulation) :**
  - 대기 지점(waiting position) 접근 방법 포텐셜(potential)이 선택된 대기 구역(waiting area)이 있을 경우와 해당 대기 구역으로의 경로가 동적 포텐셜(dynamic potential)을 사용하는 경우, 보행자 시뮬레이션 분석값이 이전 버전과 다를 수 있음
  - 영역(area), 램프(ramp) 또는 계단(stairs)의 셀 크기 또는 장애물(obstacle) 거리 속성이 미터법 단위(metric units)로 소수점 이하 4자리 이상 또는 영국식 단위(imperial units)로 비표준 값을 가지는 경우, 보행자 시뮬레이션 분석값이 이전 버전과 다를 수 있음

## ▶ Vissim 11.00-08 이전 버전과 비교한 변경 사항

- **동적 할당(dynamic asignment)**
  - 동적 할당을 사용하면 엣지(edge)가 잠긴 Vissim 네트워크의 직접 출력값(direct output)이 이전 버전과 다를 수 있음

## ▶ Vissim 11.00-07 이전 버전과 비교한 변경 사항

- **차량 시뮬레이션(vehicle simulation) :**
  - 교통량이 0인 OD 쌍(pairs)의 경로는 이전 버전과 다르게 처리될 수 있음
- **평가(evaluation) :**
  - Vissim 네트워크에 존(zone)이 할당되지 않은 주차장(parking lot)이 있는 경우 노드(node) 평가의 지체(delay)값은 이전 버전과 다를 수 있음

## ▶ Vissim 11.00-05 이전 버전과 비교한 변경 사항

- **차량 시뮬레이션(vehicle simulation) :**
  - 차량 속성 결정(vehicle attribute decision)은 각 차로에 대해 정의되며 더 이상 링크(link)의 모든 차로에 걸쳐 있지 않음

▶ **Vissim 11.00-04 이전 버전과 비교한 변경 사항**

- 보행자 시뮬레이션(pedestrian simulation) :
  - 개별의 보행자는 더 이상 대기 행렬(queue)의 시작 부분에서 서로를 차단하지 않음
  - 특정 상황에서 더 이상 에스컬레이터(escalator) 아래에 보행자가 밀리지 않음

▶ **Vissim 11.00-02 이전 버전과 비교한 변경 사항**

- 차량 시뮬레이션(vehicle simulation) :
  - 주행 동작(driving behavior) Window에서 부드러운 클로즈업 동작 옵션(smooth closeup behavior option)이 제거됨

▶ **Vissim 11.00-01 이전 버전과 비교한 변경 사항**

- 집중 평가(convergence evaluation) :
  - 집중 평가에서 집중률이 이전 버전과 다를 수 있음
- Viswalk :
  - 대기열(queue)에서 재현 불가능한 동작(non-reproducible behavior)이 수정됨

▶ **Vissim 11.0011 이전 버전과 비교한 변경 사항**

- 프로그램 구동 최소 사양 :
  - 이전 버전의 경우 32비트 운영체제(operating system)도 지원이 되었으나, Vissim 11 버전부터는 64비트 운영 체제를 사용해야 함
- 차량 시뮬레이션(vehicle simulation) :
  - 차량이 COM 인터페이스(COM interface) 또는 드라이빙 시뮬레이터 인터페이스(driving simulator interface)를 통해 제어되는 경우 차량 속성의 'Headway', 'Leading Target Type' 및 'Leading Target Number'는 이전 버전과 다르게 나타날 수 있음
  - 경로 결정(routing decision) 'UseVeHRouteNo' 및 차량(vehicle) 'NextRouteNo'의 정의(predefined) 및 사용자 정의 속성(user-defined attribute)은 시뮬레이션 실행 중에 더 이상 특정 영향을 미치지 않음

### ▶ Vissim 10 이전 버전과 비교한 변경 사항

- **중단 모델 디렉토리(discontinued models directory)**
  - Vissim 10 이전 버전에서는 중단 모델 디렉토리가 Vissim의 설치 디렉토리(installation dirctory)에 설치됨 (\Exe\3DModels\Vehicles and..\Exe\3DModels\Pedestrians)
  - Vissim 10부터는 중단 모델 디렉토리가 더 이상 설치되지 않음. Vissim 10에서 이 디렉토리의 3D 모델을 사용하려면 Vissim 10 이전 버전의 3D 모델을 저장한 후 *.inpx 파일이 저장된 디렉터리에 복사하여 사용

### ▶ Vissim 9.00-03 이전 버전과 비교한 변경 사항

- **보행자 시뮬레이션(pedestrian simulation) :**
  - 이전 버전에서는 램프(ramp) 또는 계단(stair)의 경로(route) 위치는 보행자가 사용할 수 있도록 정의된 방향이 없었으나, 이 버전부터 경로 위치는 몇 가지 케이스에 대한 방향을 정의함

### ▶ Vissim 9 이전 버전과 비교한 변경 사항

- **동적 할당(dynamic asignment) :**
  - 이전 버전에서는 동적 할당을 위한 출발지-목적지 행렬(OD matrix)이 *.fma 파일에 저장되었으나, 이 버전부터는 해당 행렬이 Vissim의 행렬에 저장되며 행렬 목록(matrices list)에 표시되고 행렬 편집기(matrix editor)에서 편집할 수 있음

### ▶ Vissim 8 이전 버전과 비교한 변경 사항

- **보행자 시뮬레이션(pedestrian simulation) :**
  - 이전 버전의 Viswalk에서는 보행자의 경우 Never walk back(뒤로 걷지 않음)을 선택할 수 있었으나, 이 버전부터는 해당 항목을 사용할 수 없음
- **라이센스 관리(license management) :**
  - 이 버전부터는 Vissim 프로그램 내에서 라이센스를 관리할 수 있음
- **차량 시뮬레이션(vehicle simulation) :**
  - 차량 입력(vehicle input), 주차장(parking lot) 및 대중교통 노선(PT Line:Public Transport Line)의 출발 시간(departure time)이 균일해짐
  - 일부 개선된 주행 동작(driving behavior)이 통합됨

### ▶ Vissim 7 이전 버전과 비교한 변경 사항

- **소수 구분 기호(decimal separator) :**
  - 이전 버전에서는 소수 구분 기호가 점(point)으로 한정되었으나, 이 버전부터는 목록의 소수 구분 기호는 운영 체제(operating system)의 제어판 설정에 따라 달라짐
- **단축키(Hotkey) :**
  - 이전 버전에서는 '[Ctrl]+[V]'를 눌러 시뮬레이션 실행 중에 차량 상태 색상을 전환할 수 있었으나, 이 버전부터는 '[Ctrl]+[E]'를 사용하여 색상 전환이 가능함

# 참고문헌

PTV AG. (2019). PTV Vision License Borrowing.

PTV AG. (2020). PTV Vissim - First Steps Tutorial.

PTV AG. (2020). PTV Vissim 2021 User Manual.

PTV AG. (2020). What is new in PTV Vissim/Viswalk 2021.

PTV AG. (2021). PTV Vissim - First Steps Tutorial.

PTV AG. (2021). PTV Vissim & Viswalk 2021 Release Notes.

PTV AG. (2021). What is new in PTV Vissim/Viswalk 2022.

PTV AG. (2022). PTV Vissim 2022 Installation guide.

PTV AG. (2022). PTV Vissim 2022 User Manual.

PTV AG. (2022). PTV Vissim & Viswalk 2022 Release Notes.

토목관련용어편찬위원회. (1997). 토목용어사전, '층계참'.

한국정보통신기술협회. (2006). 정보통신용어사전, '런타임 에러'.

# 찾아보기

### ㄱ

| | |
|---|---:|
| 감속구간 | 88 |
| 검지기 | 123 |
| 계단 | 135 |
| 그래픽 파라미터 | 57, 60 |

### ㄴ

| | |
|---|---:|
| 네트워크 객체 | 59, 60, 180 |
| 네트워크 객체 사이드바 | 42 |
| 네트워크 라이센스 | 20 |
| 네트워크 상 보행자 | 60, 161 |
| 네트워크 상 차량 | 60, 160 |
| 네트워크 편집기 | 47, 60 |
| 노면표시 | 77 |
| 녹화 | 188 |

### ㄷ

| | |
|---|---:|
| 단일 사용자 라이센스 | 18, 20 |
| 단축키 | 53 |
| 대중교통 | 91, 150 |
| 대중교통 노선 | 94, 95 |
| 대중교통 정류장 | 91, 92 |
| 데모 버전 | 18, 20 |
| 도구모음 | 37, 39, 44, 47, 54, 186 |
| 도로 네트워크 | 64 |

### ㄹ

| | |
|---|---:|
| 라이브 맵 | 61 |
| 라이센스 대여 | 35 |
| 라이센스 서버 | 23, 32, 33 |
| 라이센스 업데이트 | 34 |
| 라이센스 컨테이너 | 18 |
| 램프 | 135 |
| 런타임 에러 | 162 |
| 레벨 | 44 |
| 링크 | 64, 73, 123 |
| 링크 분할 | 73 |

### ㅁ

| | |
|---|---:|
| 메뉴 바 | 38 |
| 목록 | 49 |
| 미시적 시뮬레이션 | 2, 206 |

### ㅂ

| | |
|---|---:|
| 배경 | 44 |
| 배경 이미지 | 61, 62 |
| 보행자 | 116 |
| 보행자 경로 | 148 |
| 보행자 구성 | 119 |
| 보행자 구역 | 128 |
| 보행자 삽입 | 147 |
| 보행자 시뮬레이션 | 2, 43 |
| 비신호교차로 | 97 |

### ㅅ

| | |
|---|---:|
| 상용 버전 | 18 |
| 상충구간 | 98, 123, 126 |

| | | | |
|---|---|---|---|
| 섹션 | 59, 128, 152 | 차량 구성 | 82 |
| 소프트 컨테이너 | 18 | 차량 삽입 | 83 |
| 스마트 맵 | 46 | 차량 시뮬레이션 | 43, 204 |
| 스크린샷 | 199 | 차트 | 180 |
| 스토리보드 | 191, 194 | 체류시간 | 130, 151 |
| 스플라인 | 53, 75 | 층계참 | 141 |
| 스플라인 재조정 | 76 | | |
| 시뮬레이션 | 156, 188 | **ㅋ** | |
| 시뮬레이션 파라미터 | 156 | | |
| 신호 그룹 | 101 | 커넥터 | 74 |
| 신호 제어기 | 101 | 퀵뷰 | 45 |
| 신호 프로그램 | 101, 103 | 키프레임 | 191 |
| 신호교차로 | 101 | | |
| 신호기 | 104 | **ㅍ** | |
| 신호제어 | 123, 124 | | |
| | | 평가 | 164 |
| | | 플랫폼 엣지 | 93 |
| **ㅇ** | | | |
| | | **ㅎ** | |
| 애니메이션 | 40, 188, 196 | | |
| 연결 목록 | 49, 51 | 희망 속도 | 59, 88 |
| 오류 | 162 | | |
| 와이어프레임 | 56, 74 | **A** | |
| 우선순위 규칙 | 97 | | |
| 이미지 | 199 | Academic license | 35 |
| | | Animation | 40, 196 |
| | | Anti-aliasing | 195 |
| **ㅈ** | | | |
| | | **B** | |
| 장애물 | 133 | | |
| 점유율 | 96, 144, 174, 178 | Background | 44 |
| 정류장 베이 | 93 | Background image | 61 |
| 정지표지 | 100, 115 | Borrowing license | 35 |
| 주차장 | 105, 106, 108 | | |
| 중시적 시뮬레이션 | 206 | **C** | |
| | | | |
| **ㅊ** | | Camera position | 188 |
| | | | |
| 차량 경로 | 84 | | |

찾아보기

| | |
|---|---|
| Commercial version | 18 |
| Conflict area | 98, 123, 126 |
| Connector | 74 |
| Coupled list | 49, 51 |

## D

| | |
|---|---|
| Data collection result | 177 |
| Desired speed | 88 |
| Desired speed decisions | 89 |
| Detectors | 123 |
| Dongle | 12, 18 |
| Dwell time | 130, 151, 193 |

## E

| | |
|---|---|
| Element | 128, 133, 135 |
| Evaluation | 164 |

## G

| | |
|---|---|
| Generate spline | 75 |

## H

| | |
|---|---|
| Hotkey | 53 |

## K

| | |
|---|---|
| Keyframe | 191 |

## L

| | |
|---|---|
| Level | 44 |
| License management window | 21, 32 |
| License manager | 25 |
| License server | 23 |
| License window | 36 |
| Link | 64, 73, 121 |
| List | 49 |
| Live map | 61 |

## M

| | |
|---|---|
| Menu bar | 38 |
| Mesoscopic simulation | 206 |
| Microscopic simulation | 2, 206 |

## N

| | |
|---|---|
| Network editor | 47, 60 |
| Network object | 59, 180 |
| Network object sidebar | 42 |
| Node result | 173 |

## O

| | |
|---|---|
| Obstacle | 133 |
| Occupancy | 178 |

## P

| | |
|---|---|
| Parking lot | 105, 108, 113 |
| Pavement marking | 77 |
| Pedestrian area | 128 |
| Pedestrian composition | 119 |
| Pedestrian in network | 60, 161 |
| Pedestrian input | 147 |
| Pedestrian route | 148 |
| Pedestrian simulation | 205 |
| Pedestrian type | 116 |
| Platform edge | 93 |

| | | | |
|---|---|---|---|
| Priority rules | 97, 123 | Stop sign | 100, 115 |
| PT | 91 | Storyboard | 191 |
| PT line | 94, 95 | | |
| PT stop | 91 | | |

### Q

| | | | |
|---|---|---|---|
| Queue | 59, 130, 168, 174, 178 | | |
| Quick view | 45 | | |

### T

| | |
|---|---|
| Toolbar | 39, 186 |

### U

| | |
|---|---|
| USB dongle | 12, 18 |
| User preferences | 54 |

### R

| | |
|---|---|
| Ramp | 135 |
| Recalculate spline | 76 |
| Reduced speed area | 88 |
| Result | 164 |
| Road network | 64 |
| RTOR | 100 |
| Run-time error | 162 |

### V

| | |
|---|---|
| Vehicle composition | 82 |
| Vehicle in network | 60, 160 |
| Vehicle input | 83 |
| Vehicle route | 84 |
| Vehicle simulation | 204 |
| Vehicle travel time result | 169 |

### S

| | |
|---|---|
| Section | 152 |
| Signal control | 123 |
| Signal controller | 101 |
| Signal group | 101 |
| Signal head | 104 |
| Signal program | 101, 103 |
| Simulation parameters | 156 |
| Single-user license | 18 |
| Smart map | 46 |
| Soft container | 18 |
| Splitting links | 73 |
| Stairs | 135 |
| Standard license | 35 |
| Stop Bay | 93 |

### W

| | |
|---|---|
| Walking behavior | 118 |
| Wireframe | 56, 74 |

### 숫자

| | |
|---|---|
| 2D | 47, 72, 105, 118, 161, 189 |
| 3D | 47, 53, 72, 118, 132, 161, 188 |

### 실무자를 위한 VISSM MANUAL

| | | |
|---|---|---|
| 발 행 일 | \| | 2022년 6월 30일 1판 1쇄 발행 |
| 저 자 | \| | 기한솔, 양재호, 김응철 |
| 발 행 인 | \| | 조정연 |
| 기획/제작/마케팅 | \| | 양재호 |
| 발 행 처 | \| | 트랜북스 |
| 주 소 | \| | 인천광역시 남동구 청능대로 596 |
| 홈 페 이 지 | \| | https://smartstore.naver.com/tranbooks |
| I S B N | \| | 979-11-88137-91-6 (13530) |
| 값 | \| | 29,000원 |

※ 이 책은 대한민국 저작권법의 보호를 받는 저작물입니다.
  트랜북스의 허락 없이 이 책의 일부나 전체를 어떠한 형태로도 가공, 수정 및 재배포 할 수 없으며, 특히 교재를 활용한 동영상강의 등의 2차 가공을 엄격히 금합니다.
※ 낙장 및 파본은 구입하신 서점에서 바꿔드립니다.